Traditions of Written Knowledge in Ancient Egypt and Mesopotamia

Proceedings of Two Workshops
Held at Goethe-University, Frankfurt/Main
in December 2011 and May 2012

Edited by
Daliah Bawanypeck and Annette Imhausen

Alter Orient und Altes Testament

Veröffentlichungen zur Kultur und Geschichte des Alten Orients
und des Alten Testaments

begründet von Manfried Dietrich und Oswald Loretz †

Band 403

Ugarit Verlag

Traditions of Written Knowledge in Ancient Egypt and Mesopotamia

Proceedings of Two Workshops Held at Goethe-University, Frankfurt/Main in December 2011 and May 2012

Edited by
Daliah Bawanypeck and Annette Imhausen

2014
Ugarit-Verlag
Münster

Daliah Bawanypeck and Annette Imhausen (ed.):
Traditions of Written Knowledge in Ancient Egypt and Mesopotamia.
Proceedings of Two Workshops Held at Goethe-University, Frankfurt/Main
in December 2011 and May 2012

Alter Orient und Altes Testament, Band 403

Printed in Germany

ISBN: 978-3-86835-085-2

Printed on acid-free paper

Table of Contents

Introduction

Researchers working on ancient scientific texts face a variety of issues that distinguishes their research from that of their colleagues working on (more) modern material.[1] One problem, that has become more and more prominent within the last decades, is the relation of an ancient categorization of knowledge and a modern classification, which may have some overlaps but also significant differences. This has consequences for the translation of ancient texts, e. g. it raises the question, if it is appropriate to use modern scientific terminology at all, or, if used, under which conditions and with which confinements it is historically sound to translate an ancient scientific term or concept with a modern term that obviously comes with its own scientific implications, that are mostly if not always different from those of the translated word.[2]

Another problem of similar importance for researchers who focus on ancient material is the situation of the source material. The vagaries of preservation have almost everywhere led to gaps in the textual transmission of ancient knowledge. In some areas, prominent examples may be Egyptian mathematics and astronomy, only very few texts are extant at all (in the case of astronomy, Egypt only has sources that present the result of the experts who observed the sky, no texts that would detail what these experts actually did have survived – if they ever existed; in the case of mathematics a total of only six school texts all dating within a period of about 200 years are extant but again no texts that would record the work of those who developed the knowledge found in the school texts). Likewise, while it is possible to follow a more continuous development of mathematics in Mesopotamia, there are still uneven distributions of individual text types over time, as is exemplified by the cumulation of sophisticated problem texts from the Old Babylonian Period. Because the available sources are mostly silent about reasons for the appearance of these clusters at specific times, it is difficult to answer the question of the disappearance

[1] For the area of ancient Mesopotamian mathematics this was once expressed by Jim Ritter (1995, 44–45) as follows: 'Thus it is that the few historians who work on the earliest traces of mathematics are generally considered by their colleagues to be exotic specimens, content with childish babblings long since surpassed and quite rightly forgotten by both working mathematicians and those who study them.' If this sounds, taken from its context, a bit negative, we recommend to read the full article, from which it will be obvious that the criticism is not directed towards the early mathematicians and their output but rather towards the former attitude of modern historians of science concerning the ancient sources.

[2] This specific issue is tackled in a series of workshops jointly organized by Tanja Pommerening and Annette Imhausen, which aims at the creation of a handbook for the translation of ancient scientific texts. On the translation of ancient scientific texts cf. Imhausen / Pommerening, 2010.

of text types – is it really the ancient disappearance of a genre or is our assessment due to the vagaries of preservation? In some instances materials from a neighboring culture may be used to argue for the existence of a text genre. An example of this can be seen in the contribution by Daliah Bawanypeck, which focuses on Akkadian hand-lifting rituals (šu-ila). These rituals support the petitioner who is appealing to a deity on various concerns, like the plea for health. While earlier šu-ilas are attested only from the Syro-Hittite area, similarities with the Mesopotamian texts of the first millennium BC indicate that they must also have existed there during the second millennium BC.

This then raises another question, namely that of what kind of knowledge is put into writing? Again, it is obvious that not "everything" related to the creation of a body of knowledge in a certain field is documented. For the area of mathematics it is mostly agreed that the extant mathematical texts originate from an educational background. Nothing, however, indicates a written tradition on "mathematical research", i. e. the question how the mathematical knowledge was obtained cannot easily be answered.

Apart from the vagaries of preservation, our modern knowledge of the available sources is by no means complete. Ongoing archaeological work produces new sources that will enrich and alter our knowledge in various ways. In addition, there are sources that have been discovered some time ago, but have not yet been edited. A prominent example of this is the area of Mesopotamian astronomy, where so far only texts that were recognized as belonging to certain groups with specific characteristics have been edited and resulted in the fundamental classification of astronomical texts from Ancient Mesopotamia into mathematical and non-mathematical texts, each with their individual subgroups. Thus, as can be seen from the contribution by John M. Steele, much more information is available and in the process of being made accessible.[3] The same is true for Egyptian astronomy, as is exemplified in the contributions of this volume by Sarah Symons' article on diagonal star tables.[4] While again, the available sources are much more scarce than those from Mesopotamia, new material has been added to the available corpus that allows further research to be carried out.

Thus, the available material continues to provide insights into ancient knowledge, either from new materials coming to light or from a change of questions that the modern researchers ask. The latter, in the form of a fundamental methodological change from looking down to ancient science through modern eyes and with a modern scientific framework in mind to looking at ancient science through modern eyes (because those are all that is available to us) with the awareness that earlier science

[3] For the subject of Mesopotamian astronomy, one might also refer to the work of Mathieu Ossendrijver, whose dissertation has opened new paths for the research on astronomical procedure texts (cf. Ossendrijver, 2012).

[4] In addition, the new edition of the Fundamentals of the Course of the Stars (formerly known as the Book of Nut) by Alexandra von Lieven (2007) includes further sources than the first editions Lange / Neugebauer, 1940 or Neugebauer / Parker, 1960 as well as a new conceptual approach.

is most likely not only a precursor to modern science but deserves to be studied in its own right and needs to be understood from its own inherent concepts and formal structures, has led to a new bloom in the field of the history of early science that is shared by historians of early science and historians of these ancient cultures, most prominently Egyptologists and Assyriologists, alike. This has also furthered a development in the methodology of these sciences to base concepts and demarcations on indigenous terminology (as opposed to identifying counterparts of modern terminology in the ancient sources). The questions of the context and cultural roles of science in ancient cultures have further contributed to raise the awareness of their importance for the study of ancient cultures.

In December 2011 and May 2012, we organized two workshops at the Goethe-University Frankfurt/Main that had the aim to investigate and compare "Traditions of written knowledge in Ancient Egypt and Mesopotamia".[5] The point of departure of the contributions resulting from these workshops is an observation that could be made in most areas where systems of knowledge were put into writing, namely that there are several characteristics (formal and with regards to content) that allow us to identify a text as belonging to a specific group of texts. Thus, even very small fragments of texts can be allocated to their individual areas, if they only contain enough of these characteristics.[6] These attributes may change over time, or, they may also continue, and thereby provide a means by which a tradition of written knowledge may be grasped. Further, given that written knowledge almost always originated from an institutional context, it may be assumed that some of these characteristics were the result of normative structures from the institutions in which they were created. Likewise, the actual practice presumably influenced and shaped these normative structures.

The articles of this volume look at these characteristics in the areas of medicine, magic, and rituals (Pommerening, Wasserman, Bawanypeck), astronomy (Symons, Steele) and mathematics and law (Imhausen, Høyrup, Pfeifer). The authors use their source material to provide overviews of the discussed knowledge areas and to discuss certain aspects of the traditions of the material in more detail. Tanja Pommerening presents the developments of Egyptian medical teaching texts, showing that these can be classified into five different groups. Nathan Wasserman examines shape and structure of Akkadian magical tablets to gain new insights into the purpose and use of this text corpus. Bawanypeck deals with some aspects of ritual traditions exemplified by Akkadian hand-lifting rituals. Symons compares content and context of Egyptian "decan lists" (lists of star names) with regard to the different sources (e. g. diagonal star tables, astronomical ceilings) from which they are ob-

---

5 The workshops were part of the research carried out within the Cluster of Excellence "Formation of Normative Orders" at the Goethe-University Frankfurt.

6 The mathematical Ostracon Turin 57170, which comprises only the end of five lines of text is assigned to the mathematical texts based on the use of the *sḏm.ḫr=f* in all of these lines followed by quantities expressed in the volume unit used for capacities of grain (cf. Imhausen, 2003, 363). Another example is the *ziqpu*-star list UET 924, of which only few signs in 11 lines are extant (cf. Steele in this volume, text D, p. 137).

tained. Lists of star names are also the subject of Steele's contribution, dealing with the question whether Late-Babylonian *ziqpu*-star lists represent written or remembered traditions of knowledge. The articles of Annette Imhausen and Jens Høyrup offer a view of the development of mathematical text corpora in Egypt and Mesopotamia and deal with the structures and concepts of mathematical problem texts in both cultures. Guido Pfeifer, who focuses on the textual coherence of Old Babylonian law collections, considers the question to what extent the methodological approach of "*Textstufenforschung*" from the legal history of Roman law is suitable for this analysis.

During the first workshop, the idea, that there are not only significant similarities within one subject in one culture, but also within various subjects of one culture and sometimes even between cultures was quickly confirmed. In the Ancient Egyptian case, one of those formal characteristics is the use of the *sḏm.ḫr=f* verb form that is prominent in mathematical and medical texts, but also appears in ritual texts, as the presentation by Andreas Pries during the first workshop demonstrated. Due to other obligations of Pries, his contribution could not be included in this volume. The combination of mathematics and legal texts, may at first seem surprising, but reflects the situation that these two areas share certain formalistic aspects.[7] Collections of mathematical problems and systems of legal norms (law collections, legal texts for teaching purposes and others) both represent formal structures that show a high inner coherence which enables deductions, aiming at enabling unique decisions for the solution of specific problems. In his contribution in this volume, Pfeifer examines the extent of coherence in the Old Babylonian Period by a comparison of some sections of the Laws of Ešnunna and the Laws of Hammurabi.

Some of the contributions deal with text genres for which the reconstruction of an underlying "paradigm" of text is possible. Bawanypeck for example, presents the model structure of Akkadian hand-lifting rituals from the first millennium and Symons describes an "ideal" diagonal star table which restores what she considers to be the original schema of the tables.

The compositional arrangement of information – particularly on multi-text tablets ("*Sammeltafeln*") and in lists – can provide insights into the organization of ancient knowledge. Old Babylonian incantations are found separately, each on a different tablet, or gathered on multi-text tablets. Wasserman demonstrates that these small collections seem to have been used by the experts as folders for thematically related texts. The function of such folders was connected to prototypes that were consulted when a client asked for help in a particular matter. In the Hittite capital Ḫattuša, Akkadian hand-lifting rituals were collected on multi-text tablets that served to compile Babylonian religious literature. It is likely that they were not used in the Hittite cult, but rather kept in the archives for reasons of prestige and interest in the culture of Mesopotamian knowledge. The contributions of Steele and Symons deal with as-

[7] This is the point of departure for another project that was started in 2013 by the editors of this volume and Guido Pfeifer, and which will hopefully be completed in the form of an international conference (to be held in 2015) and the publication of its proceedings.

pects of star lists in Egypt and Mesopotamia, investigating the structure and content of those lists to explore their relationship to other *ziqpu*-star and decan lists and their connection to the astronomical practice in both countries.

Although large parts of written knowledge have an educational background, their traditions differ from each other. As Høyrup shows, the majority of Mesopotamian mathematical texts comes from Old Babylonian scribal schools, but there is no continuation similar to the Old Babylonian beginnings in medicine and extispicy. The relationship between written and remembered (i. e. verbal, non-written) traditions must be considered, as Steele's remarks on tacit knowledge and astronomical practice in Mesopotamia attest. Some contributions also show that the elite of scribes belonged to groups of experts with extensive scholarly knowledge; e. g. the Mesopotamian astronomers and mathematicians of the late first millennium (Seleucid Period) who were comprehensively educated members of well-known families of priests (*kalû*) or ritual experts (*ašīpu*). At this time, there is a close relationship of mathematical texts and mathematical astronomy, most of the – in a broader sense – hellenistic mathematical texts belong to the astronomical corpus.

Thus, the individual articles demonstrate that there is a possibility to trace developments of written knowledge and that some of these developments show similarities between individual subjects, but also between identical subjects of both cultures. However, as is often the case with source material of this kind, it would seem unwise to try to build large scale theories upon scant evidence. We hope, that the insights that can be gained from the materials that are presented in this volume will nevertheless be useful for a first assessment of how knowledge was preserved, developed and transmitted.

References

Imhausen, A, 2003. *Ägyptische Algorithmen. Eine Untersuchung zu den mitteläg yptischen mathematischen Aufgabentexten* (Ägyptologische Abhandlungen 65). Wiesbaden: Harrassowitz.

Imhausen, A. / T. Pommerening, 2010. *Writings of Early Scholars in the Ancient Near East, Egypt, Rome, and Greece: Translating Ancient Scientific Texts*. Berlin: De Gruyter.

Lange, H.-O. / O. Neugebauer, 1940. *Papyrus Carlsberg No. 1 – Ein hieratisch-demotischer kosmologischer Text*. Kopenhagen: Munksgaard.

Neugebauer, O. / R. A. Parker, 1960. *Egyptian astronomical Texts* (EAT) – *The early decans*. Providence, R.I.: Brown University Press.

Ossendrijver, M., 2012. *Babylonian Mathematical Astronomy: Procedure Texts*. New York: Springer.

Ritter, J., 1995. "Measure for measure: Mathematics in Egypt and Mesopotamia". In: Michel Serres (ed.), *A History of Scientific Thought. Elements of a History of Science*. Oxford: Blackwell, 44–72.

Die *šsȝw*-Lehrtexte der heilkundlichen Literatur des Alten Ägypten

Tradition und Textgeschichte

Tanja Pommerening, Johannes Gutenberg-Universität, Mainz

Abstract

The aim of this contribution is to present developments in medical "teaching texts" ("Lehrtexte"), which are a characteristic genre within ancient Egyptian medical writings. The point of departure is provided by a classification of the teaching texts into five groups, which is based on the patterns of reasoning within the sources. The order of the individual groups indicates a development, which can also be traced by the lexicon, indications of measurements and stages of the language. Based on this evidence, the oldest teaching texts date to the 5th/6th dynasty (c. 2400 BC), the youngest to the Second Intermediate Period or the beginning of the New Kingdom (c. 1550 BC). Teaching texts from later periods, including the Roman Period, can be traced back to an earlier date of their composition and therefore document a tradition of medical knowledge that lasted over 2000 years.

1. Einleitung

Innerhalb der altägyptischen heilkundlichen Literatur lassen sich auf formaler Ebene verschiedene Textformen unterscheiden: Lehrtext (*šsꜣw*), Rezept (*pẖrt/sp*), Spruch (*rꜣ*) bzw. Beschwörung (*šnt*), Prognose (*sjꜣ*) und Zusammenstellungen heilkundlich relevanten Wissens (eingeleitet durch *rẖ*).[1] Dieser Aufsatz ist den sog. Lehrtexten gewidmet, die aufgrund ihrer grammatikalischen Vielseitigkeit, spezifischer syntaktischer Strukturen, ihres umfangreichen Fachwortschatzes und ihrer angemessenen Belegzahl die umfassendsten Überlegungen zur Tradition und Textgeschichte ermöglichen.[2]

Ziel dieses Beitrags ist es, Entwicklungen in den unterschiedlichen Strukturen der Lehrtexte aufzuzeigen, die es erlauben, für Einzeltexte, trotz der in der Regel fehlenden Paralleltexte, die traditionellen Elemente, mögliche Entstehungszeiten und die Textgeschichte abzulesen. Ausgangspunkt dafür soll eine Typologie auf strukturell-formaler Ebene sein, in die sämtliche derzeit publizierten heilkundlichen Lehrtexte eingegangen sind (siehe Gliederungspunkt 3).

Bisherige Übersichtswerke zur altägyptischen Heilkunde bieten stets nur *eine* Grundstruktur für die Textform Lehrtext an. Diese wird entweder am Beispiel eines ausgewählten Textes aus dem sog. Wundenbuch des pEdwin Smith (GdM II, 8 f.) oder anhand eines allgemeinen übergeordneten Schemas (Westendorf, 1999, 82–86) erörtert, das die Syntagmen aller Lehrtexte berücksichtigt und dabei synchron betrachtet. Wandlungen und Neuerungen, wie auch die dahinterstehenden Strukturen, lassen sich allerdings nur erfassen, wenn man Unterschiede innerhalb der Lehrtexte herausstellt und hinterfragt. Eine Untergliederung des gesamten Lehrtextmaterials in Typengruppen erscheint daher hilfreich (siehe Gliederungspunkt 3).

Kern der hier unternommenen Unterscheidung von fünf Haupttypen sind bislang nicht in Betracht gezogene, aber deutlich nachweisbare Nuancen innerhalb der Argumentationsstruktur der Texte (wenn-dann-Beziehungen, Ursachenermittlungen, Einbindung von Krankheitskonzepten usw.). Deren angenommene Entwicklung bestimmt die Typennummer: Typ 1 wird am ältesten eingestuft, Typ 5 am jüngsten. Es lässt sich zeigen, dass die auf diese Weise rekonstruierte Reihung mit Untersuchungsergebnissen zum Sprachwandel, zum verwendeten Fachwortschatz sowie mit metrologischen Überlegungen und Beobachtungen zur Rezeptentwicklung (siehe Gliederungspunkt 4) korreliert.

---

[1] Die Abgrenzung der Lehrtexte von anderen heilkundlichen Textformen, vor allem Rezepten, basiert auf eindeutigen formalen Unterschieden und soll hier nicht Thema sein. Eine Übersicht dazu bietet Westendorf, 1999, 81–96.

An dieser Stelle sei ferner darauf hingewiesen, dass die Bezeichnung „Lehrtext" sich ausnahmslos auf die hier behandelten heilkundlichen Textformen bezieht. Kasuistiken wie sie in der Mathematik (siehe bspw. Imhausen in diesem Band, 161–185) oder den Lebenslehren (siehe bspw. Kayatz, 1966) zu finden sind, sind andersartig strukturiert. Ein struktureller Vergleich steht noch aus.

[2] Dies gestaltet sich vor allem bei den Rezepten schwieriger. Erste Ergebnisse bieten Dieleman, 2011 und Pommerening, 2012.

Die relative Reihung der Typen lässt sich mithilfe des bekannten Zeitpunkts von Niederschriften (*terminus ante quem*) und des Wissens aus außermedizinischen Quellen stellenweise mit absoluten Datierungen konfrontieren und so historisch verorten (siehe Gliederungspunkt 4). Im Ergebnis wird nicht nur ein Schema für die Rekonstruktion möglicher Entstehungszeiträume bestimmter Texte bereitgestellt, sondern – und dies ist für den interdisziplinären Dialog vor allem wichtig – eine Zusammenschau, die zeigt, dass es auf dem Gebiet der altägyptischen Heilkunde deutliche Veränderungen in den Betrachtungsweisen von Krankheiten und ihrer Heilung gegeben hat. Insofern wird man die Ergebnisse bei zukünftigen Diskussionen um Veränderungen des wissenschaftlichen Denkens berücksichtigen müssen.

2. Heilkundliche Lehrtexte: Definition, Inhalte, Textverbund in der Überlieferung

Der m. E. die so bezeichnete Textform am treffendsten charakterisierende Begriff „Lehrtext" wurde von Wolfhart Westendorf (1966, 19) eingeführt.[3] Die Texte (siehe Beispiele in 3.1) informieren eine mit „du" angesprochene Person[4] – einen potenziellen Heiler – über die Art und Weise der Untersuchung und Behandlung von leidenden und kranken Personen. Dabei werden auf formaler Ebene Syntagmen gebraucht, die für die Textform typisch sind, darunter vermehrt Konditionalsätze und „kontingente Tempora". Aus emischer Perspektive lässt sich ergänzen, dass die hier betrachteten Texte, sofern eine Überschrift vorliegt,[5] mit *šsꜣw* überschrieben sind, was sich vom Verb *šsꜣ* „erfahren sein", „kundig sein" (Wb IV, 543.7–544.7) ableitet; es handelt sich demnach um Darlegungen von Kundigkeit/Sachkunde/Erfahrungswissen.[6] All dies macht die heute gängige Bezeichnung der gesamten Textform mit „Lehrtext" plausibel.

Alle überlieferten Lehrtexte befinden sich auf Papyri.[7] Tabelle 1 zeigt die wichtigsten der bereits edierten – sortiert nach dem Datum der jeweiligen Niederschrift – vergibt Sigel und informiert über die Einbettung der Lehrtexte in die Gesamtthematik der Handschriften.

---

[3] Die hier zur Rede stehende Textform rangierte lange unter der Bezeichnung „Diagnose" (GdM II); doch Thema ist nicht nur die Diagnose, sondern auch die Behandlung.

[4] Eine Ausnahme bilden die Lehrtexte des „veterinärmedizinischen" pKahun; hier wird stellenweise in der 1. Person Singular referiert oder passivisch konstruiert.

[5] Das Wort *šsꜣw* erscheint allein in Sm, Kah, KV, Eb und Bln insgesamt 92 mal in Überschriften. Für die Schreibvarianten siehe GdM VII, 867.

[6] Das Verbum *šsꜣ* ist seit dem Alten Reich belegt. Das Substantiv *šsꜣw* ist außerhalb der heilkundlichen Texte seit dem Mittleren Reich belegt, siehe Wb IV, 544.8 und TLA Lemma-Nummer 157090: *šsꜣw* „Erfahrung; Geschicklichkeit". In anderen Sachtexten (z.B. Mathematik, Divination, Lebenslehren, Recht) wird es in Überschriften nicht gebraucht.

[7] Dies sei hier besonders betont, da andere heilkundliche Textformen auch auf Ostraka, Stelen und Statuen auftreten. Für eine Liste der Ostraka siehe Westendorf, 1999, 59–65; zu Stelen und Statuen mit heilkundlichen Inhalten siehe Borghouts, 1974, 1999 und 2002 sowie Quack, 1998, jeweils mit weiterer Literatur.

Geht man davon aus, dass die Texte des Wundenbuchs in der schriftlichen Erstfassung bereits um etwa 2300 v. Chr. entstanden sind, deckt die vorhandene Überlieferung einen Zeitraum von mehr als 2500 Jahren ab.

Lehrtexte sind für folgende Gebiete erhalten: äußerliche Verletzungen (Sm 1–48), davon thematisch getrennt Bisse (Brk § 92; Eb 435, 436), Geschwulste (Eb 857–877; Lou), ferner Frauenspezifisches (Kah 1–17, 25; Ram III A 7–8; Eb 831–833; Sm Rs. 20,13–21,3; Brk Gyn1; Brk Gyn2), Schleimstoffe (Eb 295), *wḫdw* (Bln 154, 161), Leibprobleme (Eb 188–207, Eb 102 = 296), Leiden des Afters (Sm Rs. 22,11–14; Bt 13a), Leiden der Finger/Zehen (Eb 617 = H 174), Erkrankung des Ohres (Eb 766), Augenleiden (FMA), Leiden des Tieres (KV 17–33, 34–56, 57–69).

Aufgrund bestimmter formaler Strukturen kann man bei einigen Rezepten annehmen, dass sie einst zu einem Lehrtext gehörten;[8] die Themenfelder sind unter den bereits bekannten: Wunden (Eb 522), Bisse (H 239, vgl. Eb 436, H 241), *wḫdw* (Bln 153). Andererseits sind manche Erkrankungen ausschließlich aus Rezepten bekannt, bspw. Husten, Erkrankungen der Blase, Krankheiten der *mtw*-Gefäße und durch Dämonen verursachte Leiden. Das derzeitige Fehlen entsprechender Lehrtexte dürfte einer Fundlücke geschuldet sein.

Im Gesamtkontext heilkundlicher Textüberlieferung machen Lehrtexte im Vergleich zu Rezepten nur einen kleinen Teil aus. Westendorf (1999, 94–96) wählt für einen Vergleich 10 repräsentative Papyri[9] und bestimmt darin die Gesamtzahl der Einzeltexte mit 1727; darunter fallen 119 Lehrtexte (7%) und 1403 Rezepte (81%). Lehrtexte haben allerdings einen höheren Platzbedarf, insbesondere im Vergleich zu Rezepten, deren Informationsgehalt prinzipiell auf minimalem Raum komprimiert ist. Der überlieferte Lehrtextumfang lässt sich grob mithilfe der hieroglyphischen Transliterationen im GdM V abschätzen[10]: Von 549 Seiten entfallen etwa 106 auf Lehrtexte, das sind 20%.

Insgesamt fällt auf, dass Lehrtexte in älteren Handschriften (z. B. in den Papyri Kahun, Smith, Ebers) häufiger erscheinen als in jüngeren (z. B. in den Papyri Berlin, Hearst, Brooklyn). Sie fehlen bislang gänzlich in demotischem Material, ferner ist nur ein römerzeitlicher hieratischer Papyrus mit Lehrtexten bekannt (FMA).[11] Zwar könnte auch hierfür die Fundlage verantwortlich sein, doch scheint mir bemerkenswert, dass es im erhaltenen Material eine deutliche Verschiebung in der Gewichtung der Informationsvermittlung gibt: Pharmakologischen Behandlungsformen wird im

---

[8] Im Abschnitt Bln 153–164 sind Lehrtexte (in der Regel vom Typ 5) soweit reduziert worden, dass kaum mehr als die Behandlung in Form eines Rezeptes übriggeblieben ist. Wie bei der Redaktion verfahren wurde, zeigt sich besonders eindrücklich in einem Abschnitt zu den Gefäßen, der in ausführlicherer Fassung im pEbers (Eb 856b–g) und in reduzierterer Form im pBerlin (Bln 163b–g) vorkommt. An Bln 163h schließt eine Reihe von Eingussmitteln aus anderer Quelle an. Vgl. dazu Westendorf, 1999, 89–91.

[9] Eb, H, L, Bln, Sm, Kah, Bt, Ram V, Brk, KV.

[10] Hierin fehlen allerdings die Transliterationen einiger Zaubersprüche und Brk.

[11] Den Hinweis auf Lehrtexte im FMA und Brk Gyn2 verdanke ich Joachim Friedrich Quack, der deren Publikation vorbereitet und seinen derzeitigen Forschungsstand (vorläufige Transkription, Übersetzung und Kommentar) mit mir geteilt hat.

Gegensatz zu Erklärungen zu praktischen Handhabungen mehr Raum gewidmet.[12] Man gewinnt zudem insgesamt den Eindruck, dass sich die theoriebasierte und empirisch schwerer zu fassende, innerlich anzuwendende Pharmakotherapie[13] erst nach der äußerlichen Behandlung und der chirurgischen Praxis entwickelt habe.

Papyrus	**Sigel**	**Zeit der Niederschrift**	**Themenfelder und Textgattungen**	**Edition**
pKahun (UC 32057)	Kah	um 1850–1700 v. Chr.	Frauenspezifisches: 18 Lehrtexte, 8 Prognosen, 8 Rezepte	Collier / Quirke, 2004; GdM V
pKahun vet. (UC 32036)	KV	um 1850–1700 v. Chr.	Behandlung von Tieren: 5 Lehrtexte	Collier / Quirke, 2004; GdM V
pRamesseum III	Ram III	um 1800 v. Chr.	Sammelhandschrift: 33 Rezepte, 5 Sprüche	Gardiner, 1955; Barns, 1956; GdM V
pEdwin Smith	Sm	um 1550 v. Chr.	Recto: „Wundenbuch“, 48 Lehrtexte; verso: 8 Beschwörungen zur Abwehr von Seuchen, 1 Lehrtext, 3 Rezepte	Breasted, 1930; GdM V
pEbers	Eb	um 1550 v. Chr.	Sammelhandschrift: 44 Lehrtexte, 28 verkürzte Lehrtexte, 4 Prognosen, 776 Rezepte, 11 Rezepte mit Zauberspruch, 10 Sprüche mit Heilbehandlungen, 1 Spruch, 4 Exzerpte	Ebers, 1875; GdM V
pHearst	H	um 1550 v. Chr.	Sammelhandschrift: 10 verkürzte Lehrtexte, 236 Rezepte, 6 Rezepte mit Spruch, 8 Sprüche mit Heilbehandlungen	Reisner, 1905; GdM V
pLouvre E.32847	Lou	um 1450 v. Chr.	Geschwulste: u.a. Lehrtexte	Unpubliziert; Bearbeiter: Etienne / Herbin[14]

Tabelle 1 (Anfang): Altägyptische heilkundliche Textzeugen mit erhaltenen Lehrtexten.[15]

[12] An dieser Stelle ist zu hinterfragen, wer der Nutzerkreis der Texte war und welche Informationen warum wie arrangiert worden sind. Dem wird ein eigener Aufsatz gewidmet. Das Thema habe ich bereits 2012 unter dem Titel „Wissenstransfer in der altägyptischen Heilkunde“ in Heidelberg und Frankfurt vorgetragen.

[13] Zu unterscheiden ist hiervon die bereits frühzeitig nachzuweisende Behandlung mit herkömmlichen Nahrungsmitteln („Diätetik“), vor allem zur Stärkung.

[14] Siehe dazu http://www.louvre.fr/en/etude-du-papyrus-medical-e-32847.

[15] Die Datierung der Papyri und die Kürzel folgen i.d.R. Westendorf 1999, 6–51; 72. Als Textgrundlage dienten die hieroglyphischen Transkriptionen im GdM V; fragliche Stellen oder dort nicht edierte Texte wurden in den in der letzten Spalte zudem aufgeführten Publikationen eingesehen. Unpubliziertes Material haben mir dankenswerterweise Joachim Friedrich Quack (FMA) und Yvan Guermeur (Brk Gyn) zur Verfügung gestellt.

Papyrus	Sigel	Zeit der Niederschrift	Themenfelder und Textgattungen	Edition
pBerlin 3038	Bln	um 1250 v. Chr.	Sammelhandschrift: 3 Lehrtexte, 5 verkürzte Lehrtexte, 7 Prognosen, 185 Rezepte, 1 Rezept mit Spruch, 1 Spruch mit Heilbehandlungen, 1 Spruch, 1 Exzerpt	Wreszinski, 1909; GdM V
pChester Beatty VI	Bt	um 1250 v. Chr.	vornehmlich Krankheiten des Afters und Behandlungen über den After: 2 verkürzte Lehrtexte, 43 Rezepte, 2 Sprüche	Gardiner, 1935; GdM V
pBrooklyn 47.218.48/ .85	Brk	um 600–500 v. Chr.	Schlangenbisse: 4 verkürzte Lehrtexte, 1 Prognose, 113 Rezepte, 9 Rezepte mit Spruch, 4 Sprüche mit Heilbehandlungen, 25 Exzerpte	Sauneron, 1989
pBrooklyn 47.218.2	Brk Gyn1	um 500–300 v. Chr.	Frauenspezifisches: Lehrtexte (col. x+v,14-x+vi,16), Rezepte, Sprüche, Schutzriten	Unpubliziert, Bearbeiter: Guermeur, vgl. Guermeur, 2012
pBrooklyn 47.218.47 rto	Brk Gyn2	um 600–500 v. Chr.	Frauenspezifisches: Sprüche, Schutzriten, Prognosen, Lehrtexte, Rezepte; Spruch B und C der Horusstelen	Unpubliziert, Bearbeiter: Quack
pAshmolean 1984.55	Ash	um 300 v. Chr.	Reste von Lehrtexten	Quack, 1999
Papyrus Florenz Museo Archeologica 10489	FMA	römer-zeitlich	Augenheilkunde, 1 Lehrtext, 3 Rezepte	Unpubliziert, Bearbeiter: Quack

Tabelle 1 (Fortsetzung): Altägyptische heilkundliche Textzeugen mit erhaltenen Lehrtexten.

Mit Blick auf die Fragestellung nach Tradition und Textgeschichte fällt auf, dass inhaltlich keine einzige der bislang gefundenen heilkundlichen Kompilationen einer anderen in der Anordnung der aufgeführten Einzeltexte gleicht, so wie es von späten Totenbuch-Handschriften, Abschriften von Weisheitslehren, sog. Sternuhren, usw. bekannt ist. Das Material lässt keine Bestrebungen erkennen, die auf eine Vervielfältigung unter Einhaltung einer definierten Abfolge hinweisen, wie sie auf heilkundlichem Gebiet mit den uns später überlieferten Werken aus dem Vorderen Orient (z. B. diagnostische SA.GIG-Serie [Labat, 1951, XIII–XXXIV]) oder Griechenlands (z. B. Corpus Hippocraticum) vergleichbar wäre.

Stattdessen lässt sich feststellen, dass ägyptische Lehrtexte in den auf uns gekommenen Überlieferungen neu zusammengestellt oder bspw. nur noch in Auszügen zitiert wurden; ist letzteres der Fall, werden zumeist die Rezepte sowie – speziell für Wissenssammlungen – die mit Glossen annotierten Passagen übernommen.[16] Hieran lässt sich eine gewisse Bedarfsorientierung der Kompilationen zeigen.

[16] Zum Verhältnis von Vorlage und Extrakt siehe Westendorf, 1999, 89–94.

3. Typologie der Lehrtexte

3.1 Hintergrund: Die *sḏm.ḫr=f* und *sḏm.jn=f*-Formen in den Lehrtexten

Betrachtet man übliche Übersetzungen von Lehrtexten in den gängigen Ausgaben heilkundlicher Texte, so fällt ins Auge, dass zwischen der Wiedergabe von *sḏm.ḫr=f* und *sḏm.jn=f*-Formen manchmal nur wenig unterschieden wird. Als Beispiel sei hier Fall 27 des pEdwin Smith in der Übersetzung von Westendorf (1999, 729) angeführt; die betreffenden Verbformen sind in Transkriptionsschrift eingefügt:

> (Sm 27) Heilkunde für eine Klaff-Wunde an seinem Kinn.
> Wenn Du einen Mann mit einer Klaff-Wunde an seinem Kinn untersuchst, die bis zum Knochen reicht, *dann sollst du* seine Wunde *abtasten* (*ḏʿr.ḫr=k*).
> Wenn du seine Knochen unversehrt findest, indem kein Spalt (oder) Loch an ihm vorhanden ist: *Dann musst du* dazu *sagen* (*ḏd.jn=k*): Ein (Mann) mit einer Klaff-Wunde an seinem Kinn, die bis zum Knochen reicht. Eine Krankheit, die ich behandeln werde.
> *Dann sollst du* ihm ein Binden-Paar (Kreuzverband?) auf jene Klaffen *legen* (*wdj.ḫr=k*); *dann sollst du* sie (die Wunde) mit frischem Fleisch *verbinden* am ersten Tag (*wt.ḫr=k*). Du mögest sie danach {mit} Öl/Fett, Honig (und) Fasern behandeln jeden Tag, bis daß es ihm besser geht.

Westendorf übersetzt in seinem *Handbuch der medizinischen Texte* die auftretenden *sḏm.ḫr=f*-Formen konsequent mit „dann *sollst* du hören", die *sḏm.jn=f*-Formen mit „dann *musst* du hören". In den *ḫr*- und *jn*-Infixen sieht er somit Kennzeichnungen von Modalität; die *ḫr*-Form steht nach seinen Übersetzungen für etwas Erwünschtes, die *jn*-Form für etwas Obligatorisches. Durch die in beiden Fällen von ihm verwendete Einleitung „dann" verdeutlicht er zudem Handlungszusammenhänge und Abhängigkeiten. Da im deutschen Konjunktionaladverb „dann" sowohl ein konsekutiver als auch ein (implizit) konditionaler Aspekt zum Ausdruck kommen kann, können sich die Formen gemäß seiner Übersetzung unterschiedslos auf sowohl reine Abfolgen als auch auf konditionale Handlungszusammenhänge beziehen.

Seine Übersetzung deckt sich mit seiner bereits 1962 nach eingehender Grammatikanalyse publizierten Beurteilung zum Gebrauch der *sḏm.jn=f*- und *sḏm.ḫr=f*-Formen in heilkundlichen Texten: In seiner *Grammatik der medizinischen Texte* (GdM VIII, 207 f. [§ 283]) kommt er zu dem Ergebnis:

> Was den Gebrauch beider Formen anbetrifft, so fällt es schwer, einen Unterschied zu finden (…) Auch aus solchen Stellen, in denen *sḏm.ḫr-f* und *sḏm.jn-f* nebeneinander gebraucht werden, läßt sich ohne Zwang kein Bedeutungsunterschied herauslesen.[17]

[17] Siehe auch Depuydt, 1993, 247, mit Verweis auf GdM VIII: ‚In medical texts, it [*sḏm.jn=f*] appears in the same contexts as *sḏm.ḫr=f*. Since *sḏm.jn=f* and *sḏm.ḫr=f* are interchangeable

Schließlich kann er aber Gardiner darin bestätigen, dass in heilkundlichen Texten nur die *sḏm.ḫr=f*-Form, nicht die *sḏm.jn=f*-Form, als eine ein Resultat angebende Form mit präsentischem Charakter auftritt. Den Hauptgebrauch beider Formen sieht er in einer optativisch-futurischen Verwendung in Aufforderungen,[18] die Übersetzung mit „du musst" bzw. „du sollst" dient ihm lediglich ‚zur formalen Trennung der beiden Formen in der Übersetzung.'[19]

Vernus (1990, 114 f.) kann nach seiner Studie *Tense, Mood and Aspect in Middle Egyptian* in heilkundlichen Texten ebenso wenig einen Unterschied zwischen dem Gebrauch von *sḏm.ḫr=f-* und *sḏm.jn=f*-Formen nachweisen, hält aber den dortigen, nicht auf die Vergangenheit beschränkten Gebrauch der *sḏm.jn=f*-Formen für ein Kennzeichen älteren Spracheinflusses.

In nicht-medizinischen Texten erscheint die *sḏm.jn=f*-Form gewöhnlich als Narrativform, die in einer Abfolge einen neuen Abschnitt einführt; die *sḏm.ḫr=f*-Formen werden inzwischen allgemein als Formen, die eine Konsequenz, eine logische Folge ausdrücken, angesehen.[20]

Ein Grundpfeiler des vorliegenden Artikels ist die Beobachtung, dass beide Formen in den Lehrtexten eben nicht unterschiedslos,[21] sondern gemäß dem nicht-heilkundlichen Kontext gebraucht werden. *sḏm.jn=k*-Formen treten immer genau dann auf, wenn der Handlungsablauf in konsekutiver Hinsicht betont wird, *sḏm.ḫr=k*-Formen dann, wenn der kausale Zusammenhang hervorgehoben wird.

Erkennbar wird dies am besten in der Lehrtextpassage, in der die Krankheit benannt wird. Im pEdwin Smith ist sie stets durch *ḏd.jn=k* eingeleitet (siehe Fallbeispiel Sm 27). Ein Sachverhalt, der vorher bereits (für den Leser hypothetisch) formuliert wurde (Phänomen A, hier: „Klaffwunde an seinem Kinn"), wird nach einer näheren Untersuchung, die in diesem Fall weitere Symptome ausschließt, noch einmal ausdrücklich benannt („(Mann) mit Klaffwunde am Kinn"). Begrifflich unterscheidet sich die erste Einordnung des Befundes nicht von der letztlich durch *ḏd.jn=k* eingeleiteten offiziellen Diagnose (A). Das der Diagnose folgende Urteil „Ein Leiden, das ich behandeln werde" schließt sich unmittelbar an. Eine mögliche Entscheidung, ob behandelt wird oder nicht – die jeder Heiler bereits beim ersten Anblick seines Patienten hypothetisch trifft und die der Schreiber des Textes bereits kennt – darf erst nach eingehender Untersuchung tatsächlich bestätigt werden. Dabei hebt die Formulierung den performativen Akt als Handlung hervor.

---

and it does not seem possible to discern a difference in usage between them, the former would seem to be a contingent aorist just as the latter.' Vgl. auch bereits Depuydt, 1989, 24 f.

[18] GdM VIII, 197–202 (§§ 270–275) und 205–208 (§§ 280–282).

[19] Siehe GdM VIII, 205, Anm. 2.

[20] Borghouts, 2010, 207–211, § 57 (The Consequential [the *ḫr* patterns]); 207: ‚then (naturally/logically) he hears'; vgl. auch Allen, 2010, 310–312, § 22.5–22.7 (The *sḏm.ḫr=f*), und Zeidler, 1999, 136. Gegen „implied conditions" ist Polis, 2005, 308, der in der *sḏm.ḫr=f*-Form eine normative Notwendigkeit ausdrückende Modalform sieht.

[21] Der Eindruck eines unterschiedslosen Gebrauchs resultiert, wenn man sich vor allem auf Tempus- oder auch Aspektbetrachtungen eines Systems von drei Formen *sḏm.jn=f*, *sḏm.ḫr=f* und *sḏm.kꜣ=f* stützt und weniger auf lexikalische Überlegungen oder auch Betrachtungen zur Aussagelogik.

Wird aber die *ḏd.ḫr=k*-Form an dieser Stelle gebraucht, wie bspw. in den Lehrtexten des pKahun, geht das unmittelbar danach Benannte in aller Regel terminologisch über das vorher Erfasste hinaus. Ein Sachverhalt wird schrittweise in ein vorher nicht benanntes Ergebnis überführt. Dabei werden neue Termini eingeführt, die zumeist eng mit der Erklärung zur Krankheitsursache in Verbindung stehen (siehe Gliederungspunkte 3.2.4 und 3.2.5).[22] Syntaktisch treten die *ḏd.ḫr=k*-Formen an die Stelle der *ḏd.jn=k*-Formen genau dann, wenn die zuvor ermittelten Befunde in eine terminologisch anders gestaltete Diagnose umgewandelt werden oder nur Urteile, ob die Krankheit behandelbar ist oder nicht, bekannt gegeben werden. In der Diagnose/ Beurteilung wird somit eindeutig etwas abgeleitet, das im kausalen Zusammenhang mit dem Leiden selbst steht; es wird als Ergebnis einer analytischen Ursachenforschung durch die einleitende *ḏd.ḫr=k*-Form markiert. Die Diagnose steht in der logischen Folge der Untersuchung und bietet dem Belehrten durch Erklärung der Krankheitsursache etwas Neues. Der performative Akt tritt dabei nicht vollständig in den Hintergrund, immerhin wird das Ergebnis weiterhin mitgeteilt (*ḏd* = sagen), die Kausalität wird aber durch die *.ḫr*-Form deutlich betont.

Allgemeiner formuliert wird mit der *ḏd.ḫr=k*-Form in heilkundlichen Texten eine auf dem zuvor Ermittelten basierende logische Folgerung (ein Resultat) eingeführt, wohingegen mit der *ḏd.jn=k*-Form eine Handlungsfolge betont wird. Zweifellos enthalten beide Formen sowohl kausale als auch konsekutive Anteile, jedoch mit unterschiedlicher Gewichtung.

Prinzipiell kann man diese Unterschiede im Gebrauch von *sḏm.jn=k*- und *sḏm.ḫr=k*-Formen in mittelägyptischen Texten bereits gut greifen, so dass sich hier der Gebrauch in heilkundlichen Texten nicht von dem in nicht-heilkundlichen unterscheidet.[23]

Als Übersetzung[24] für den oben angeführten Text ergibt sich somit:

> (Sm 27) Erfahrungen zu einer Klaffwunde[25] an seinem Kinn.
> Wenn du einen Mann wegen einer Klaffwunde an seinem Kinn untersuchst (*ḫꜣj* = messen), die zum Knochen aufsteigt, so suchst du (folglich) seine Wunde ab (*ḏꜥr.ḫr=k*), (und) wenn du seinen Knochen unversehrt findest – nicht existent sind Spalt (*pšn*) (oder) Loch (*thm*) an ihm –, dann sagst du in Bezug auf ihn (*ḏd.jn=k*): „Ein mit einer Klaffwunde an seinem Kinn, die

---

[22] In diesem Zusammenhang ist zu bemerken, dass bei Sm (*ḏd.jn=k*) die Ursache des Leidens primär die äußerlich sichtbare Verletzung ist, was auch in einigen Fällen betont wird (*ḫr* + Substantiv / *ḫr* + Suffix im Gebrauch der Ursachenangabe: „wegen ihm/ihr"), z. B. Sm 7, 13, 21, 22, 28, 47, vgl. GdM VII, 689.

[23] Grundlage war eine Überprüfung der bisher in den Diskussionen (vor allem GdM VIII; Vernus, 1990; Depuydt, 1993; Polis, 2005) herangezogenen Belege für *sḏm.jn=f* und *sḏm.ḫr=f*-Formen in und außerhalb der heilkundlichen Texte.

[24] Vgl. zu einzelnen Termini in dieser und allen folgenden Übersetzungen auch GdM VII; TLA; Westendorf, 1999; Walker, 1996.

[25] *wbnw n kft*: Übersetzung nach GdM VIII, 174: „Klaffwunde". Wörtlich „Wunde des Freilegens"; vgl. Sm 18, Glosse A.

zum Knochen aufsteigt, Beladener. Ein Leiden, das ich behandeln werde." So legst du ihm (folglich) ein Bindenpaar auf jene Klaffen (*wdj.ḫr=k*) und so verbindest du sie (die Wunde) (folglich) mit frischem Fleisch am ersten Tag (*wt.ḫr=k*). Du mögest sie danach täglich (mit) Fett, Honig (und) Fasernetz behandeln, um sie angenehm zu haben.[26]

3.2 Typologie

Bereits Breasted hat bei der Edition des pEdwin Smith das generelle systematische Schema eines Lehrtextes erläutert, wie es ihm in diesem Papyrus begegnet ist: 1. Title, 2. Examination, 3. Diagnosis, 4. Treatment, 5. Glosses (Breasted, 1930, 36). Die von Breasted eingeführten Titel der fünf Untergliederungspunkte folgen inhaltlichen Überlegungen und formalen Gesichtspunkten (Syntax und z. T. Rubra). Ein solches Schema wird heute gemeinhin zur Beschreibung der Strukturen sämtlicher Lehrtexte benutzt (Westendorf, 1999, 82–86; vgl. auch GdM II, 8) und mit den verschiedenartigen syntaktischen und semantischen Einheiten, die zur Einleitung eines Abschnitts dienen können, verknüpft. So heißt es z. B., dass im Allgemeinen die Diagnose mit den Worten *ḏd.ḫr=k r=s* oder *ḏd.jn=k r=s* („dann sollst/musst du dazu sagen") eingeleitet sein könne (Westendorf, 1999, 84 f.). Die Betrachtung erfolgt dabei synchron – und nicht diachron oder themenbezogen; Nuancen, die sich z. B. aus dem Gebrauch der *.jn-* oder *.ḫr-*Form oder anderer Syntagmen ergeben könnten (siehe Gliederungspunkt 2), werden nicht weiter behandelt.

Nun ist aber auffällig, dass die Einleitung der Diagnosen im pEdwin Smith immer *ḏd.jn=k* lautet, im pKahun hingegen *ḏd.ḫr=k*, was die Frage aufwirft, ob dies zeitlich oder thematisch bedingt sein könnte. Unter Gliederungspunkt 2 wurde bereits auf die damit ganz offensichtlich verbundene Argumentationsstruktur hingewiesen. Darüber hinaus lassen sich weitere Unterschiede feststellen, die es erlauben, Entwicklungen aufzuzeigen. Es wird daher eine verfeinerte Typologie der Texte erarbeitet, die das Auftreten der *sḏm.ḫr=f-* und *sḏm.jn=f-*Formen ernst zu nehmen versucht, und die die in den Texten auftretenden Argumentationsstrukturen in die Überlegungen zu Tradition und Textgeschichte mit einbezieht.

Die hier erarbeitete Typologie orientiert sich in erster Linie an wiederkehrenden, oft durch Rubren markierten syntaktischen Einheiten und berücksichtigt größere strukturelle Veränderungen innerhalb der den Lehrtext zunächst allgemein formalisierenden Struktur. Größere strukturelle Veränderungen führen innerhalb der Typologie zur Bildung eigener Kategorien (d.h. Typ 1, Typ 2 etc.), kleinere Abweichungen führen zur Bildung von Unterkategorien (Typ 2 a, b).[27] Als redaktionelle Ände-

---

[26] Eine andere Übersetzungsvariante hat Schenkel, 2012, 305–308, vorgeschlagen. Er sieht die Möglichkeit, dass *sḏm.jn=f-*Formen als Rang-V-Erweiterungen fungieren können. Versucht man diese Interpretation auf alle Lehrtexte anzuwenden, stößt man allerdings häufig auf das Problem, dass eine Apodosis gänzlich fehlt oder dass man die syntaktischen Grenzen allzu beliebig wählen kann. Da indessen die Lehrtexte gerade durch ihre formalisierte Struktur ins Auge stechen, scheint mir eine Interpretationsvariante, die formale Aspekte (Rubren, erstellte Typologien) mit einbezieht, vielversprechender.

[27] Eine feinere Aufgliederung in weitere Unterkategorien ist für die Kernaussage dieses Beitrags nicht notwendig. Es geht hier zunächst um die grobe chronologische Verortung. Durch

rung/Ergänzung wird nur aufgefasst, was sich grammatikalisch und/oder inhaltlich begründen lässt.

Die Typen selbst lassen sich im Hinblick auf denkbare Entstehungszeitpunkte in eine relative Anordnung bringen (Typ 1 am ältesten, Typ 5 am jüngsten, siehe Tabelle 11). Jeder Typ wird in einem eigenen Abschnitt näher erläutert. Die den dortigen Tabellen nachfolgenden Beschreibungen sind bei Typ 1 am ausführlichsten, um die Struktur an sich zu erläutern. Bei den anderen Typen werden nur die Veränderungen in Relation zu Typ 1 diskutiert. Um die originäre Textstruktur besser darzustellen, sind die in der Mehrzahl per **Rubrum** markierten Einschnitte durch **Fettdruck** wiedergegeben.

3.2.1 Lehrtexte vom Typ 1

Die Hauptmerkmale dieser ältesten Kategorie an Lehrtexten lassen sich folgendermaßen zusammenfassen:

a) *ḏd.jn=k r=f* als Einleitung des Befundes
b) *ḫry* A, (B, C, …) als Diagnose (siehe auch Typ 3)
c) keine neue Terminologie im Befundabschnitt (siehe auch Typ 2 und 3)
d) wenig formalisierter Behandlungsabschnitt

Bislang fallen hierunter alle Lehrtexte des pEdwin Smith mit Ausnahme von Sm 9 und möglicherweise FMA.[28]

Typ 1 am Beispiel des pEdwin Smith

Das Recto des pEdwin Smith bietet nicht nur die umfangreichste Sammlung von Lehrtexten zu einem Thema, sondern auch die ausführlichsten Fassungen dieser Textgattung. Das folgende Grundschema schließt alle Lehrtexte dieses Papyrus mit ein.[29]

Graue Unterlegungen markieren spätere Zusätze, die Zunahme der Farbtiefe folgt der angenommenen diachronen weiteren Entwicklung.

---

kleinteiligere Untersuchungen allein des pEdwin Smith dürfte es möglich sein, Entstehungszeiten und Redaktionsstufen der Einzeltexte noch nuancierter zu erfassen.

[28] Nach Mitteilung von Joachim Quack ist bei dem Lehrtext in FMA die Einleitung der Diagnose nicht vollständig erhalten. Sie kann zu *ḏd.[jn]=k r=f* oder *ḏd.[ḫr]=k r=f* ergänzt werden. Nach der hier vorgestellten Typologie wäre die erste Ergänzung vorzuziehen. – Eine Einordnung der Lehrtexte des 7 m langen noch unedierten pLouvre E 32847 kann nicht vorgenommen werden; nur eine Kolumne ist ins Internet gelangt (http://www.medizinische-papyri.de/Start/html/-_papyrus_louvre_neu_.html). Sie beinhaltet einen Lehrtext vom Typ 1 oder 3, deren Unterscheidung sich vor allem in der Formalisierung der Behandlung und der Erwähnung von Krankheitskonzepten zeigen würde. Prinzipiell sind ansonsten alle für Typ 1 angeführten Kriterien erfüllt. Hinter *ḏd.jn=k* folgt kein durch eine Partikel eingeleitetes Bezugspronomen.

[29] Das heißt auch Sm 9 – ein Fall, der Typ 1 nicht angehört.

I.	**Überschrift**	***šsꜣw* zu Phänomen A**[a]	**Erfahrungen zu Phänomen A**
II.	Untersuchung		
a	Einleitung	*jr ḫꜣj=k*[b] *sj n* A	Wenn du einen Mann untersuchst mit Phänomen A,
b	Technik	-[c]	- [keine Angabe zur Technik]
		ḏꜥr.ḫr=k[d]	so suchst du (folglich)
		var. *wdj.ḫr=k ꜥ=k ḫr=f*[e]	*var.* so legst du (folglich) deine Hand auf ihn
		var. *rdj.ḫr=k ꜥ=k*[f] *ḫr=f…*	*var.* so gibst du (folglich) deine Hand auf ihn ...
		var. *mꜣꜣ.ḫr=k*[g]	*var.* so betrachtest du (folglich)
		var. *ḏd.ḫr=k n=f*[h]	*var.* so sagst du (folglich) zu ihm
c	Symptome	*gmm=k*[i] B, C, ...	(und wenn) du findest die Phänomene B, C, ...
		var. *jr gm=k*[j] B, C, ...	*var.* (und) wenn du findest die Phänomene B, C, ...
		var. uneingeleitet B, C, …[k]	*var.* und Phänomen B, C, ...
		var. sonst.[l]	
[d]	Krankheitsursache	*jn* xy *ḏd*[m] D *pw*[n]	es ist xy, das veranlasst *var.* das ist D
III.	**Befund**		
a	**Einleitung**	***ḏd.jn=k r=f***	**dann sagst du in Bezug auf ihn:**
b	**Diagnose**	***ḫry* A**[o] **(B, C, …)**[p]	**ein mit A (B, C, …) Beladener**
c	**Urteil**	***mḥr jry=j***[q]	**ein Leiden, das ich behandeln werde**
		var. *mḥr ꜥḥꜥ=j ḥnꜥ*[r]	***var.* ein Leiden, mit dem ich kämpfen werde**
		var. *mḥr n jrjw.ny*[s]	***var.* ein Leiden, das nicht behandelt werden kann**
II a+c	Wiederaufnahme der Protasis	*jr ḏr gmm=k*[t] (A), B, …	Wenn du also findest (A), B, …
IV.	Behandlung		
	Verband	*wt.ḫr=k*[u]	so verbindest du (folglich)
		var. *jm=k wt*[v]	*var.* so sollst du nicht verbinden
	Heilmittel	*srwḫ=k (m-ḫt)*[w]	du mögest (danach) behandeln
		var. *jrj.ḫr=k spw*[x]	*var.* so machst du ihm Mittel
	Sonst.	var. *srwḫ=f ḥmsjt*[y]	*var.* seine Behandlung ist Sitzen
		weitere Varianten[z]	
II+ III+I V	Differentialdiagnose(n)	*jr swt gm=k sj pf* usw.[aa]	Wenn du aber jenen Mann findest usw.
V.	**Glossen**	***jr***[bb]	**Was anbetrifft**

Tabelle 2: Lehrtexte vom Typ 1 am Beispiel des pEdwin Smith.

Anmerkungen zu Tabelle 2:

a) *wbnw* (Wunde): Sm 2, 4–7, 9, 10, 14, 18, 20, 23, 26–29, 40, 47; *sd*: Sm 8, 13, 17, 22; *ḥsb*: Sm 11, 12, 24, 35, 36, 37, 44; *bd*: Sm 15; *pšn*: Sm 16, 21, 38; *thm*: Sm 19; *wnḫ*: Sm 25, 34, 43; *nrwt*: Sm 30, 31, 42, 48; *njswt*: Sm 32; *sḫm*: Sm 33; *mtwt*: Sm 39, 45; *šmꜣy*: Sm 41, 46; […]: Sm 1, Sm 3.

b) Alle mit Ausnahme von Sm 9; […]: Sm 1, 3, 7.

c) Sm 9, 11, 12, 15, 16, 20, 21, 28–39, 41–46, 48. In Sm 40 wird eine Anweisung gegeben (*mn.jn=k* „dann sollst du festhalten"), die m. E. zur Behandlung und nicht zur generellen Untersuchung gehört.

d) Sm 4–8, 10, 18, 27, 47.

e) Sm 2, 13, 22 (*ḏbꜥ=k*), 24; […]: Sm 1.

f) Sm 17.

g) Sm 19; Sm 23 u. 47: *nḏr.ḫr=k* („so ziehst du zusammen").

h) Sm 31; in Sm 30: *ḏd n=k n=f* („sag zu ihm").

i) Sm [3], 4, 5, 6, 8, 12, 14–16, 18, 21, 24, 25, 31, 33, 34–39, 43–47.

j) Sm 2, 27; […]: Sm 1, 3.

k) Sm 7, 9, 10, 11, 13, 17, 19, 22, 23, 26, 28–30, 32, 40–42, 48.

l) Sm 20 weicht deutlich ab und fällt durch eine Vielzahl von *jr*-Protasen auf.

m) Sm 31, 33.

n) Sm 31.

o) Alle mit Ausnahme von Sm 9; […]: Sm 1; <...>: Sm 6, 8.

p) In der Regel wird wiederholt, was bereits in I+IIa genannt ist (= A). Die zusätzliche Nennung von Symptomen, die durch die Untersuchung erfasst wurden (= B, C, …), erfolgt an dieser Stelle bei Sm 3, 4, 5, <6>, 7, <8>, 17, 19–24, 29, 31, 33, 39, 41; in der Regel sind dies Fälle, die schwieriger oder kaum zu behandeln sind.

q) Sm 1–3, 10, 11, 15, 16, 18, 19, 23, 25, 27, 30, 32, 34–36, 38–43, 46–48.

r) Sm 4, 7, 21, 28, 29, 37, 45 (folgt: „Es ist nichts vorhanden", Hinweis auf Abschrift).

s) Sm 5, 6, 8, 13, 17, 20, 22, 31, 33, 44.

t) Sm [3], 4, 7, 8 (nach Einschub), 20.

u) Sm 1, 2, 15–18, 25–30, 32 (mit ausführlicher Beschreibung der sonst verkürzt wiedergegebenen Behandlung), 34–38, 40, 42, 43, 47.

v) Sm 3, 4, 5, 6; bei Sm 3, 4, 5 folgt: „Er werde zu Boden gegeben …" (*ḏj r tꜣ*).

w) Sm 1, [2], 3, 10–12, 16–19, 26–28, 30, 34, 35, 37, 38, 39 (außergewöhnlich), 40, 42, 43, 47.

x) Sm 41 folgen Rezepte; Sm 48 bricht ab.

y) Sm 8, 16, 17.

z) Sm 4, 6, 7: *rḏj.ḫr=k* („so gibst du (folglich)"); Sm 11: *sk.ḫr=k*, *wdj.ḫr=k*, *wdj.ḫr=k*, *wdj.ḫr=k*; Sm 12: Imperative, *wdj.ḫr=k*, *wdj.ḫr=k*; Sm 14: *jrj.ḫr=k*, *sk.ḫr=k*, *wt.ḫr=k*; Sm 15: *dj=k sw m-ḫt*; Sm 19, 21, 27: *wdj.ḫr=k*; Sm 23: *jm=k sw m-ḫt*; Sm 35 u. 36: *wt.jn=k*; Sm 37: *jrj.jn=k*; Sm 48: *wdj.ḫr=k*.

aa) Sm 7: zwei ausführliche Differentialdiagnosen (a, b) im selben Duktus: (a) II+III; (b) II+IV; Sm 28: II+IV; Sm 34: II+III; Sm 37: II+III; Sm 47: II+III+IV.

bb) Glossen nicht vorhanden in Sm 13, 15–17, 20, 21, 23–25, 27–29, 35–38, 47–48.

I. Sämtliche Lehrtexte des Wundenbuchs verfügen über eine in der Regel als Rubrum markierte Überschrift. Inhaltlich nimmt die Überschrift den zur wissenschaftlichen Einordnung dienenden Hauptbefund auf, der gleichlautend an zwei Stellen im Folgetext erscheint, nämlich im Untersuchungsabschnitt (II) und im Befundabschnitt (III); z. B.:

> (Sm 12)
> (I) Erfahrungen für einen Bruch in der Kammer seiner Nase.
> (IIa) Wenn du einen Mann wegen eines Bruchs in der Kammer seiner Nase untersuchst, …
> (IIIa) dann sagst du in Bezug auf ihn: Ein mit einem Bruch in der Kammer seiner Nase Beladener …

Redaktionell deutet vieles darauf hin (z. B. bezuglose Personalpronomina, verkürzte Schreibungen), dass, wie bereits Westendorf (1999, 83) festgestellt hat, die Überschriften im Wundenbuch den jeweiligen Texten nachträglich beigegeben worden sind. Ursprünglich dürften Texte ohne Überschriften vorgelegen haben, deren Rubrifizierung des Befundes ein schnelleres und gezielteres Auffinden spezifischer Fälle möglich gemacht hatte.

II. Der Abschnitt zur Untersuchung lässt sich im Wundenbuch aufgrund der syntaktischen Strukturen dreiteilen (hier IIa–c). Eingeleitet (IIa) wird er durch die Protasis „Wenn du untersuchst“, die direkt das prägnanteste Symptom benennt: die „Klaffwunde am Kopf“ (Sm 7), den „*sd*-Bruch des Schädels unter der Haut seines Kopfes“ (Sm 8) oder den „(*ḥsb*-)Bruch an den Rippen seines Brustkorbs“ (Sm 44). Darauf folgt in vergleichsweise wenigen Fällen, aber dann stets durch *sḏm.ḫr=f*-Formen wiedergegeben, die Untersuchungstechnik (IIb), bevor weitere Symptome eingeführt werden:

> (Sm 5)
> (IIa) Wenn du einen Mann wegen einer Klaffwunde[30] an seinem Kopf untersuchst, die zum Knochen aufsteigt, sein Schädel ist zerbrochen (*sd*),
> (IIb) so suchst du folglich seine Wunde ab;
> (IIc) (und wenn) du jenen *sd*-Bruch findest, der in seinem Schädel ist, indem er tief (und) versunken unter deinen Fingern ist,
> (wobei) die Aufschwemmung (*tḫb*), die auf ihm ist, anschwillt,
> (und) er Blut aus seinen beiden Nasenlöchern (und) seinen beiden Ohren gibt,
> (und) er Aufrichtungen in seinem Nacken erleidet,
> (und) er nicht sein Blicken zu seinen beiden Schultern und seinem Brustkorb finden kann, …

[30] Siehe oben Anmerkung 25.

Häufiger wird der Text auch ohne diese mögliche Apodosis (IIb) direkt mit einer weiteren Protasis (IIc) (*jr gm=k* oder *gmm=k*) fortgesetzt, die zusätzliche Symptome benennt, z. B.:

> (Sm 16)
> (IIa) Wenn du einen Mann wegen eines Spalts (*pšn*) in seiner Backe untersuchst,
> (IIc) (und wenn) du eine Aufschwemmung (*tẖb*) findest, indem sie anschwillt, eine *tms*-Röte ist auf dem Rücken jenes Spalts.

Die unregelmäßige Angabe der Technik im syntaktischen Geflecht aus möglichen Konditionalbeziehungen erweckt den Eindruck, als ob es sich um spätere Einschübe handele; man kann andererseits auch annehmen, dass die Technikangabe einst der Normalfall war, den man später nicht mehr hinzufügen musste. Für einen späteren Einschub spräche, dass das dabei häufig verwendete Wort *ḏꜥr* erst seit dem Mittleren Reich belegt ist und die Konnotation von *ẖȝj* – hier übersetzt mit „untersuchen", Grundbedeutung „messen" – spätestens im Neuen Reich erklärungsbedürftig wurde (siehe Sm 1, Glosse A).[31]

In zwei Fällen[32] folgt nun eine Erklärung (IId), wie sie nach dem ermittelten Schema erst bei späteren Typen vorkommt; es handelt sich sicher um spätere Ergänzungen.

III. Im dritten Abschnitt wird der Befund benannt. Die hier verbuchten Diagnosen unterscheiden sich jedoch in der Regel nicht[33] von dem, was bereits in der Überschrift (I) und Einleitung der Untersuchung (IIa) genannt ist – hier stellvertretend mit „Phänomen A" bezeichnet:

> (Sm 16)
> (IIIa) Dann sagst du in Bezug auf ihn:
> (IIIb) Ein mit einem Spalt (*pšn*) in seiner Backe Beladener.

In solchen Fällen (siehe auch Typ 2 und 3) drängt sich daher die Frage auf, warum keine andere Krankheitsbezeichnung auftritt, die sich aus den weiteren ermittelten Symptomen ableiten ließe. Die Erklärung liegt darin, dass die Diagnose bereits die auf den ersten Blick erkannte Ursache des Leidens benennt. Der Nachweis weiterer Symptome dient einerseits der Verifizierung der Hypothese (B und C sind Symptome von A), kann aber andererseits auch Folgeerscheinungen ermitteln (B und C sind Folgen von A).

---

[31] Siehe TLA Lemma-Nummer 182760: *ḏꜥr* „suchen; untersuchen" (Wb V, 539.8–540.14; FCD 320).

[32] Siehe Anmerkung 42.

[33] Ausnahmen sind Fälle, in denen Teile aus der Untersuchung in die Diagnose einfließen, siehe oben Anmerkung 45.

Was passiert hier genau? Für den Leser des Lehrtextes ist das Phänomen A vor der Untersuchung noch eine diagnostische Hypothese bei erster Sichtung. Es wird, nachdem zwischenzeitlich eine genauere Untersuchung stattgefunden hat, zur gesicherten Diagnose mit nun offen darzulegender Terminologie. Offensichtlich wird durch das Aussprechen der Krankheitsbezeichnung nun erstmals die im Kopf hypothetisch gedachte Erkenntnis (was sehe ich?) in eine hier noch gleichlautende Krankheitsbezeichnung verwandelt.

Der Verfasser wiederum baut die Erklärung ausgehend vom ihm bekannten Sachverhalt auf. Die Krankheit erhält den Namen des/der vorherrschenden sichtbaren Symptoms/Symptome. Es kommen weitere Symptome im Untersuchungsabschnitt hinzu, die das benannte Krankheitsbild insgesamt bestimmen (auch negative Befunde werden hier mit berücksichtigt). Im Befundabschnitt wird der Krankheitsname nun offiziell benannt, woraus sich die Behandlung ableitet.

Der Abschnitt der Benennung ist als Rubrum hervorgehoben; bei der einleitenden Form handelt es sich stets um eine *s̱ḏm.jn=k*-Form: „Dann sagst du in Bezug auf ihn“ (*ḏd.jn=k r=f*). Sie betont vor allem die konsekutive Verknüpfung. Erst nach der Untersuchung – und nicht bereits vorher – wird die Krankheit durch Benennung greifbar gemacht. Die folgende Form ist bei Typ 1 (und 3) stets eine Nisbe der Präposition *ẖr* „unter“, gefolgt von einem substantivischen Ausdruck, der die Krankheit bezeichnet.

Sofern man gegenüber der Überschrift (I) und Einleitung der Untersuchung (IIa) Unterschiede im Diagnosetext (IIIb) vorfindet, so sind es zusätzlich benannte Symptome (B, C, …), die im Rahmen der Untersuchung (IIc) bereits aufgefallen sind:

> (Sm 5)
> (IIIa) Dann sagst du in Bezug auf ihn:
> (IIIb) Ein mit einer Klaffwunde an seinem Kopf Beladener, die zum Knochen aufsteigt,
> wobei sein Schädel zerbrochen (*sd*) ist,
> und er Aufrichtungen in seinem Nacken erleidet.

Es scheinen die für eine Differentialdiagnose wesentlichen Symptome zu sein.[34] Besonders häufig genannt sind: „Aufrichtungen in seinem Nacken“[35], „Blut aus seinen beiden Nasenlöchern (und) seinen beiden Ohren“[36], „Blut aus seinem Nasenloch, seinem Ohr (und) seinem Mund“[37], „Blut aus seinen beiden Nasenlöchern“[38], „Blut aus seinem Nasenloch (und) seinem Ohr“[39], „bewusstlos“.[40]

---

[34] Dies zeigt sich besonders deutlich in Sm 7.

[35] Sm 3–7, 19, 20, 22, 29.

[36] Sm 4, 7, 22.

[37] Sm 17.

[38] Sm 20.

[39] Sm 21.

[40] Sm 17, 20, 22, 33; Übersetzung nach GdM VII, 992.

Im nächsten Schritt wird die Einschätzung wiedergegeben, ob eine Behandlung Erfolg verspricht (IIIc). Es werden drei Fälle unterschieden: 1) „ein Leiden, das ich behandeln kann"; 2) „ein Leiden, mit dem ich kämpfen werde"; 3) „ein Leiden, das nicht behandelt werden kann". Insbesondere den Fällen, die unter 2) und 3) fallen, geht der ausführlichere Diagnosetext mit den oben genannten Symptomen voraus. Prinzipiell gilt: Erst, wenn eines dieser Urteile ausgesprochen wurde, setzt die Behandlung ein. Auch wenn die Krankheit als nicht behandelbar eingestuft wird, gibt es in der Regel eine Anweisung, wie mit dem Leidenden zu verfahren ist.

IIa+c*. Nur in wenigen Lehrtexten des Wundenbuchs erfolgt vor der Behandlung (IV) eine Wiederaufnahme der Protasis durch *jr ḏr gmm=k* („wenn du also findest"). Dies geschieht vor allem dann, wenn in die Formulierung der Diagnose eine größere Zahl an Symptomen aus der Untersuchung mit aufgenommen wurde, wie oben angeführt. Da hiervon ausschließlich Fälle mit schwerwiegenden Verletzungen betroffen sind, gewinnt man den Eindruck, dass die Wiederaufnahme der Protasis den Leser zum Rekapitulieren aufruft. Aus grammatikalischer Sicht wird deutlich, dass von der einleitenden Protasis (IIa) nicht nur die *ḏd.jn*-Formel als Apodosis abhängig ist. Diese Erkenntnis ist auch für alle weiteren Texte relevant: Die in IV folgenden *sḏm.ḫr=f*-Formen beziehen sich als Apodosis ebenfalls auf die Einleitung der Untersuchung (IIa). *sḏm.ḫr=f*- und *sḏm.jn=f*-Formen können somit syntaktisch gleichartige Positionen einnehmen, wobei die *ḏd.jn*-Form den kausalen Zusammenhang der Heilhandlung durch Erfordernisse unterbricht, die vor allem den Handlungsablauf berühren.

IV. Im Wundenbuch sind verschiedene Formen der Behandlung genannt, die im Vergleich zu Lehrtexten des Typs 2 bis 5 wenig stereotyp und formalisiert erscheinen. Dies wird von mir als Hinweis auf den weiter zurückliegenden Abfassungszeitpunkt des Urtextes gedeutet.[41]

Behandlungsformen sind bspw. Einrenken von Brüchen, Nähen von Wunden, Anwendungen von Verbänden mit und ohne gleichzeitige Verabreichung von Heilmitteln, ferner Brennungen und Ruhigstellung. Grammatikalisch kommen vor allem *sḏm.ḫr=k*-Formen und Subjunktive zum Einsatz. Vereinzelt findet man in diesem Abschnitt allerdings auch *sḏm.jn=f*-Formen (Sm 34–37), vor allem genau dann, wenn Handlungsabfolgen beschrieben werden. Unterbrechungen der Folgen durch *sḏm.ḫr=f*-Formen treten genau dann ein, wenn kausale Zusammenhänge stärker betont werden sollen.

II+III+IV*: In einigen Fällen schließt sich nach der Behandlung (IV) eine Differentialdiagnose im gleichen Duktus an, d.h. es werden Symptome aufgezählt, die zu einer anderen Diagnose führen, entsprechendes Urteil und Behandlung können folgen. Der Aufbau entspricht dem oben bereits Erläuterten; es ist nicht davon auszugehen, dass hier spätere Ergänzungen vorliegen.

---

41 Aus dem Schema fällt Sm 9, der einen Zauberspruch anführt und deutlich jünger wirkt.

V. Glossen kommen nur im Wundenbuch vor. Sie schließen sich an die Mehrzahl der Fälle an und erläutern einzelne Termini, Syntagmen oder Sätze genauer:

> (Sm 5)
> Was anbetrifft: „sein Schädel ist zerbrochen (*sd*)".
> Das bedeutet, dass sein Schädel zerbrochen (*sd*) ist, (wobei) Knochen(stücke) entstanden sind in jenem *sd*-Bruch, die versunken sind zum Innern seines Schädels.
> Es hat die Textsammlung des Wundenbuchhüters[42] da(zu) gesagt: „Es ist sein Schädel in (Form von) vielen Teilen, die versunken sind im Innern seines Schädels."

29 der 48 Fälle im pEdwin Smith sind mit Glossen versehen. Diese sind in gleicher Handschrift jeweils hinter dem Ursprungstext angefügt.

Eingeleitet werden die Glossen durch *jr* („was anbetrifft"), gefolgt von einem Zitat der erklärungsbedürftigen Passage. Dieser Teil ist üblicherweise rubriziert (gerade im Fall 5 aber nicht). Die Erklärung (in der Regel unter Verwendung eines *pw*-Satzes) erfolgt hingegen in schwarzer Schrift. Dass eine Erklärung anatomischer und pathologischer Termini notwendig wurde, zeigt, dass der Urtext eine längere Überlieferungsgeschichte erfahren hatte. So erscheint denn auch die darin verwendete Sprachstufe weit jünger als die im darüberstehenden Text. Die Glossen nehmen Inhalte aus dem gesamten vorangegangenen Text auf, d.h. auch aus Abschnitten der Differentialdiagnosen. Dies weist abermals darauf hin, dass die Differentialdiagnosen im pEdwin Smith vermutlich nicht zeitgleich mit den Glossen entstanden sind, sondern früher.

Die Abfassung des pEdwin Smith hat offensichtlich in mehreren Redaktionsstufen stattgefunden, zumindest drei sind in der Tabelle durch Farbgebung (grauer = neuer) hervorgehoben. Bei genauerer Betrachtung erkennt man später eingeschobene Kommentare zur Krankheitsursache, die einst, bevor sie in eine neue Abschrift übernommen wurden (IId), am Rand einer früheren Version gestanden haben könnten.[43]

Fall 9 des Wundenbuchs fällt deutlich aus diesem Schema heraus. Syntax, Sprache und Inhalt lassen eine Datierung vermuten, die in die Zeit der einzigen vorliegenden Niederschrift, d. h. in die Zweite Zwischenzeit fällt.[44]

[42] Ich lese hier *jrj-mḏ3t* „Archivar", „Hüter des Buches" und weiche damit von allen bisherigen Übersetzungen ab.

[43] Beispiele hierfür sind: Sm 6 und 7: „Es entsteht … weil" (*ḫpr ... ḏr*); Sm 31: „Die Verschiebung … ist es, die veranlasst," (*jn wnḫ… ḏḏ*) und Sm 33: „Sein Fallen … ist es, das veranlasst" (*jn ḫr=f… ḏḏ*) – bei Sm 6 und 7 deutlich erkennbarer Texteinschub aufgrund des sprachlich jüngeren substantivischen Demonstrativpronomens *nf n*.

[44] Vgl. bereits Westendorf, 1999, 720, Anm. 28.

3.2.2 Lehrtexte vom Typ 2

Hauptmerkmale dieser Lehrtextkategorie:

a) *ḏd.jn=k r=s* als Einleitung des Befundes (siehe auch Typ 3)
b) *ꜥꜣt pw nt* A als Diagnose
c) gelegentlich formalisierter Behandlungsabschnitt

Es lassen sich zwei Unterkategorien ausmachen:
Typ 2a: keine Erklärung der Krankheitsursache im Befundabschnitt
Typ 2b: Erklärung der Krankheitsursache im Befundabschnitt: *jn*-Konstruktion

Unter Typ 2 fällt bislang nur eine Reihe von *ꜥꜣt*-Geschwulsttexten des pEbers. Besonderes Merkmal ist die Diagnose *ꜥꜣt*[45] *pw* A. „A“ meint hier die bereits in Überschrift und Untersuchung benannte Zuordnung.

> (Eb 867)
> (I) Erfahrungen (zu) einer *ꜥꜣt*-Geschwulst von Fett.
> (IIa) Wenn du eine *ꜥꜣt*-Geschwulst von Fett an irgendwelchen Körperteilen des Mannes beurteilst, (und wenn) du sie findest, indem sie hin- und hergeht unter deinen Fingern, sie wird als die, die abgeteilt worden sind, sein; es ist deine Hand, die (als Eindruck) bleibt.
> (IIIa) Dann sagst du in Bezug auf sie:
> (IIIb) Das ist eine *ꜥꜣt*-Geschwulst von Fett.

Durch den identifizierenden *pw*-Satz (IIIb) wird eine andere Art der terminologischen Konkretisierung vorgenommen. Das Krankheitsgeschehen erhält einen Namen und wird gleichzeitig, was mit Blick auf die benachbarten Lehrtexte auffällt, systematisch von anderen Unterformen abgegrenzt. Solche Unterformen entstehen durch indirekte Genitivverbindungen, wobei die Klassifizierung zwischen lokalen, stofflichen und stellenweise bereits ursächlichen Eigenschaften nicht differenziert: *ꜥꜣt*-Geschwulst von Fleisch (Eb 863), *ꜥꜣt*-Geschwulst von Fett (Eb 867), *ꜥꜣt*-Geschwulst des Haares (Eb 870), *ꜥꜣt*-Geschwulst von *wḫdw* (Eb 871), *ꜥꜣt*-Geschwulst des Chons (Eb 874), *ꜥꜣt*-Geschwulst an der Bauchdecke (Eb 864).

Ziel der medizinischen Untersuchung (IIb) wird es sein, den genauen *ꜥꜣt*-Geschwulsttyp zu ermitteln. Doch tritt hier, wie auch bei Typ 1, die Benennung des Ergebnisses bereits in der Überschrift (I) und im Untersuchungsabschnitt (IIa) auf, so dass die Diagnose (IIb) nichts Neues enthält, sondern nur das Hauptmerkmal anführt, das bereits in Überschrift und Einleitung genannt ist:

Wie bei Typ 1 zeigt sich dem Leser die *ꜥꜣt*-Fettgeschwulst zunächst als Hypothese. Sie wird durch die im Untersuchungsabschnitt angegebenen Merkmale definiert. Bestätigt sich die Hypothese, kann die nun eindeutige Diagnose gestellt werden. Im Unterschied zu Typ 1 wird hier die Terminologie der Diagnose durch den *pw*-Satz in den Vordergrund gerückt.

---

[45] Es ist durchaus denkbar, dass weitere, bislang unpublizierte Lehrtexte mit derselben Formel „Phänomen *pw* A“ arbeiten – *ꜥꜣt* ist hier nur ein Platzhalter.

Bei der Einleitung des Befundes (*ḏd.jn=k r=s*) liegt ein Bezug „*r=s*“ („dann sagst du in Bezug auf sie“) vor. Dadurch wird zusätzlich zum *pw*-Satz die stärkere terminologische Fixierung des Hauptsymptoms (femininer Rückbezug)[46] als Krankheit deutlich.

3.2.2.1 Lehrtexte vom Typ 2a

Unter Typ 2a fallen die *ꜥꜣt*-Geschwulstlehrtexte Eb 863, 866–871 und 873 f. Im Gegensatz zu Typ 2b sind im Befundabschnitt keine Krankheitsursachen hervorgehoben.

Der Abschnitt zur Behandlung (IV) wird in einigen Fällen (Eb 867, 868, 871–873) – dies scheint mir ein Merkmal der jüngeren Texte aus Kategorie 2a – durch die als Rubrum markierte Formel *jrj.ḫr=k n=s* eingeleitet.

I.	**Überschrift**	***šsꜣw (n) ꜥꜣt nt*** **A**[a]	**Erfahrungen zur *ꜥꜣt*-Geschwulst** (der Eigenschaft) **A**
II.	Untersuchung		
a	Einleitung	*jr wpj=k ꜥꜣt nt* A	Wenn du eine *ꜥꜣt*-Geschwulst (der Eigenschaft) A beurteilst
b	Technik	-	-
c	Symptome	*gmm=k sy* B, C, ...[b]	(und wenn) du sie findest (mit Eigenschaft) B, C, ...
		var. uneingeleitet B, C[c]	*var.* (mit Eigenschaft) B, C
III.	Befund		
a	**Einleitung**	***ḏd.jn=k r=s***	**dann sagst du in Bezug auf sie:**
b	Diagnose	*ꜥꜣt pw nt* A[d]	das ist eine *ꜥꜣt*-Geschwulst (der Eigenschaft) A
c	Urteil	*mḥr jry=j*[e]	ein Leiden, das ich behandeln werde
		var. *jm=k wdj(w) ꜥ r mjtt*[f]	*var.* mögest du nicht Hand anlegen in Bezug auf Gleiches
		var. *jm=k jrj(w) jḫt nbt r=s*[g]	*var.* mögest du nicht zulassen, dass irgendetwas in Bezug auf sie unternommen wird
IV.	**Behandlung**[h]	***jrj.ḫr=k n=s***[i]	**so machst du für sie (folglich)**
		var. *srwḫ=k sy*[j]	*var.* mögest du sie behandeln
		var. *srwḫ sy*[k]	*var.* behandle sie

Tabelle 3: Lehrtexte vom Typ 2a.

Anmerkungen zu Tabelle 3:
a) Alle.
b) Eb 863, 867–873.

[46] Lehrtexte vom Typ 1 weisen das männliche Personalpronomen auf und beziehen sich auf den Mann *ḏd.jn=k r=f* („Dann sagst du in Bezug auf ihn“).

c) Eb 866: + Einschub *jr ḏꜥr=k …*; Eb 874.

d) Eb 863, 866–869, 871–874 <870>.

e) Eb 863, 866–871.

f) Eb 873.

g) Eb 874.

h) Bei Eb 863, 866, 869 und 870 wird die Behandlung mit dem vorigen Satz *mḥr jry=j* verbunden, z. B. Eb 866: „Ein Leiden, das ich behandeln werde mit einem Schnitt". Eb 873 bringt einen Zauberspruch, dessen rubrizierte Einleitung lautet: „Das, was als ihr Zauber in Wahrheit gesagt wird". Eb 866 folgt *wt.ḫr=k* „so verbindest du sie (folglich)".

i) Eb 867, 868, 871. Eb 871 bietet ganz am Ende einen Spaltsatz des Typs *jn* xy *jrr s(t/y?) r sj*, der an dieser Stelle den Eindruck einer späteren Ergänzung macht.

j) Eb 866, 872.

k) Eb 863.

3.2.2.2 Lehrtexte vom Typ 2b

Unter Typ 2b fallen die *ꜥꜣt*-Geschwulstlehrtexte Eb 864 und 872. Im Gegensatz zu Typ 2a werden Krankheitsursachen im Befundabschnitt (IIId) benannt. Die Texte scheinen daher – zumindest in diesem Textbestandteil, der aber in einen älteren Text eingefügt worden sein könnte – jünger als diejenigen unter Typ 2a.[47]

---

[47] Weder zu Typ 2a noch zu Typ 2b gehört Eb 865. Zwar weist er wie Eb 864 und Eb 872 eine Erklärung der Ursache durch eine *jn*-Konstruktion auf, doch fällt er aus dem hier vorliegenden Typenschema heraus, weil bereits im *ḏd.jn*-Bereich in Form eines Adjektivalsatzes theoretische physiologische Überlegungen auftreten: „Gestört ist die Luftzufuhr in der Unterseite des Leibes".

I.	**Überschrift**	***šsꜣw (n) ꜥꜣt nt* A**	**Erfahrungen zur *ꜥꜣt*-Geschwulst** (der Eigenschaft) **A**
II.	Untersuchung		
a	Einleitung	*jr wpj=k ꜥꜣt nt* A	Wenn du eine *ꜥꜣt*-Geschwulst (der Eigenschaft) A beurteilst
b	Technik	-[a]	-
		var. *rḏj.ḫr=k ḏbꜥ=k ḥr=s*[b]	*var.* so gibst du (folglich) deinen Finger auf sie
c	Symptome	*gmm=k sy* ... B, C etc.[c]	(und wenn) du sie findest (mit der Eigenschaft) B, C etc.
		var. uneingeleitet B, C[d]	*var.* (mit Eigenschaft) B, C
III.	Befund		
a	**Einleitung**	***ḏd.jn=k r=s***	**dann sagst du in Bezug auf sie:**
b	Diagnose	*ꜥꜣt pw nt* A	das ist eine *ꜥꜣt*-Geschwulst (der Eigenschaft) A
c	Urteil	*mḥr jry=j*	ein Leiden, das ich behandeln werde
d	Krankheits-ursache	*jn* xy *jrr sw/st*	es ist xy, das es bewirkt
IV.	**Behandlung**	***jrj.ḫr=k n=s***[e]	**so machst du (folglich) für sie**
		var. *šmm.ḫr=k sy*[f]	*var.* so erhitzt du es (folglich)
		srwḫ=k sy/sw[g]	mögest du es behandeln

Tabelle 4: Lehrtexte vom Typ 2b.

Anmerkungen zu Tabelle 4:

a) Eb 872.

b) Eb 864: *rḏj.ḫr=k ḏbꜥ=k ḥr=s ḏꜥr.ḫr=k ẖt=f šꜥ.ḫr=k ḥr ḏbꜥw=k,* „so gibst du (folglich) deinen Finger auf sie, so suchst du (folglich) seinen Leib ab, so zerteilst du (sie folglich) mit deinen Fingern".

c) Eb 872.

d) Eb 864.

e) Eb 872.

f) Eb 864.

g) Eb 864, 872.

Mir scheint speziell der Gebrauch der ursachenvermittelnden *jn*-Konstruktion im Befundbereich (IIId) der Vorläufer für eine neuartige Krankheitsterminologie zu sein, wie sie mit Typ 4 vorliegt.

3.2.3 Lehrtexte vom Typ 3

Die Hauptmerkmale dieser Kategorie an Lehrtexten lassen sich folgendermaßen zusammenfassen:

a) *ḏd.jn=k r=s* als Einleitung des Befundes (siehe auch Typ 2)
b) *ẖry* Phänomen A, B, C etc. als Diagnose (siehe auch Typ 1)
c) zumeist Benennung der Krankheitsursache im Untersuchungsabschnitt
d) einheitlich formalisierter Behandlungsabschnitt mit Angabe der Wirkweise der Mittel (*spw*)

Typ 3 gehören Lehrtexte verschiedener Themengebiete an. Stellvertretend seien hier die *ḥnḥnt*-Geschwulsttexte des pEbers (Eb 857–862) angeführt.

(Eb 859)
(I) Erfahrungen (zu) einer *ḥnḥnt*-Geschwulst, die entstanden ist infolge des Ablegens von *ꜥrwt*-Geschwulsten von Eiter (*nt ryt*).
(IIa) Wenn du eine *ḥnḥnt*-Geschwulst an der Kehle des Mannes beurteilst,
(IId) die entstanden ist wegen des Ablegens von *ꜥrwt*-Geschwulsten von Eiter (*nt ryt*) an irgendwelchen Körperteilen des Mannes,
(IIc) (und wenn) du ihren Kopf findest, indem er spitz und erhoben ist wie eine Brust; Eiter ist umhergelaufen an ihrer Stelle.
(IIIa) Dann sagst du in Bezug auf sie:
(IIIb) Ein mit einer *ḥnḥnt*-Geschwulst an der Kehle Beladener; Eiter ist zusammengelaufen an ihrer Stelle.
(IIIc) Ein Leiden, das ich behandeln werde.
(IV) So machst du (folglich) Mittel des sie Zerstörens als Heilmittel (folgt Rezept).

I.	**Überschrift**	***šsꜣw ḥnḥnt* A**	**Erfahrungen zur *ḥnḥnt*-Geschwulst A**
II.	Untersuchung		
a	Einleitung	*jr wpj=k ḥnḥnt* A	Wenn du eine *ḥnḥnt*-Geschwulst A beurteilst
d	Krankheitsursache	*ḫprt ẖr*[a] ...	die entstanden ist wegen ...
b	Technik	-	-
c	Symptome	*gmm=k* B, C etc.[b]	(und wenn) du findest B, C etc.
		var. uneingeleitet B, C[c]	*var.* (mit Eigenschaft) B, C
III.	**Befund**		
a	**Einleitung**	***ḏd.jn=k r=s***	**dann sagst du in Bezug auf sie:**
b	**Diagnose**	***ẖry ḥnḥnt* A, B, C etc.**	**ein mit *ḥnḥnt* A, B, C etc. Beladener**
c	Urteil	*mḥr jry=j*[d]	ein Leiden, das ich behandeln werde
		var. *mḥr ꜥḥꜣ=j ḥnꜥ*[e]	*var.* ein Leiden, mit dem ich kämpfen werde
IV.	**Behandlung**	***jrj.ḫr=k n=s spw* Wirkweise eingebunden**	**so machst du (folglich) Mittel für sie**

Tabelle 5: Lehrtexte vom Typ 3 am Beispiel des pEbers (Eb 857–862).

Anmerkungen zu Tabelle 5:
a) Eb 857 in IIa; Eb 858 in I und IIa; Eb 859 in I und IIa.
b) Eb 857–860.
c) Eb 861, 862.
d) Eb 857–860.
e) Eb 861, 862.

Typ 3 ähnelt Typ 1, bindet aber fallweise Krankheitskonzepte zur Erklärung von Krankheitsursachen in den Abschnitt zur Symptomaufzählung (Tabelle 5 und 6, IId) oder bereits in die Überschrift (I) mit ein. Terminologisch werden verschiedenartige Geschwulste aufgrund von Ursache, Stoff oder Lokalisation voneinander getrennt, vergleichbar der Terminologie der *ꜥꜣt*-Geschwulste. Im Gegensatz zu Lehrtexten von Typ 2 wird die Ursache fallweise deutlicher hervorgehoben.

Ein weiteres Hauptmerkmal ist der formalisierte Behandlungsabschnitt mit Angabe der Heilmittelwirkung (Tabelle 5 und 6, IV).

Die Krankheitsursache kann auch durch eine *jn*-Konstruktion in den Untersuchungsabschnitt eingebaut werden wie bspw. in Bln 161 (Tabelle 6):

I.	**Überschrift**	***šsꜣw n sj* (mit) Phänomen A**	**Erfahrungen zu einem Mann (mit) Phänomen A**
II.	Untersuchung		
a	Einleitung	*jr ḫꜣj=k sj* (mit) Phänomen A	Wenn du einen Mann untersuchst (mit) Phänomen A
b	Technik	-	-
c	Symptome	uneingeleitet B, C	(und) Phänomenen B, C
d	Krankheits-ursache	*jn* xy *jrr r=f*	es ist xy, das in Bezug auf ihn handelt
III.	Befund		
a	Einleitung	*ḏd.jn=k r=f*	dann sagst du in Bezug auf es:
b	Diagnose	*ẖry* A	ein mit A Beladener
c	Urteil	*mḫr jry=j m sp*	ein Leiden, das ich behandeln werde mit einem Mittel
IV.	**Behandlung**	***jrj.ḫr=k n=f ḏdmt nt it…***	**so machst du (folglich) einen Gerstehaufen für ihn …**

Tabelle 6: Lehrtexte vom Typ 3 am Beispiel des pBerlin 3038 (Bln 161).

In Typ 3 lassen sich auch Eb 295 und Ash[48] einordnen.

48 pAshmolean 1984.55 rt. ist nur fragmentarisch erhalten. Überschriften, Befundeinleitungen (*ḏd.jn=k r=s*) und Einleitungen zur Behandlung (*…nt ꜥmꜣ*) sind rubriziert; Diagnose (*ẖry* A) und Urteil (*mḫr n ꜥḥꜣ ḥnꜥ=f*) hingegen nicht. Die Rubrizierungen und die Spezifizierung der Heilmittel (Schluckmittel) sprechen eindeutig für eine Einordnung in Typ 3 (und nicht Typ 1).

3.2.4 Lehrtexte vom Typ 4

Die Hauptmerkmale dieser gegenüber Typ 1–3 jüngeren Kategorie an Lehrtexten lassen sich folgendermaßen zusammenfassen:

a) *ḏd.ḫr=k r=s* als Einleitung des Befundes
b) D *pw* als Diagnose: Diagnose = Ursache (identisch mit Typ 5)
c) formalisierter Behandlungsabschnitt: *jrj.ḫr=k r=s/n=s* (siehe auch Typ 5)
d) keine Nachuntersuchungen, Ursachenangabe weniger ausführlich als bei Typ 5

Unter diesen Typ fallen die meisten Lehrtexte.

Mit Typ 4 liegt erstmals die *ḏd.ḫr=k*-Form zur Einleitung des Befundes vor. Kombiniert ist sie mit der Diagnose „D *pw*", wobei „D" etwas gegenüber den Phänomenen A, B, C Neues markiert und die Ursache der Phänomene berücksichtigt.

Diese terminologisch neu geartete ursachenvermittelnde Diagnose wird als Ergebnis der Untersuchung dargestellt: Aus A (B und C) folgt D. In der Behandlung wird gezielt „D" angegangen. Dies zeigt sich denn auch in den gewählten Behandlungsformen.[49]

Angedeutet hat sich dieser Wandel in den partiell im Untersuchungsabschnitt eingeschobenen *jn*-Konstruktionen in Texten der Typen 1, 2b und 3b. In Lehrtexten vom Typ 4 erhält die abgeleitete Ursache ihren prägnanten Platz im Bereich der Diagnose und ist grammatikalisch entsprechend der vorangegangenen Herleitung mit der *ḫr=f*-Form eingeleitet.

Die erhaltenen Lehrtexte vom Typ 4 lassen sich aufgrund der formalen Gestaltung in zwei Untertypen unterteilen. Typ 4a verzichtet auf den Untersuchungsabschnitt (II), Typ 4b nicht.

3.2.4.1 Typ 4a am Beispiel des pKahun (Kah 1–17, 25)

Auch wenn im pKahun die Lehrtexte stark verkürzt angeführt sind, lassen sich sämtliche Hauptmerkmale des Typs 4 hierin auffinden.

(Kah 3)
(I) Erfahrungen zu einer Frau, die an ihrem After leidet, ihrer Schamgegend (und) den Wurzeln ihrer beiden Oberschenkel.
(IIIa) Folglich sagst du in Bezug auf sie:
(IIIb) Das sind Auswürfe des Gebärmutterkomplexes (*jdt*).
(IV) Folglich machst du dagegen: Erdmandeln 1 Dja … (folgt Fortsetzung des Rezepts).

[49] Hierzu ist ein gesonderter Aufsatz in Vorbereitung.

Eine Besonderheit der frauenheilkundlichen Lehrtexte insgesamt (vgl. auch Typ 4b) ist die Rückführung der meisten dort verzeichneten Krankheitssymptome auf je spezifische Probleme des „Gebärmutterkomplexes“ (*jdt*)[50], bspw. ein „Mangelleiden des Gebärmutterkomplexes“ (Kah 6), „Auswürfe des Gebärmutterkomplexes“ (Kah 3) oder „Schrecken des Gebärmutterkomplexes“ (Kah 8).

I.	**Überschrift**	*šsꜣw st*[a] *ḥr mn* u.ä. A, B, C etc.	**Erfahrungen zu** einer Frau, die an A, B, C etc. **leidet**
II.	Untersuchung	-	-
III.	Befund		
a	**Einleitung**	*ḏd.ḫr=k r=s*[b]	**folglich sagst du in Bezug auf sie**
b=d	Diagnose = Ursache	D *pw*	das ist D
c	Urteil	-	-
IV.	**Behandlung**[c]	*jrj.ḫr=k r=s*[d]	**folglich machst du dagegen**

Tabelle 7: Lehrtexte vom Typ 4a am Beispiel des pKahun (Kah 1–17, 25).

Anmerkungen zu Tabelle 7:

a) Kah 1, 12, 13: *st* zerstört; Kah 6: *st* fehlt.

b) Kah 1–11, 13, 16; zerstört: Kah 15, 17; ohne Diagnose: Kah 12, 14, 25 und Ram III A 7–8.

c) In Kah 5 folgt eine später ergänzte Differentialdiagnose: „Wenn sie leidet an A, B, etc.“ (*jr mn=s* A, B, etc): „Das ist ein hoffnungsloser Fall“ (*bṯw pw*).

d) Kah 1–12, 14, 16; ausgefallen: Kah 13, 25; zerstört: Kah 15, 17. Prinzipiell folgt Rezept oder Räucheranweisung. Bei Ram III A 7–8: [*jrj*].*ḫr=k n=s pḫrt,* folgt Rezept.

Man könnte annehmen, dass in pKahun der Untersuchungsabschnitt zugunsten einer ausführlichen Überschrift weggefallen und die Protasis mitzudenken sei, die dann die beiden *sḏm.ḫr=k*-Formen nach sich zöge.[51] Oder es galt tatsächlich keine Untersuchung zu überliefern, weil die Symptome durch Befragung mitgeteilt (vgl. Kah 2) oder gesehen (*jr mꜣꜣ=k st*: Ram III A 7–8), aber nicht eigenhändig ermittelt (*ḫꜣj, wpj*) wurden.

---

50 Im Ägyptischen ist die Einheit von Eierstöcken, Eileitern, Gebärmutter und Scheide mit nur einem Wort bezeichnet, das in Verbindung mit Tierbezeichnungen das „adulte Weibchen“ meint (Hieroglyphe F 45). Die Übersetzung „Uterus“ bzw. „Gebärmutter“ trifft das Konzept nicht ganz, mangels besserer Alternativideen wähle ich „Gebärmutterkomplex“.

51 Dafür spricht die von Guermeur, 2012, 543 ermittelte mögliche Parallele zu Brk Gyn1 x+v, 22-x+v,23 = Kah 3. In Brk Gyn1 ist die Protasis vorhanden und die Überschrift fällt ausführlicher aus. Schreibungen einzelner Wörter (z. B. *jdt*) sind modernisiert, vgl. hierzu TLA, DZA 26.724.130.

3.2.4.2 Typ 4b am Beispiel von Eb 831–833 und Sm Rs. 20,13–21,3

Typ 4b lehnt sich stärker als Typ 4a an die bereits bekannten übergeordneten Strukturen der Typen 1 bis 3 an.

I.	Überschrift	-	-
II.	Untersuchung		
a	**Einleitung**	***jr ḫȝj=k st mn=s*/u.ä A**	**Wenn du eine Frau untersuchst, indem sie leidet/u.ä an A**
b	Technik	-	-
c	**Symptome**	**uneingeleitet B, (C)[a]**	**(und) Phänomen B, (C)**
		gmm=k C[b]	(und) du findest C
III.	Befund		
a	**Einleitung**	***ḏd.ḫr=k r=s***	**so sagst du (folglich) in Bezug auf sie:**
b=d	Diagnose = Ursache	D *pw*	das ist D
c	Urteil	-	-
IV	**Behandlung**	***jrj.ḫr=k n=s***	**so machst du (folglich) für sie**

Tabelle 8: Lehrtexte vom Typ 4b am Beispiel von Eb 831–833 und Sm Rs. 20,13–21,3.

Anmerkungen zu Tabelle 8:
a) Eb 833; Sm Rs. 20,13–21,3.
b) Sm Rs. 20,13–21,3.

Zu diesem Typ kann man auch Lehrtexte des pBrooklyn 47.218.2[52] und pBrooklyn 47.218.47 rto[53] zählen; sie sind zum Großteil verkürzt (III fehlt), weisen aber dafür eine Überschrift auf.

Ferner kann man Eb 617 hier einsortieren, auch wenn anstelle der Diagnose „D *pw*" zunächst das Urteil *mḥr jry=j* „ein Leiden, das ich behandeln werde" abgeleitet wird. Denn der Titel des zu verabreichenden Mittels „zum Töten eines Wurmes" verdeutlicht, dass die Symptome auf einen solchen zurückgeführt werden.[54]

Eine Mischform von Typ 2b zu Typ 4 liegt in Eb 876 vor.[55] Der Lehrtext entspricht der Kategorie 2b anfangs exakt, weist jedoch zum einen bereits eine *ḏd.ḫr=k*-Formel

[52] Siehe Brk Gyn1 col. X+V,16 ff. / X+VI,2 ff. / X+VI,8 ff. Z.B. col. X+V,16; col. X+VI,2. Es folgt *jr ḫȝj=k st ḥr mn* A „Wenn Du eine Frau untersuchst mit Leiden A", z.B. col. X+V,16; col. X+VI,8. Die Symptome sind uneingeleitet: col. X+VI,2.

[53] Siehe Brk Gyn2 col. x+3–15.

[54] Behandlung (IV): *jrj.ḫr=k n=f spw*, „so machst du für ihn (folglich) Mittel", darauf folgt Rezept mit Dja-Maßbruchteilen.

[55] Vgl. auch Eb 877; der Text gehört vermutlich in den gleichen Abfassungszeitraum.

auf und zum anderen innerhalb der vermutlich später angefügten Differentialdiagnose die Benennung der Krankheitsursache, wie sie in Typ 4 stets auftritt. Möglicherweise wurde hier ein älterer Text redaktionell bearbeitet.

I.		**Überschrift**	***šsꜣw n sfṯ* A**	**Erfahrungen zu einer *sfṯ*-Geschwulst A**
II.		Untersuchung		
	a	Einleitung	*jr wpj=k sfṯ* A	Wenn du eine *sfṯ*-Geschwulst A beurteilst
	b	Technik	-	-
	c	Symptome	*gmm=k* B, C etc.	(und wenn) du findest B, C etc.
III.		Befund		
	a	**Einleitung**	***ḏd.ḫr=k*[56]**	**so sagst du (folglich):**
	b	Diagnose	*sfṯ pw* A	das ist eine *sfṯ*-Geschwulst A
	c	Urteil	-	-
	d	Krankheitsursache	*jn* xy *jrr st*	es ist xy, das es bewirkt
IV.		**Behandlung**	***jrj.ḫr=k n=s***	**so machst du (folglich) für sie**
			srwḫ=k	mögest du behandeln
IIc+ IIIb/c*		**Differentialdiagnose**	***jr gm=k* D – E *pw* – *jm=k wdj(.w)*-a**	**Wenn du D findest – das ist E – mögest du nicht Hand anlegen**

Tabelle 9: Eb 876 – ein Lehrtext mit Mischform von Typ 2b zu Typ 4.

Ebenfalls in diesen Übergangsbereich lässt sich Bt 13a einsortieren.[57] Bt 13a hat an der üblichen Stelle noch das Urteil *mḥr jry=j* eingebunden.[58]

3.2.5 Lehrtexte vom Typ 5

Die Hauptmerkmale dieser Lehrtextkategorie, deren Entstehungszeitpunkt nicht allzu weit vom Zeitpunkt der Niederschrift des Papyrus Ebers liegen wird, lassen sich wie folgt zusammenfassen:

a) *ḏd.ḫr=k* (*r=s*/*r=f*) als Einleitung des Befundes (wie Typ 4)
b) D *pw* als Diagnose (wie Typ 4) oder Formulierung durch *jw sḏm.n=f*

[56] Ich halte das für einen Abschriftfehler; für eine ursprüngliche *ḏd.jn=k*-Form sprechen die Reihung im Rezeptcluster und Inhaltliches.

[57] Da der Anfang des Lehrtextes nicht vorhanden ist, ist nicht klar, ob dieses Symptom bereits in der Überschrift auftritt.

[58] Als ein Vorläufer des Typs 4 können Lehrtexte des veterinärmedizinischen pKahun (KV) gelten. Die Texte dieses stark fragmentierten Papyrus fallen gegenüber allen anderen aus der Reihe, da es einerseits um Tierheilkunde geht und andererseits an verschiedenen Stellen aus der Sicht der 1. Person referiert wird. Zudem sind kaum vollständig erhaltene Lehrtextauszüge erhalten, was die Aufdeckung von Regelhaftigkeiten erschwert.

c) formalisierter Behandlungsabschnitt: *jrj.ḫr=k n=f/r=f* (wie Typ 4)
d) in der Regel Nachuntersuchung;[59] Präzision
e) Einbindung von theoretischen Konzepten

Unter diesen Typ fallen Lehrtexte des pEbers, die den Leib betreffen.[60]

Typ 5 am Beispiel von Eb 188–196, 198 und 200–207

Eine Besonderheit dieses Typs, den ich an das Ende der belegten Entwicklung setzen möchte, ist die ausführliche Dokumentation von Nachuntersuchungen und Nachbehandlungen unter Berücksichtigung der Krankheitsentwicklung und die stärkere Einbindung von Erklärungen der Krankheitsursachen. Es wird deutlich, dass der Patient unter längerfristiger Beobachtung stand und seine Weiterbehandlung vom Eintreten weiterer Symptome abhängig gemacht wurde. Damit liegt die komplexeste Form der Lehrtexte vor. Das technische Vorgehen (IIb) wird selten benannt und liegt nicht im Fokus der Texte, der eindeutig die Heilbehandlung betont.

(Eb 189)
(IIa) Wenn du einen Mann untersuchst, der an seinem Leib leidet; alle seine Körperteile sind schwer für ihn so wie beim Überkommen von Müdigkeit,
(IIb) so gibst du folglich deine Hand auf seinen Leib,
(IIc) (und wenn) du seinen Leib findest, sich wendend (?) und hin- und hergehend unter deinen Fingern,
(IIIa) so sagst du folglich dazu:
(IIIb) Das ist eine Schlaffheit des Essens (*nnjw n wnm*), so dass verhindert wird, dass er das Vornbefindliche isst.
(IV) So machst du folglich irgendein ihn-Spalten für ihn (folgt Rezept).
(VI) (*IIa) Wenn du ihn untersuchst, nachdem dies gemacht ist,
(*IIb) (und wenn) du seine Seite (*ḏrw*) heiß und seinen Rumpf (*ẖt*) kalt findest,
(VII) so sagst du folglich: Es ist seine Schlaffheit (*nnjw=f*) hinabgestiegen. So veranlasst du folglich, dass er seinen Mund schützt vor jeglichem Verbrannten.

[59] Manchmal dokumentiert durch Symptome, die bei Genesung eintreten (Eb 192 = Eb 195) oder den Satz: „Bis dass er gesund wird“ (Eb 193).

[60] Eb 197 und 199 sind sicher älter und können als Vorläufer von Typ 5 angesehen werden.

I.	**Überschrift**	***šsꜣw n mn rꜣ-jb***[a]	**Erfahrungen für Leibbeschwerden**
II.	Untersuchung		
a	**Einleitung**	***jr ḫꜣj=k sj ẖry* A**[b]	**Wenn du einen Mann untersuchst, beladen mit Phänomen A**
		var. *jr ḫꜣj=k sj ḥr mn* A[c]	***var.* Wenn du einen Mann untersuchst, leidend an Phänomen A**
		var. *jr ḫꜣj=k sj mn=f st*[d]	***var.* Wenn du einen Mann untersuchst, indem er leidet an [Phänomen A]**
		var. *jr ḫꜣj=k* A[e]	***var.* Wenn du (Phänomen) A untersuchst**
b	Technik	*rdj.ḫr=k ḏrt=k ḥr rꜣ-jb=f*[f]	so gibst du (folglich) deine Hand auf ihn
c	Symptome	*gmm=k* B, C[g]	(und wenn) du findest die Phänomene B, C
		var. *jr gm=k* B, C[h]	*var.* (und) wenn du findest B, C
		var. uneingeleitet B, C[i]	*var.* und Phänomene B, C
III.	Befund		
a	**Einleitung**	***ḏd.ḫr=k r=s***[j]***/ r=f***[k]	**so sagst du (folglich) dazu/in Bezug auf ihn**
		-[l]	-
b=d	Diagnose = Ursache	D *pw*[m]	das ist D
		jw sḏm.n=f[n]	
c	Urteil	-[o]	-
IV.	**Behandlung**	***jrj.ḫr=k n=f***[p]***/ r=f***[q]	**so machst du für sie (folglich)**
VI	Nachuntersuchung(en)		
*IIa	Einleitung	***jr ḫꜣj=k sw/sj m-ḫt jrjt nn***[r]	**Wenn du ihn/den Mann untersuchst, nachdem dies getan ist**
		var. *jr m-ḫt jrjt nn*[s]	*var.* Was anbetrifft, nachdem dies getan ist
		var. *jr m-ḫt sšm ḫr ḏbꜥw=k*[t]	***var.* Wenn er danach kommt unter deinen Fingern**
*IIb	Technik	*rdj.ḫr=k ḏrt=k ḥr=f*[u]	so gibst du (folglich) deine Hand auf ihn
		var. *wḥm.ḫr=k mꜣꜣ n=f*[v]	*var.* so betrachtest du ihn nochmals

Tabelle 10 (Anfang): Lehrtexte vom Typ 5 am Beispiel von Eb 188–196, 198 und 200–207.

*IIc	Symptome	var. *gmm=k* E, F[w]	*var.* (und) du findest Phänomene E, F
		var. *jr gm=k* E, F[x]	*var.* (und) du findest Phänomene E, F
		var. uneingeleitet E, F[y]	*var.* (und Phänomene) E, F
***IV**	**Behandlung**	***jrj.ḫr=k n=f (spw)***[z]	**so machst du (folglich) Mittel für ihn**
VII	**Genesungs-bezeugung**	***ḏd.ḫr=k***[aa]	**so sagst du (folglich)**

Tabelle 10 (Fortsetzung): Lehrtexte vom Typ 5 am Beispiel von Eb 188–196, 198 und 200–207.

Anmerkungen zu Tabelle 10:

a) Nur in Eb 188: Gilt für alle ihm folgenden Lehrtexte.
b) Eb 190, 193, 202, 204, 206, 207: Hier ist überall von *šnꜥ* („Verstopfung“) die Rede.
c) Eb 189, 191 = 194, 192 = 195, 200, 203, 205: Alle Lehrtexte schreiben: *ḥr mn rꜣ-jb=f* („der an seinem Leib leidet“).
d) Eb 196.
e) Eb 188, 198, 201.
f) So in Eb 189. In Eb 188: *mꜣꜣ.ḫr=k sw sṯsy*; Eb 193: *rḏj.ḫr=k ḏrt=k ḥr=f*; Eb 203: *rḏj.jn=k ḏrt=k ḥr=f*.
g) Eb 188, 189, 193, 198–201, 206, 207.
h) Eb 192 = Eb 195, 203, 205.
i) Eb 189, 190, 191 = 194, 196, 202, 204, 206, 207.
j) Eb 189, 191 = 194; 193, 200–202; ohne *r=s* bzw. *r=f*: Eb 196, 203
k) Eb 188, 192 = 195, 198, 204, 206.
l) Eb 190, 205, 207.
m) Eb 188–198 (198 mit folgender Wirkerklärung), 200–202, 206, 207.
n) Eb 203, 204.
o) Eb 200: Einziges Rezept mit *mḥr jry=j m spw nw sꜣ ꜥḳ r=f m-bṯw sw* „Eine Krankheit, die ich behandeln werde mit Mitteln der Nachbehandlung. Tritt gegen sie auf, meide sie nicht“; Eb 205a: *m-ꜥḳ r=f bṯw pw* „Tritt nicht gegen sie auf, es ist eine zu meidende (Schlange)“; Eb 206: *ꜥḳ r=f m-bṯw sw* „Tritt gegen sie auf, meide sie nicht“.
p) Ohne *n=f*: Eb 188, 198. Es folgen in der Regel Bezeichnungen der einzusetzenden Heilmittel: Eb 188: *sp n sštꜣ n smyt*; Eb 189: *pḫꜣ=f nb*; Eb 190: 193: *spw nw smyt*; Eb 196: *spw nw ngjt st m pḫrt*; Eb 198: Rezept; Eb 201: Rezept; Eb 202: *swr*; Eb 203: *spw r sm ḥr.w-ꜥ*; Eb 204: *spw nw* […]; Eb 206: *spw nw stꜣ*; Eb 207: *špw n jꜥt*.
q) Eb 200: *ḫtmw nw ḏsfw*.
r) Eb 189, 190 (ohne *irt nn*), 203, 204, 207.
s) Eb 188.

t) Eb 205.
u) Eb 191 = Eb 194; Eb 204.
v) Eb 188.
w) Eb 188–190, 203, 204.
x) Eb 188.
y) Eb 207 (folgt Rhetorik: „Dann sollst du sagen: es ist abgegangen“).
z) Eb 203: *spw šsmw r h3ꜣ=f*; Eb 204: *tmw*; Eb 204: *ḥrw-ꜥ r ḳbb*; Eb 205: *dwꜣt m ḏsfw*; Eb 207: *spw sḳbb*.
aa) Eb 188; Eb 189, Eb 191 = Eb 194.

4. Hinweise auf Abfassungszeiten der Urtexte

Bei der Erstellung der Typologie dienten vor allem die formale Gliederung und die Argumentationsstruktur als Kriterien zur Bildung von Gruppen. Die aufsteigende Nummerierung zeichnet dabei eine Entwicklung nach. Diese lässt sich, unabhängig von den Kriterien zur Erstellung der Typologie, durch weitere Argumente stützen: die Entwicklung der Sprache, des Fachwortschatzes, der Metrologie und der Rezepte.

Zunächst zur Sprache: Die syntaktischen Grundstrukturen, die die formale Basis der Lehrtexte bilden, nämlich *jr*-Voranstellung, *jn*-Spaltsatzkonstruktionen, *pw*-Sätze, negierte *n wnt*-Existenzsätze, sind außermedizinisch zum Großteil bereits in der bislang durch Textzeugnisse erst spärlich dokumentierten 4. Dynastie belegt (Schweitzer, § 295, § 454, § 455, § 457). „Kontingente Tempora“ (*sḏm.jn=f; sḏm.ḫr=f*) sind derzeit ab der 5. Dynastie nachweisbar (Edel, 1955, §§ 547–553). Insofern ist es durchaus möglich, die ältesten Lehrtexte in die Zeit des Alten Reichs zu datieren.

Bereits mehrfach eingeschätzt wurde das Alter des Urtextes von Sm 1 bis Sm 48, da ältere und jüngere Sprachstufen in der einzig vorhandenen Fassung des pEdwin Smith entdeckt wurden: Der eigentliche Lehrtext weist sprachliche Eigenheiten aus dem Alten Reich auf, während die Glossen Elemente der jüngeren Sprachstufe enthalten.[61] Die Paläographie der Handschrift lässt eine Datierung in die Zeit um 1650–1550 v. Chr.[62] zu.

Aufgrund der beobachteten Phänomene ist die Ägyptologie in zwei Lager gespalten. Breasted (1930, xiii) und Westendorf (1966, 10; 1992, 129) nehmen an, dass der Urtext aufgrund der altägyptischen Elemente früh ins Alte Reich zu datieren sei (um 2500 v. Chr.), Edel 1955, § 549 und Allen gehen von einer Fassung aus dem Mittleren Reich aus.[63] Letztere Ansicht kann ich nicht teilen. Zu einheitlich

[61] Zu altägyptischen Elementen im Text siehe GdM VIII, 328.

[62] Allen, 2005, 70; zuletzt Sanchez / Meltzer, 2012, 12–15.

[63] Allen, 2005, 70 datiert den Ursprungstext frühestens in die Zeit um 1950 v. Chr. (Beginn Mittleres Reich); Edel, 1955, § 547–549: ‚Wenn medizinische Papyri aus dem AR erhalten wären, würden wir vermutlich *sḏmjnk* auch in Aufforderungen (für Behandlungsvorschriften) antreffen wie in den medizinischen Texten des MR.‘ Edels Argument ist nicht stichhaltig. Datiert man die pEdwin Smith-Urfassung ins Alte Reich, liegen genügend *sḏm.ḫr=f*-Formen vor. Eine *sḏm.ḫr=k*-Form ist in PT § 696g (Pyramide des Teti, PT Spruch 400) außerdem in eben dem Gebrauch erhalten, der auch in heilkundlichen Texten vorliegt. Ich zitiere hier die

weisen sämtliche für eine Datierung heranzuziehenden Hinweise auf einen Urtext aus dem Alten Reich. Hiervon zeugen nicht nur die stringenten sprachlichen Strukturen, sondern ebenso die erarbeitete Typologie, metrologische Phänomene, Rezeptbestandteile und die Terminologie.

Westendorf hat bereits Elemente des Altägyptischen in heilkundlichen Texten zusammengestellt (GdM VIII, 328 mit Verweisen) und kann sie im pEdwin Smith nachweisen: Dazu gehören u.a. *j*-Augmente in prospektiven (und subjunktivischen) *sḏm=f*-Formen (GdM VIII, § 27aa und cc) in Sm 4, 5, 12, 7, 42, 40, 29, Dualformen der Suffixe (GdM VIII, § 84,5) in Sm 14, 35, 36, Dualformen der Genitivpartikel *ntj* in Sm 4, 7, 25 und ältere Formen der Demonstrativpronomina (GdM VIII, 60–64). Die jüngeren Demonstrativpronomina-Formen (*pn*-Reihe, *p3*-Reihe, Possessivartikel) treten nur in den Glossen und in Sm 9 auf.

Ältere Demonstrativpronomina kommen ebenfalls in Lehrtexten vom Typ 2a (Eb 873: *iptn*) vor, jüngere Formen bei Typ 3 (Eb 857: *nn*), 4 (Ram III A 8: *pn*; Kah 8: *tf3*; Kah 12: *nn*) und 5 (Eb 188, 189, 199, 203, 204, 207: *nn*; Eb 191, 198, 201, 207: *pn*).[64] Die *p3-t3-n3*-Reihe ist in keinem der Lehrtexte vom Typ 2–5 vertreten. Der Gebrauch von *nf3* in Eb 874 ist „unregelmäßig“, weshalb die gesamten Geschwulstlehrtexte von Westendorf (Typ 2 und 3?) in die gleiche Abfassungszeit wie der pEdwin Smith gesetzt werden.[65]

Westendorfs Argumenten kann man hinzufügen, dass die für das Alte Reich typische Negation *n wnt* (Diaz Hernandez, 2013, 45, 49 f.) nur in Lehrtexten vom Typ 1 vertreten ist, die jüngere Form *nn wn* in Lehrtexten überhaupt nicht vorkommt (GdM VII, 193, s.v. *nn wn*). Die mittelägyptische Verneinungspartikel *nn* findet sich weder bei Typ 1 (Ausnahme sind Glossen und Fall 9), noch bei Typ 2[66], aber bei Typ 3 (Bln 161) und 5 (GdM VII, 462 f., s. v. *nn*). Ferner sind Pseudopartizipformen der 3. Person m. mit Doppelschilfblatt im Typ 1 und 3 belegt. Die für das Alte Reich typische Genus- und Numeruskongruenz in der *jn*-Konstruktion (Jansen-Winkeln, 2012, 100) lässt sich bei den vorhandenen Belegstellen nicht nachweisen. Danach wären die Reihung der Typen und die spätere Einfügung der ursachenerläuternden *jn*-Spaltsätze aufgrund von sprachlichen Kriterien bestätigt.

Auch ein Teil des Fachwortschatzes hat sich gewandelt, was einerseits die Glossen des pEdwin Smith verdeutlichen, andererseits ein Blick in das Wörterverzeichnis des Grundrisses (GdM VII). Einzelne Fachtermini unterliegen einem Bedeutungs-

---

Übersetzung von Topmann (TLA), weil sie den folgernden Aspekt passend zu meiner Ansicht durch ein „also“ verdeutlicht: § 696e *ḥdn.wt, ḥdn.wt*, § 696f „Bring nicht den Geruch deiner *hdn*-Pflanze gegen Teti“ (*m-jni st(j) hdn=ṯ r ttj*). § 696g „Du hast *also* den Geruch deiner *hdn*-Pflanze nicht gegen Teti zu bringen“ (*tm.ḫr=ṯ jni sṯ(j) hdn=ṯ r ttj*). Zahlreiche weitere *sḏm.ḫr=f*-Formen kommen hinzu, wenn man Quack, 2000 folgt und das Pfortenbuch in das Alte Reich datiert.

[64] Eb 203 hat zudem aber auch ein *iptn*.

[65] GdM VIII, § 95: ‚Unregelmäßig ist der Gebrauch von *nf3* in der Geschwulstdiagnose Eb 874a, womit sich diese Diagnosen altermäßig neben die des Pap. Smith stellen.‘

[66] Ausnahme ist die bereits oben erwähnte Passage in Eb 874, in der auch *nf n* auftritt, eindeutig ein nachträglicher Einschub: *nn sy mj nf3 n ꜥ3wt*.

wandel, nachdem sie auf Bezeichnungen aus einem anderen Umfeld getroffen sind, bspw. *jb/ḥꜣtj* „Herz“ und *ḳꜣbt/šnbt* „Brustraum“,[67] andere treten nur in älteren Texten auf, z. B. *mndt* „Wange“ (nur Sm) oder *twꜣw* „Erhebungen“ (nur Sm und Typ 3).[68]

Aus metrologischer Perspektive fällt auf, dass keines der Rezepte der Typen 1, 2 und 3 über Maßangaben verfügt. Typ 4a überliefert erstmals das Dja-Maß, allerdings ohne jegliche Unterteilung. Da sich die Entwicklung des Dja-Maßes gut rekonstruieren lässt,[69] bietet sein Auftreten in den Rezepten der Lehrtexte ein unabhängiges Datierungskriterium, wenn man voraussetzt, dass Lehrtext und zugehöriges Rezept zur gleichen Zeit verfasst und metrologisch nicht modernisiert wurden. Demnach wären die Typ 4a-Lehrtexte mit dem Vorkommen des nicht weiter geteilten Dja-Maßes in vereinzelten Rezepten frühestens im Mittleren Reich entstanden. Die Typ 4b-Rezepte mit den Unterteilungen des Dja-Maßes lassen sich dagegen frühestens ans Ende des Mittleren Reiches und womöglich in die Abfassungszeit des pEbers als der mit derartigen Angaben versehenen, paläographisch ältesten Handschrift datieren. Gleiches gilt für Typ 5, in dem das heilkundliche Bruchzahlsystem voll entfaltet ist. Fazit zur Metrologie: Das Auftreten neuer Maßeinheiten zeichnet die vorgenommene Typenentwicklung nach.

Das Alter einer Rezeptur kann man unter anderem aufgrund der Heilmittelkomposition bestimmen. Ohne hier weiter ins Detail zu gehen, ist zu bemerken, dass bestimmte Kombinationen typisch für bestimmte Phasen sind. Dies wird noch andernorts im Detail behandelt und widerspricht jedenfalls der hier vorgelegten Reihung nicht.

Eckpunkte zur absoluten Datierung der Typen ergeben sich aus paläographischen Daten. Aufgrund paläographischer Analysen wurde der pEbers in die Zeit um 1550 v. Chr. (Ende Zweite Zwischenzeit/Beginn Neues Reich) datiert. Die jüngsten Lehrtexte (Typ 5) müssen spätestens zur Zeit seiner Niederschrift entstanden sein. Die Handschrift des pKahun (UC 32057) wird wie auch die des pRamesseum III frühestens in die Mitte der 12. Dynastie datiert, könnte aber auch aus der frühen 13. Dynastie stammen (vgl. Tabelle 1). Dies hat Relevanz für die Lehrtexte vom Typ 4a; sie müssen vordem entstanden sein.

5. Ergebnis

Ziel war, traditionelle Elemente, mögliche Entstehungszeiten und die Textgeschichte anhand der Typologie abzulesen. Tabelle 11 stellt die Hauptcharakteristiken der verschiedenen Typen zusammen. Der Überblick zeigt, dass es auf dem Gebiet der Heilkunde unterschiedliche Wege gab, wissenschaftliche Vorgänge zu beschreiben und zu vermitteln. Aufgrund der sich wandelnden Argumentationsstruktur, die sich pa-

---

[67] Siehe GdM VII, 861 f., 877–879; 35–42, 577–582.

[68] Siehe GdM VII, 374 f.; 938.

[69] Pommerening, 2005, 257–261; Pommerening, 2010.

rallel zu einem Wandel der Sprache und metrologischer Phänomene vollzieht, und mithilfe paläographischer Daten als *termini ante quem* kann man ungefähre Datierungen von neu verfassten Lehrtexten postulieren. Die Entwicklungen korrelieren ungefähr mit den in Tabelle 11 vorgestellten Typen, wobei selbstverständlich weitere Zwischenstufen, mehrere Vorstufen und wechselseitige Beeinflussungen ein sehr viel komplexeres Gebilde (gleich einem Stemma) ergeben haben müssen, als es sich hier durch die vereinfachte und lineare Darstellung demonstrieren lässt. Die Datenmenge ist zu gering, um hier tiefer einzusteigen. Dennoch kann man zumindest grob Folgendes einschätzen: Die Entstehung der schriftlichen Fassung von Typ 1 fiel etwa in die 5./6. Dynastie, Typ 2a in die 6. Dynastie, Typ 3 an das Ende der 6. Dynastie. Die Genese von Typ 4a-Lehrtexten lässt sich in die Mitte des Mittleren Reichs, die von Typ 4b und Typ 5 an dessen Ende bzw. in die Zweite Zwischenzeit (Niederschrift des pEbers) einordnen.

Texte verschiedener Typen und damit Entstehungsphasen auf ein und demselben Papyrus offenbaren, dass man im Tradierungsgeschehen an der Grundaussage älterer Texte nichts verändert hat. Der pEbers ist ein gutes Beispiel für eine Sammelhandschrift, die Lehrtexte unterschiedlicher Genese verbindet; die Lehrtexte über *ꜥ3t*-Geschwulste (Typ 2) dürften aus dem Alten Reich stammen, die zur Behandlung der Frau (Typ 4b) vom Ende des Mittleren Reichs und die gegen Erkrankungen des Leibes (Typ 5) fallen in die Zeit der Handschrift.

Die Orthographie wurde zwar teilweise erneuert,[70] nicht aber hat man Syntax, Grammatik oder Wortwahl dem zeitgenössischen Stil angepasst. Zur Erhöhung der mit der Zeit verlorengegangenen Verständlichkeit wurden Glossen an das Ende der unveränderten Texte angefügt, neues Wissen (z. B. inzwischen erkannte oder anders eingeschätzte Krankheitsursachen) wurde am Rand annotiert und in spätere Versionen an der entsprechenden Stelle eingefügt, ohne dabei den Ursprungstext zu verändern. Wurde exzerpiert, hat man die Zitate, nicht aber die Schreibungen, 1:1 übernommen.

So kommt es, dass man noch in römischer Zeit Lehrtexte vorfindet, deren Entstehungszeit mehr als 2000 Jahre zurückliegen könnte. Die Ergebnisse sind überraschend, zeigt sich doch, dass sich die einmal generierten Texte über Jahrtausende hinweg kaum verändert haben.

Da die verschiedenen Typen in großem Maße auch mit unterschiedlichen Berufsspezifizierungen (Typ 1–3: äußere Leiden, Typ 4: Behandlung der Frau, Typ 5: innere Leiden) korrelieren, könnte man prinzipiell auch argumentieren, dass die Lehrtexte innerhalb spezifischer Heiltraditionen stünden, die durch geistige Strömungen unterschiedlicher Urheber vorgegeben und somit unterschiedlichen Klassen von Heilkundigen zuzuweisen sind. Hierbei dürften auch regionale Unterschiede in Betracht gezogen werden. Es ergäbe sich keine zeitliche Folge, sondern eine Typologie synchron vorliegender unterschiedlicher Heilauffassungen, wie sie schließlich insgesamt im pEbers überliefert sind. Dem widersprechen allerdings die Untersuchungen zur Sprach- und Metrologiegeschichte. Ferner sind Passagen überliefert, die den

[70] Siehe hierzu Anmerkung 106.

		Typ 1	Typ 2a	Typ 2b
		Sm	Eb 863, 866–871, 873, 874	Eb 864 + 872
I.	Überschrift	***šs3w* für A**	***šs3w (n) ꜥ3t nt* A**	***šs3w (n) ꜥ3t nt* A**
II.	Untersuchung			
a	Einleitung	*jr ḫ3j=k sj n* A	*jr wpj=k ꜥ3t* ***nt*** A	***jr wpj=k ꜥ3t nt*** A
b	Technik	*d̠ꜥr.ḫr=k* / -	-	-
c	Symptome	*gmm=k* B, C	*gmm=k sy* B, C	*gmm=k sy* B, C
d	Erklärung Ursache	[*jn … d̠d̠ d̠ pw*]		s. u.
III.	Befund			
a	Einleitung	***d̠d.jn=k r=f***	***d̠d.jn=k r=s***	***d̠d.jn=k r=s***
b	Diagnose/ Ursache	***ẖry* A, (B, C)**	*ꜥ3t pw nt* A	*ꜥ3t pw nt* A
c	Urteil	***mḥr jry=j***	*mḥr jry=j*	*mḥr jry=j*
d	Erklärung Ursache	-	-	*jn* xy … *jrr sw/st*
IV.	Behandlung	*wt.ḫr=k* variantenreich wenig formalisiert	***jrj.ḫr=k n=s***	***jrj.ḫr=k n=s***
II.+ III.+ IV.// VI.	Weitere Untersuchungen	Differential-diagnose(n) *jr swt gm=k sj pf* usw.		
V.	Glossen	***jr***	-	-

Tabelle 11 (Anfang): Übersicht über Lehrtexttypen.

Kreis der Wissenden bereits benennen und den Eindruck einer übergeordneten Wissensinstanz vermitteln; Sm 1 schließt als Anwender den Sachmet-Priester und Arzt ein, Eb 854a Sachmet-Priester, Arzt und *s3* und Lou Arzt und *s3-ḥmm*. Auch die Überlieferung von Titelfolgen[71] einzelner Personen, die mehrere der genannten Praktiken ausübten, kann die mögliche Personalunion dieser „Berufsgruppen“ beweisen. Selbst wenn diverse Heilhandlungen schwerpunktmäßig spezifischen Bereichen von Heilern zugeordnet werden können, so kamen doch sämtliche Heilkundige mit Lehrtexten in Berührung. Die Interferenzen im heilkundlichen Material sind ein deutlicher Hinweis darauf, dass es, abgesehen vom Famulus-System zur Weitergabe von praktischen Kenntnissen, ständig wachsende Wissenssammlungen gegeben haben muss, wie sie schließlich im 20 Meter langen pEbers vorliegen.

---

[71] Pommerening, 2009 mit weiterer Literatur.

	Typ 3	Typ 4a	Typ 4b	Typ 5
	Eb 857–862	Kah 1–17 u. 25	Eb 831–833, Sm 20,13-21,3, Ram III A 7–8	Eb 188–196; 198; 200–207
I.	***šsꜣw ḥnḥnt* A**	***šsꜣw st ḥr mn*** u.ä. A, B, C	-	***šsꜣw n mn rꜣ-jb***
II.				
a	*jr wpj=k ḥnḥnt* A		***jr ḫꜣj=k st* A**	***jr ḫꜣj=k sj ẖry* A /*ḥr mn* A**
b	-	-	-	selten
c	*gmm=k* B, C		**uneingeleitet B, C**	*gmm=k* (*sw*) B, C
d	ja			
III.				
a	***ḏd.jn=k r=s***	***ḏd.ḫr=k r=s***	***ḏd.ḫr=k r=s***	***ḏd.ḫr=k r=s/ r=f***
b	***ẖry ḥnḥnt* A, B, C**	D *pw*	**D *pw***	D *pw*; oft ausführlich
c	*mḥr jry=j*	-	-	-
d	s. IId	s. IIIb	s. IIIb	s. IIIb
IV.	***jrj.ḫr=k n=s spw***	***jrj.ḫr=k r=s***	***jrj.ḫr=k n=s***	***jrj.ḫr=k n=f/ r=f***
II+ III+ IV// VI				Nachunter-suchung ***jr ḫꜣj=k sw/sj m-ḫt jrjt nn* usw.**
V.	-	-	-	-

Tabelle 11 (Fortsetzung): Übersicht über Lehrtexttypen.

Nach dieser Analyse kann man sicher annehmen, dass die uns vorliegenden Lehrtexte den Urtexten sehr nahe kommen und nicht später erfunden und durch archaisierende Sprache künstlich antikisiert wurden.

Hinsichtlich der hier herausgearbeiteten Entwicklung von Argumentationsstrukturen soll der Beitrag als Anfangspunkt gelten, sich mit der Art und Weise wissenschaftlicher Auseinandersetzung im heilkundlichen Bereich aber auch anderer Wissensfelder verstärkt auseinanderzusetzen.

Abkürzungs- und Literaturverzeichnis

GdM I–IX = H. Grapow / H. von Deines / W. Westendorf, *Grundriß der Medizin der Alten Ägypter*. Berlin: Akademie Verlag, 1954–1973. (9 Bände)

GdM I: H. Grapow, *Anatomie und Physiologie*, 1954.

GdM II: H. Grapow, *Von den medizinischen Texten*, 1955.

GdM III: H. Grapow, *Kranker, Krankheit und Arzt*, 1956.

GdM IV,1: H. von Deines / H. Grapow / W. Westendorf, *Übersetzung der medizinischen Texte*, 1958.

GdM IV,2: H. von Deines / H. Grapow / W. Westendorf, *Erläuterungen*, 1958.

GdM V: H. Grapow, *Die medizinischen Texte in hieroglyphischer Umschrift autographiert*, 1958.

GdM VI: H. von Deines / H. Grapow, *Wörterbuch der ägyptischen Drogennamen*, 1959.

GdM VII,1 und 2: H. von Deines / W. Westendorf, *Wörterbuch der medizinischen Texte*, 1961 f.

GdM VIII: W. Westendorf, *Grammatik der medizinischen Texte*, 1962.

GdM IX: H. von Deines / H. Grapow / W. Westendorf, *Ergänzungen*, 1973.

TLA = Thesaurus Linguae Aegyptiae, http://aaew.bbaw.de/tla/index.html.

Wb = A. Erman / H. Grapow (Hgg.), *Wörterbuch der ägyptischen Sprache*. 2. Auflage. Berlin / Leipzig: Akademie Verlag, 1957. (6 Bände)

Allen, J. P., 2005. *The Art of Medicine in Ancient Egypt*. New York: Metropolitan Museum of Art.

— 2010. *Middle Egyptian: An Introduction to the Language and Culture of Hieroglyphs*. Cambridge: Cambridge University Press.

Barns, J. W. B., 1956. *Five Ramesseum Papyri*. Oxford: The Griffith Institute.

Borghouts, J. F., 1974. „Magical Texts“. In: S. Sauneron (Hg.) *Textes et langages de l'Égypte pharaonique. Cent cinquante années de recherches 1822–1975: Hommage à Jean-François Champollion*, Band 3 (Bibliothèque d'études 64.3). Kairo: Institut français d'archéologie orientale, 7–19.

— 1999. „Lexicographical Aspects of Magical Texts“. In: S. Grunert / I. Hafemann (Hgg.) *Textcorpus und Wörterbuch. Aspekte zur ägyptischen Lexikographie* (Probleme der Ägyptologie 14). Leiden / Boston / Köln: Brill, 149–177.

— 2002. „Les textes magiques de l'Égypte ancienne. Theorie, mythes et thèmes“. In: Y. Koenig (Hg.) *La magie en Égypte: à la recherche d'une définition. Actes du colloque organisé par le musée du Louvre les 29 et 30 septembre 2000*. Paris: Musée du Louvre, 17–39.

— 2010. *Egyptian: An Introduction to the Writing and Language of the Middle Kingdom* (Egyptologische Uitgaven 24). Leuven: Peeters Publishers.

Breasted, J. H., 1930. *The Edwin Smith Surgical Papyrus: Published in Facsimile and Hieroglyphic Transliteration with Translation and Commentary in two Volumes* (Oriental Institute Publications 3–4). Chicago: University of Chicago Press.

Collier, M. / S. Quirke, 2004. *The UCL Lahun Papyri: Religious, Literary, Legal, Mathematical and Medical* (British Archaeological Reports International Series 1209). Oxford: Archaeopress.

Depuydt, L., 1989. „The Contingent Tenses of Egyptian“. *Orientalia* 58, 1–27.
— 1993. *Conjunction, Contiguity, Contingency*. New York / Oxford: Oxford University Press, 201–255.
Diaz Hernandez, R. A. 2013. *Tradition und Innovation in der offiziellen Sprache des Mittleren Reiches. Ein strukturalistischer Vergleich der historisch-biographischen mit den literarischen Texten der 1. Zwischenzeit und der 12. Dynastie* (Göttinger Orientforschungen IV, Reihe Ägypten 56). Wiesbaden: Harrassowitz.
Dieleman, J., 2011. „Scribal Practices in the Production of Magic Handbooks in Egypt“. In: G. Bohak / Y. Harari / S. Shaked (Hgg.) *Continuity and Innovation in the Magical Tradition*. Leiden / Boston: Brill, 85–117.
Ebers, G., 1875. *Papyros Ebers. Das Hermetische Buch über die Arzneimittel der alten Ägypter in hieratischer Schrift*. Leipzig: Wilhelm Engelmann. (2 Bände)
Edel, E., 1955. *Altägyptische Grammatik* (Analecta Orientalia 34). Rom: Pontificio Istituto Biblico.
Gardiner, A. H., 1935. *Hieratic Papyri in the British Museum. Third Series: Chester Beatty Gift*. London: British Museum.
— 1955. *The Ramesseum Papyri*. Oxford: Oxford University Press.
Guermeur, I., 2012, „À propos d'un passage du papyrus médico-magique de Brooklyn 47.218.2 (X+III,9 – X+IV,2)“. In: C. Zivie-Coche / I. Guermeur (Hgg.) *Parcourir l'éternité. Hommages à Jean Yoyotte*, Band 1 (Bibliothèque de l'École des Hautes Études, Sciences Religieuses 156; Série Histoire et prosopographie 8). Turnhout: Brepols, 541–555.
Jansen-Winkeln, K., 2012. „Zu Sprache und Datierung des Amduat“. *The Journal of Egyptian Archaeology* 98, 87–106.
Kayatz, C., 1966. *Studien zu den Proverbien 1–9. Eine form- und motivgeschichtliche Untersuchung unter Einbeziehung ägyptischen Vergleichsmaterials*. Neukirchen-Vluyn: Neukirchener Verlag.
Labat, R., 1951. *Traité Akkadien de Diagnostics et Prognostics Médicaux*, Band 1: *Transcription et Traduction* (Collection de Travaux de l'Académie Internationale d'Histoire des Sciences 7). Leiden: Brill.
Malaise, M. / J. Winand, 1999. *Grammaire raisonnée de l'Égypte classique*. Liège: Centre Informatique de Philosophie & Lettres.
Polis, S., 2005. „Les formes ‚contingentes‘ en égyptien ancien. Une catégorisation en question“. In: C. Cannuyer (Hg.) *La langue dans tout ses états: Michel Malaise in honorem* (Acta Orientalia Belgica 18). Bruxelles: Société Belge d'Études Orientales, 301–322.
Pommerening, T., 2005. *Die altägyptischen Hohlmaße* (Studien zur Altägyptischen Kultur, Beiheft 10). Hamburg: Buske.
— 2009. „Krankheit und Heilung (Ägypten)“. In: M. Bauks / K. Koenen (Hgg.) *Das wissenschaftliche Bibellexikon im Internet* (*WiBiLex*), *Alttestamentlicher Teil*. (http://www.bibelwissenschaft.de/stichwort/24048/)
— 2010. „Healing measures: dja and oipe in Ancient Egyptian pharmacy and medicine“. In: J. Cockitt / R. David (Hgg.) *Pharmacy and Medicine in Ancient Egypt. Proceedings of the conferences held in Cairo (2007) and Manchester (2008)* (British Archaeological Reports International Series 2141). Oxford: Archaeopress, 132–137.

Pommerening, T., 2012. „Altägyptische Rezepte – Eine diachrone Betrachtung". *Geschichte der Pharmazie* 64/3, 33–38.

Quack, J. F., 1998. „Kontinuität und Wandel in der spätägyptischen Magie". *Studi epigrafici e linguistici sul Vicino Oriente antico* 15, 77–94.

— 1999. „Ein neues medizinisches Fragment der Spätzeit (pAshmolean Museum 1984.55)". *Zeitschrift für ägyptische Sprache und Altertumskunde* 126, 141–149.

— 2000. „Rezension zu J. Zeidler, Pfortenbuchstudien, Wiesbaden 1999". *Bibliotheca Orientalis* 57, 541–559.

Reisner, G. A., 1905. *The Hearst Medical Papyrus*. Leipzig: Hinrichs.

Sanchez, G. M. / E. S. Meltzer, 2012. *The Edwin Smith papyrus: updated translation of the trauma treatise and modern medical commentaries*. Atlanta: Lockwood Press.

Sauneron, S., 1989. *Un traité égyptien d'ophiologie. Papyrus du Brooklyn Museum no. 47.218.48 et 85* (Bibliothèque Générale 11). Kairo: Institut français d'archéologie orientale.

Schenkel, W. 2012. *Tübinger Einführung in die klassisch-ägyptische Sprache und Schrift*. Tübingen: Pagina.

Schweitzer, S., 2005. *Schrift und Sprache der 4. Dynastie* (MENES 3). Wiesbaden: Harrassowitz.

Vernus, P., 1990. *Future at Issue. Tense, Mood and Aspect in Middle Egyptian: Studies in Syntax and Semantics* (Yale Egyptological Studies 4). New Haven: Yale University, 61–99.

Walker, J. H., 1996. *Studies in Ancient Egyptian Anatomical Terminology* (ACE Studies 4). Warminster: Aris & Phillips Ltd.

Westendorf, W., 1966. *Papyrus Edwin Smith, ein medizinisches Lehrbuch aus dem alten Ägypten: Wund- und Unfallchirurgie, Zaubersprüche gegen Seuchen, verschiedene Rezepte*. Bern / Stuttgart: Hans Huber, 1966.

— 1992. *Erwachen der Heilkunst. Die Medizin im Alten Ägypten*. Zürich: Artemis & Winkler.

— 1999. *Handbuch der altägyptischen Medizin* (Handbuch der Orientalistik, Abt. 1: Der Nahe und der Mittlere Osten; 36), Leiden / Boston / Köln: Brill. (2 Bände)

Wreszinski, W., 1909. *Die Medizin der alten Ägypter*. Leipzig: Hinrichs, 1909–1913. (3 Bände) – Band 1: *Der große medizinische Papyrus des Berliner Museums [Pap. Berl. 3038] in Facsimile und Umschrift mit Übersetzung, Kommentar und Glossar*. 1909.

Zeidler, J., 1999. *Pfortenbuchstudien, Teil 1: Textkritik und Textgeschichte des Pfortenbuches* (Göttinger Orientforschungen IV, Reihe Ägypten 36). Wiesbaden: Harrassowitz.

What you see is what you get?

Comments on Early Akkadian magical tradition
based on physical aspects of incantation tablets

Nathan Wasserman, The Hebrew University of Jerusalem

Abstract

A thematic division of magical texts, from the Old Babylonian/Assyrian period to the Middle Babylonian/Assyrian period, shows the changes – and the constants – which took place in the written tradition of Mesopotamian magic from the third to the mid-second millennium BCE.

Analysis of the shape and structure of magical tablets allows gaining new insights into the purpose and use of this corpus which comprises almost 300 different Akkadian texts.

The social framework of magical practice in Ancient Mesopotamia is briefly discussed.

1. Introduction[1]

Magical texts are one of the earliest literary genres in cuneiform culture. Incantations are found as early as the third millennium BCE, both in southern Mesopotamia and in Ebla (current northern Syria, not far from the Mediterranean). In the second millennium incantations of various sorts are the commonest literary genre, quantitatively amounting to almost half the entire corpus of literary composition of the period (286 incantations out of a total of around 614 texts).[2] It is therefore clearly justified to speak here about a substantial written magical tradition in Ancient Mesopotamia.

By contrast, medical texts *stricto sensu* – therapeutic or diagnostic-prognostic texts – are much rarer. One pharmaceutical text might stem from Ebla.[3] In the Old Babylonian (henceforth OB) Period only a handful of such short texts are known, some of which incorporate incantations.[4] To these one must add two larger tablets, which list ailments accompanied by instructions for their treatment: BAM 393 (from Nippur),[5] and UET 6/3, 895 (from Ur). As for OB diagnostic texts, I know only one such text from this period: TLB II, 21. This extreme paucity is, no doubt, largely due to bad luck; I am not suggesting that there were no other Akkadian medical texts in the second millennium BCE. However, it is also clear that the number of medical texts grew dramatically in the first millennium BCE, and that these texts developed from what seems to be a sporadic phenomenon into a comprehensive body of knowledge. Briefly, if one wishes to talk about medicine in earlier periods of Mesopotamian history, one is bound to talk about incantations.

---

[1] This paper is based on a lecture I gave in the conference *Traditions of Written Knowledge in Ancient Egypt and Mesopotamia*, held in December 2011 at Goethe-University, Frankfurt. The ideas expressed here are found, in an expanded and elaborated version, in my monograph *The Reality of Magic*: *The World Behind Early Akkadian Incantations* (in preparation).

[2] This article leans on the material which M. P. Streck (University of Leipzig) and the present writer (The Hebrew University of Jerusalem) collected and processed over the past 7 years and presented in the online catalogue and database *Sources of Early Akkadian Literature* (SEAL: http://www.seal.uni-leipzig.de/). SEAL catalogues all known literary Akkadian texts, from the third millennium to the mid-second millennium, in the following genres: epics, hymns and prayers, lamentations, love lyrics, incantations, literary letters, wisdom literature, funeral texts, ancient catalogues, and miscellaneous texts. Each text is presented in edition, translation, and commentary, accompanied by meta-textual data as photos, copies, size of tablet, and housing museum. Indices of nouns and verbs, and extensive bibliography are available as well. As for October 2013 SEAL catalogues 615 different literary compositions. This number grows steadily. Dozens of unpublished Old Babylonian incantations, for instance, will be published in the coming future. Unknown compositions of other literary genres also keep appearing.

[3] Fronzaroli, 1998.

[4] YOS 11, 28; YOS 11, 29; RA 66, 141–143; Iraq 55, 104; IM 87.56.847 (= Wasserman, 2007, 56–57).

[5] Some doubt still exists as to whether BAM 393 is an OB tablet, or a *Neo*-Babylonian copy using archaized signs (see Finkel *apud* Wasserman, 2007, 52 with note 22). I consider it to be OB.

Many incantations are opaque in their nature. Sometimes they are written by students in an inexperienced and clumsy hand which makes their comprehension additionally difficult. As a result, these texts are usually approached philologically in Assyriology, text-by-text, or more rarely thematically (e. g. incantations against rabid dogs[6] or incantations to put babies to sleep[7]). More rarely these texts are treated jointly, as a corpus.[8] In this paper I intend to fill this lacuna and look at Akkadian incantations of the second millennium BCE from a wider perspective.

On the basis of material gathered in SEAL, I tackle a set of questions which are commonly asked in the study of other magical corpora, but are rarely confronted in ancient Mesopotamian magic: What was the social framework and mechanism of ancient Mesopotamian magical texts? Who wrote and produced these incantations and for whom? In what circumstances and at what price? These basic questions are rarely dealt with in Assyriology, largely on account of the philological problems that magical texts present.

2. The corpus

The total number of Akkadian incantations from the Old Akkadian (henceforth OAkk), OB, Old Assyrian (henceforth OA) Periods, c. 2350–1500 BCE, currently stands at 148.[9]

---

[6] Sigrist, 1987; Wu, 2001.

[7] Farber, 1989.

[8] See, e. g., Farber, 1981 and Cunningham, 1997.

[9] How does a text qualify to be an incantation? Often there are formal characteristics, as colophons with clear-cut generic definitions: ka-inim-ma, "incantation" (lit. "saying"), *šiptum*, "spell", *tû* (or *tutû*), "incantation", (*tû*) enuru, "Enuru-incantation", *kikiṭṭû*, "ritual procedure" (see below, in section 3.5 on paratextual comments). Indications of this kind are found in about 90 incantations, namely in about a quarter of the entire corpus. Formulas of deliverance or expulsion are also good indications for incantations (e. g. "It is raining down like rain; Its saliva is the saliva of Nergal. May it depart like a fox through jaundice!" UET 5, 85). As for the rest of the texts, these are assigned as incantations based on contextual parallels (so, when a text without a colophon resembles or partially parallels a text with a colophon, both are considered to be incantations). Or, when a text without a formal characteristic is found on a multi-section or multi-text tablet, whose other parts are qualified formally as incantations, this text as well is considered to be an incantation (and so, all the texts of the long tablet IB 1554 found in Isin are considered incantations). Formal indications are important, but common sense should always be at work …

OAkk incantations: 22 (4 from Mesopotamia and 18 from Ebla).[10]

- OA incantations: 9 (all from the merchant colony in Kaniš, Anatolia).[11]
- OB incantations: 117.

Their thematic grouping (medically related incantations are *italicized*) is:

- OAkk: mentioning the magic god Nin-girima 9; river 5; dreams and insomnia 2; star 1; love 1; misc. 4. (The Ebla incantations are difficult and subject to differing interpretations).
- OA: anger 1; *birth* 1; evil-eye 1; food 1; dog 1; goat 1; *Lamaštu* 2; reed 1.
- OB: anger 4; baby 3; *birth* 4; *constipation* 3; *various diseases* 8; dogs 12; evil-eye 2; flies 1; food 2; goat 1; *heart-seizure* 3; *jaundice* 2; *Lamaštu* 7; love 14; *maškadum* (*disease*) 3; pest (agriculture) 1; potency 2; *sikkatum* (*pox?*) 1; scorpions 11; snakes and reptiles 5; *merḫum* (*sty*) *1*; *toothache 1*; *Wardat-lilîm* 1; witchcraft 3; *worms and leeches 2*; misc. 20.

The Akkadian incantations from the Middle Babylonian (MB) and Middle Assyrian (MA) Periods, c. 1500–1100 BCE, are:

- Total Akkadian incantations: 138.

Their thematic grouping is:

- *birth* (6); *bīt rimki* (5); *miqittu* (*collapse*) (1); *diarrhea* (1); *diseases* (*various*) (4); enemy (2); evil (general) (2); *eye* (*disease*) (2); *fever* (3); flies (1); *foot* (2); *heart* (1); mentioning Ištar and Dumuzi (1); *Lamaštu* (10); love (1); *namburbi* (2); *šimmatu* (*paralysis*) (5); *sa-ma-nu disease* (2); scorpions (2); udug-ḫul (9); *vomiting* (1); witchcraft (12); *Šu-ila* and *mīs pî* incantation-prayers (6); *Babilili* incantations (Akkadian incantations in Hittite texts) (21); miscellaneous (37).

This overview demonstrates the change in the thematic landscape of incantations that took place between the earlier and the intermediate periods. The relative number

[10] Beyond the slim chances of survival of literary texts from ancient times, the paucity of OAkk incantations reflects the fact that Sumerian was the main vehicle for writing incantations in Mesopotamia in the third millennium. The volume of Ur III incantations published by van Dijk / Geller, 2003 proves this point (see also Michalowski, 1992).

[11] The scarcity of OA incantations arises from the fact that archaeological excavations did not reach the OA layers in the city of Aššur (all the OA incantations are from Kaniš). The thematic analysis of OA incantations shows that they are not different from those of OB; it is likely that when written material becomes available from Aššur, the picture of OA incantations will resemble that of OB incantations. An interesting question is whether the OA incantations we know were written in Kaniš, where they were found, or if they were brought to the merchant colony from Aššur.

of incantations connected to medicine, however, remains stable: 29 in the earlier periods (c. 20%) and 32 in the intermediate period (c. 22%). The exact numbers are accidental, but there can be no doubt that medicine was a constant theme in Mesopotamian magic from the earlier periods onwards.

3. Analysis

Having taken a broader view of the corpus, I now focus on the first half of the second millennium BCE, the OB and OA texts. In this corpus I examine:

1. the compositional organization of magical tablets, namely multi-text tablets vs. single-text tablets;
2. the physical shape of the tablets;
3. the existence of rituals in the magical texts;
4. the appearance of drawings on the magical tablets;
5. scribal notations, or paratextual comments, found on magical tablets.

This analysis will allow us to place the corpus in its social and historical context. It is a sad fact that we often have no record of the exact locus – or even site – at which OB incantations were found.[12] Indeed, disregarding the OA incantations from Kaniš the provenance of only 10 Akkadian magical tablets is known![13] Moreover, incantations, like other literary texts, are not dated, and are virtually devoid of personal names. We are in the dark as to their chronology, unable to lean even on prosopography or on onomastic data.

3.1 Incantations and tablets: *Multi-text tablets* and *single-text tablets*

Incantations are different from other literary genres in OB in that they are found separately, each on a different tablet, or gathered on one tablet (*Sammeltafeln*). I define the two possibilities as *multi-text tablets* vs. *single-text tablets*.

- Total number of tablets in the corpus: 97
- Total number of multi-text tablets in the corpus: 33

3.2 The shape of the tablets

The different shapes of the tablets bearing incantations have not previously been systematically examined. My working hypothesis is that the shape of the tablets may reflect the use for which the incantations were intended. This assumption seems

[12] See Michalowski, 1992, 312–313.

[13] TA 1930-T117 (Ešnunna/Tell Asmar). TIM 9, 65; TIM 9, 66; TIM 9, 69 (Sumerian); TIM 9, 72; TIM 9, 73 (Šaduppum/Tell Ḥarmal). JNES 14; OBTI 302 (Nerebtum/Ishchali). AMD 1 (H 72) (Meturan/Tell Ḥaddad). IB 1554 (Isin). As for Sumerian incantations, locations tend to be known (most come from Nippur), see Michalowski, 1992, 313.

plausible since it has already been established that in other domains of Ancient Mesopotamian written tradition, notably in school texts[14] and in mathematical texts,[15] physical distinctions in the shape of tablets supplied reasonable indication as to the different curricular stages of each text, and their different purpose and use.

The corpus of OB incantations was plotted according to the ratio between the length and width of the tablets. For example, a tablet whose length is 10 cm. and whose width is 5 cm. has a *ratio of 2*, and a tablet whose length is 3 cm. and its width is 6 cm. has a *ratio of 0.5*. A tablet whose length and width are roughly the same has, of course, a *ratio of 1*. The corpus was accordingly divided into 5 categories.[16]

(1) Elongated tablets (ratio ≥ 2), see figure 1
(2) Letter-like (portrait-oriented) tablets (ratio between 1 and 2), see figure 2
(3) Square tablets (ratio c. 1), see figure 3
(4) Landscape-oriented tablets (ratio < 1), see figure 4
(5) *Tabula ansata* (amulet-like) tablets (ratio ≥ 3), see figure 5

- 8 elongated tablets – holding 19 different Akkadian incantations.[17]
- 49 letter-like tablets – holding 65 different Akkadian incantations.
- 24 landscape-oriented tablets – holding 29 different Akkadian incantations.
- 13 square tablets – holding 14 different Akkadian incantations.
- 1 *tabula ansata* – holding 1 Akkadian incantation.

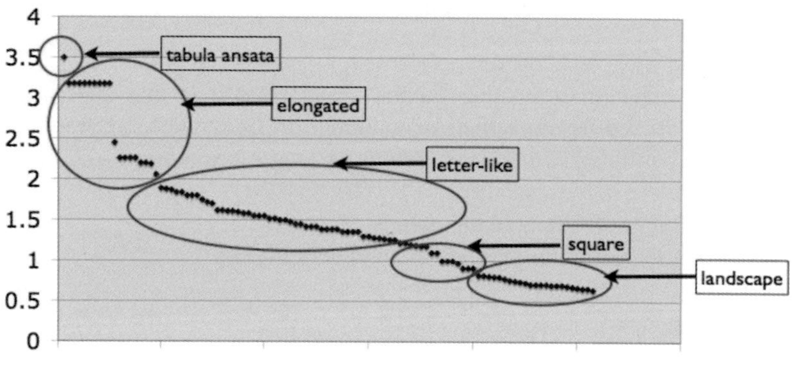

Illustration 1: Summary of tablets' shape (by ratio).

[14] Gesche, 2000, 44–53.

[15] Robson, 2008, 99–100.

[16] Note that we lack measurements for 23 tablets.

[17] Sumerian incantations not included.

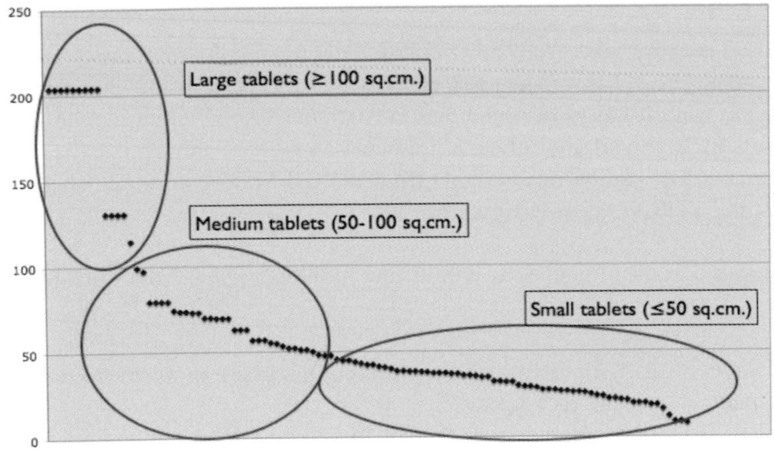

Illustration 2: Summary of tablets' size (by surface, in cm.^{2}).

3.3 Incantations and ritual instructions

At times, ritual instructions accompany incantations. These instructions furnish us with important clues as to the *Sitz-im-Leben* (social setting) of the magical procedures.

- Total number of Akkadian incantations which are accompanied by ritual instructions: 26.

The dearth of incantations that are accompanied by ritual instructions strongly suggests that in many cases rituals were performed, but not set down in writing. In other words, one can safely assume that in most OB magical procedures both a verbal part (*recitenda*) and a ritual (*agenda*) were involved, even if the ritual instructions were not preserved. Consequently we need to consider whether there is something that defines the small group of tablets in which both incantations and ritual instructions are found.

- The majority of incantations with ritual instructions are found on multi-text tablets (19 incantations on 15 different tablets).

The fact that rituals are found more often than not in multi-text tablets suggests that these tablets were written by, or for, professional healers who wanted to be certain that they correctly matched a specific incantation with its corresponding ritual. It makes less sense to assume that a private client would rely on written ritual instructions – unless we believe that the level of literacy of the general public was very high at that time. (Note that even today a text given to a patient by a medical doctor is usually not destined for the patient himself, but directed at another professional figure: a doctor, a pharmacist, an X-ray technician, a physiotherapist etc.).

3.4 Drawings on tablets

Amulets and magical texts from other cultures often contain drawings (*charaktêres*). Aramaic magic bowls from the first centuries of the current era demonstrate this phenomenon well. It has to be noted that in Ancient Mesopotamia, i. e. until the first millennium BCE, the number of such drawings on magical tablets is extremely low. In the corpus of Akkadian incantations from the OB Period, only one such tablet is known to me, YOS 11, 17 (see figure 6).

Broadening our vista furnishes us with a few more examples from outside our corpus:[18]

- MDP 18, 253, an OB funeral text found in a grave in Susa: Concentric magical drawing (see figure 7).
- RA 88, 52 Neo-Babylonian amulet (based on OB origin?): Concentric magical drawing (see figure 8).
- TIM 9, 68, an OB Sumerian incantation: Unskilled double cross-shaped drawing (see figure 9).
- RA 66, 141, an OB Sumerian incantation: Drawing of a scorpion on its reverse (see figure 10).

Drawings on magical texts are more common in first millennium Assyria.[19] Maul (1994) researched these texts[20] and demonstrated a connection between certain magical drawings and amulet-formed tablets (*tabula ansata*).[21] Maul has further shown that clay amulets are often found in a private context, where they hung over doors, windows, or above beds, in order to ward off future evil,[22] (see figures 11 and 12). (Not all the texts which contain drawings are incantations).[23]

---

[18] Of course, drawings on tablets are not restricted to magical texts; see, e. g., the triangle drawn (over erased text) at the end of the Middle Assyrian Laws A (VAT 10000 = 1). In some administrative texts, drawings can be found whose function was probably to restrict further writing (see Zawadzki / Jursa, 2001). Some Late Babylonian tablets contain curious pictorial drawings, like a man's head or a fish: VS 4, 62; VS 4, 84; VS 5, 35. Other tablets contain technical drawings, like ground plans or maps (like, e. g. TIM 9, 104). These cases do not concern us here.

[19] But note the two stone amulets inscribed with Sumerian incantations, dated probably to the Middle Assyrian Period (Lambert, 1976, 58).

[20] Maul, 1994, 175–181.

[21] A study of these amulet-shaped tablets, 60 in total, not all of which are inscribed with magical texts, is currently being conducted by Strahil Panayotov in Heidelberg. The main results of this research were presented by Dr. Panayotov at the Rencontre Assyriologique Internationale in Ghent in July 2013.

[22] For the private context of these amulets from Assur, see Maul, 1994, 176.

[23] See, e. g., STT 300 which contains hemerologies. On the other hand, there exist clay amulets without drawings, as the amulet published in Fales, 1989, 232.

Examining the very few magical texts from the OB Period bearing drawings, it is possible to say that they had two main (not mutually exclusive) functions: (1) to support, and even increase in some way, the power of the magical words; (2) to mark the text as finished and ready to be used, and to prevent further unauthorized writing on the clay which might counteract the effect of the incantation written on it.[24] Although it is impossible to say for certain, I believe that the concentric drawings in a form of a labyrinth found on MDP 18, 253 and RA 88, 52 mainly had the supportive function, while the clumsily scratched double crosses found on YOS 11, 17 and TIM 9, 68 functioned mainly to prevent further writing on the tablet, marking that it was complete.

But what is more interesting about amulet-shaped tablets and other magical texts that contain drawings is that these texts are the most likely candidates to have been private magical texts, namely texts that were produced for private clients. The small number of these tablets in the corpus treated here may possibly be explained by the fact that, since they were in private hands, these tablets were less well preserved than those in non-private, i. e. professional or archival, contexts. In addition, a comparison with Greek and Latin material, and other Late Antiquity sources,[25] makes it clear that magical texts which were commissioned and given to clients were often put in strange locations, like deep wells, roofs, holes in the wall or tombs.[26] At times these texts were even intentionally destroyed after use. All this would have made it difficult to find them and explains why there are so few such magical tablets, about which we can safely say that they were prepared, activated, and handed to private clients. One such text, however, was found *in situ*: IB 1554, the long tablet of love incantations from Isin found in a jar buried inside a house-wall.[27]

There were, no doubt, more tablets which were commissioned and prepared for private clients. It is hard to imagine that all the OB and Old Assyrian[28] magical texts in our hands originate from a curricular setting, and that all of these incantations are students' or junior-magicians' products. One has to try and identify them.

---

[24] It is interesting to see that some incantations were written on tablets whose reverse was left un-inscribed: VS 17, 4; VS 17, 8; VS 17, 9; VS 17, 23; YOS 11, 1; YOS 11, 7; YOS 11, 11 (rev. mostly empty); YOS 11, 17 (drawing on rev.); YOS 11, 20; YOS 11, 92. The fact that no drawings were found on the reverse of most of these tablets proves that preventing further writing was not a major concern of the person who prepared the incantations.

[25] Gager, 1992, 19–20, 28, 37, 64–65, 68, 70, 76, and *passim*.

[26] Here it is worth re-considering the small group of funeral texts from Susa which were found buried in tombs. For sure, these texts are not regular incantations: They employ the first person voice, and resemble personal prayers or divinatory visions. Since graves were the preferred loci for magical texts in the Classical World, it is not impossible that the purpose of the Susa texts was essentially magical. One of these texts, MDP 18, 253, contained a typical magical drawing.

[27] Wilcke, 1985. To make things complicated (and interesting) this tablet is a multi-text tablet, containing a series of love-related incantations.

[28] The 8 Old Assyrian incantations we have are especially relevant here. They were all found in Kaniš, in the Assyrian merchant colony in Anatolia. This location favors the assumption that they were brought with trade caravans from Aššur and handed to certain individuals in the colony for specific purposes.

3.5 Paratextual comments: Colophons, designations, rubrics

It is typical of Akkadian incantations – perhaps more than any other literary genre – that they often contain paratextual comments: Self-referential designations or scribal notations. This should not surprise, as incantations are a literary genre rooted in technical knowledge. In this sense hymns resemble incantations, for they, too, are rooted in technical knowledge – musical performance – and they also include paratextual comments.[29]

- Total number of incantations with paratextual comments: 76 (on 57 different tablets, of which 24 are multi-text tablets).

In other words, more than half the texts (and the tablets) in the corpus are tagged with paratextual comments.[30]

- The main paratextual comments found in the corpus of OB incantations are:[31]
    - k a - i n i m - m a, "incantation" (lit. "saying"): 27
    - *šiptum*, "spell": 24
    - (*tû*) *enuru*, "Enuru-incantation": 24
    - *kikiṭṭû*, "ritual procedure": 5
    - *tû* (or *tutû*), "incantation": 4 (on 5 tablets)
    - *awât bulṭim*, "healing word(s)": 1

4. Conclusions

4.1 The clients

Based on the above observations, I suggest that an incantation prepared for, and handed to a private client, would ideally be a small (esp. square or landscape-oriented) tablet, contain a single text generally without ritual instructions, and would at times have a drawing on it. Three such tablets can be identified: VAT 8354 (VS 17, 23); VAT 8355 (VS 17, 8); VAT 8363 (VS 17, 4). See figure 13.

It is hard not to draw the conclusion that these skillfully written tablets – although used for a variety of magical purposes – demonstrate considerable physical similarity. I am convinced that these tablets are the product of one atelier, perhaps even the same hand (probably stemming from the area of Larsa).

One important parameter has not yet received mention: Personal names. The reason for omitting this parameter is simple: Clients mentioned by name are extremely rare in the OB corpus of incantations. Only two incantations in which the names of

---

[29] See, e. g., Groneberg, 2003.

[30] Abracadabra passages in foreign languages – (pseudo?)-Elamatie, (pseudo?)-Hurrian – were not counted. Most of these generic labels are found at the end of the incantations, but sometimes (like YOS 11, 92, an incantation against Wardat-Lilîm) this tagging is found at the head of the incantation, as an incipit.

[31] References can be found in the General Vocabulary or Index of Incantations in SEAL.

clients exist are known to me: IB 1554, the tablet of love incantations from Isin which mentions *Erra-bāni*[32] and a certain *Iddin-ᵈDamu,*[33] and YOS 11, 21, a multi-text tablet which ends with a rare colophon mentioning the names of two people who probably commissioned the tablet: "On behalf of *Ilšu-abušu*, the brother of *Mannum-kīma-Šamaš*, the son of Purratum-[...], at the court(?) of *Nūrātum*, son of *Bēlānu* the steward; on behalf of *Balāye* (Bal-e), the son of *Iddin-Ea* the accountant of the letters".[34] Luckily, one of these two gentlemen can be identified: *Balāye* is no other than the grandson of the famous *Balamunamḫe*, son of *Sîn-nūr-mātim* from Larsa,[35] whose archive spans over 38 years, from *Warad-Sîn* 6 to *Rīm-Sîn* 31.[36] This is a crucial clue to the chronological and geographical framework of the body of OB incantations, and strongly suggests that many of the YOS tablets stored in the library at Yale stem from the Larsa area in southern Mesopotamia, from the period just before the conquest of Hammurabi.

But where are the names of the other clients? The situation in the OB corpus is strange: On the one hand there are texts which, by our own reasoning, seem to be destined for private use, but on the other hand very few actual personal names exist. A quick look at the corpus of Aramaic magic bowls, mostly from Babylonia, where an abundance of personal names is found, reveals the peculiarity of the OB situation. It seems that ancient Mesopotamian magicians used different practices to personalize a text before giving it to a client, practices which did not require inscribing a client's name on the tablet written by the magician.[37] We also know nothing about the way clients approached the professional healer – e. g., the payment required to get an incantation. More research in this area is needed.

Perhaps another way to approach this problem is to assume that, unlike in Classical Times and in Late Antiquity, in Ancient Mesopotamia, at least in the earlier periods of this culture, incantations were not personified, but used collectively, even in the private context. Is it possible that incantations were used by different individuals, perhaps members of the extended family together (similarly to, say, non-prescribed medicines which are bought over the counter)? But then, how would people know

---

[32] A name which is not uncommon in the OB Period, see, e. g. *Erra-bāni* mentioned in van de Mieroop, 1987, 65; another was an official of *Ipīq-Adad* from Ešnunna (RIME 4, 532, no. 2001), and more.

[33] ZA 75 (Wilcke, 1985): lines 30, 100, and 117.

[34] Mentioned as a witness in the archive in *Rīm-Sîn* 20, see Dyckhoff, 1999, 133 (no. 119).

[35] Charpin, 1987.

[36] Dyckhoff, 1998, 117–124, esp. 113 and 118 suggests that many of the incantations, and other literary texts from southern Babylonia, now kept in the Louvre and in Yale, belonged originally to the large library of the Enki temple in Larsa. Even if not accepting this hypothesis of a "library" it is clear that the provenance of many of the magical texts from Yale was indeed the Larsa area.

[37] A tendency not to mention personal names is found not only in magical texts, but in other cuneiform genres as well. Omens of different sorts, medical texts, hemerologies, and astronomical reports – are all very reluctant to indicate personal names. Magical texts, in this sense, are no exception.

what is written on this or that tablet? Another difficulty is that many of the incantations seem to refer to only one particular individual.[38]

In terms of gender, women, like men, turned to magicians to resolve their problems. A case in point is YOS 11, 14c, which reads:

> You(f.) have hit her face and you(f.) have turned upside down her words (lit: mouth)/(by saying:) "Droppings of a stag! A hide of a pig! Nose of a mongoose! A *fart*(?) of a dormouse!" – A spell which the goddess has created for you(f.) – do not(f.?)... from (your?) heart. [A spell] for jaundice (sic!). Her ritual: I will chop leeks, and... fire.

Could this incantation be used collectively? Hardly.

It is remarkable that no incantation destined to fight feminine sterility has reached us.[39] A woman's inability to get pregnant and bear children is a topic well attested in other ancient societies.[40] This absence cannot be accidental: I believe that in those matters women preferred to go to female healers who were most probably illiterate, or were less inclined to set down their knowledge in writing, and therefore left no written trace of their work.

4.2 The magicians

In 2003, I treated the question of the writers of incantations and noted that:

- There are only 8 bilingual (Sumero-Akkadian) second millennium incantations.[41]
- There are only 3 Akkadian incantations from the second millennium which have duplicates.[42]

---

[38] See, e. g. VS 17, 23: "She is unwilling, crossed, like a tiny berry-fruit. Like an orchard fruit you(f.) come out to him. May the Tigris carry for you(f.) charcoal, *sangû*-objects, copper, lead of Susa! May it carry for you *sangû*-objects! Oh you, who pierces your(f.) eyes! Incantation (to calm) the fire of the heart".

[39] Male infertility, by contrast, is a problem that ancient Mesopotamian magic treats extensively, see Biggs, 1967.

[40] The Bible offers ready examples: Sarah (Genesis 11:30), Rebecca (Genesis 25:21); Rachel (Genesis 29:31; 30:22); Samson's mother (Judges 13:2); Samuel's mother, Hannah (1 Samuel: 1:5) – all these women were barren and only through a miracle could bear a child. The insistence of the storyteller on divine intervention in the case of these women clearly intends to convey that it was not magic that helped them, but god (cf., however, Genesis 30: 14–18), proving dialectically the prevalence of magic in such cases.

[41] CT 4, 8a; PBS 1/2, 122; PRAK 2 C 1; RA 36, 3; RA 36, 4; RA 70; YOS 11, 35; YOS 11, 67.

[42] TIM 9, 65//TIM 9, 66; YOS 11, 15//YOS 11, 29; YOS 11, 16a//YOS 11, 77b.

The insignificant number of cases of bilingualism and duplication led me to the conclusion that incantations were a genre whose milieu was not the scribal school, the Edubba. Or, put more cautiously, incantations were not part of the curriculum of pupils in the Edubba. I proposed the "one person – two functions" model,[43] according to which OB incantations were not written by scribes, but by magicians who happened also to be scribes. In other words, OB incantations were written by magicians who could write, not by scribes whose task was magic. One such scribe is known to us: Bēlšunu, son of Lu-Lisina from Tell-Ḥaddad, ancient Meturan, in whose house one Akkadian incantation was found, among several Sumerian incantations and a variety of literary texts.[44] As a rule, however, OB magicians, literate or illiterate, remain nameless, and even if they appear in the texts, through the first person voice (as, e. g. "I will enchant myself! I will inseminate my body! As the river ... has inseminated itself", TIM 9, 73b: 4–7),[45] they do not break the anonymity of their profession.

4.3 The question of master-texts

Magical material from the Classical World and from Late Antiquity attests to texts which were used by magicians as prototypes for their work. Following Gager (1992) these tablets can be called prototypes, or master-texts. Is it possible that most, if not all, of the incantations at our disposal were master-texts? This assumption, if proven, would provide an explanation for the almost complete absence of personal names in the corpus. An easy way to identify a master-text is through a general formula which is supposed to be replaced with the client's specific name. Such a formula is known in Akkadian: *annanna mār annanna ša ilšu annanna*, "Mr. So-and-so, the son of So-and-so, whose god is So-and-so". In our corpus this formula is found in only two incantations.[46] Does that mean that we have only two master-texts in the corpus? No. The formula *annanna mār annanna* is a sufficient, but not necessary, condition for a master-text. Other parameters are needed.

4.4 Collections of incantations

The incantations in some multi-text tablets are thematically related.[47] These collective tablets, I believe, served the magician, rather than the ailing individual. These small collections of incantations were used, I suggest, by the professional healer or scribe as folders for thematically related texts. The function of such folders was

[43] Wasserman, 2003, 182. Note the beginning of the proverb d u b - s a r p e - e l - l á l ú - m u$_7$- m u$_7$- m a - k a, "a disgraced scribe becomes an incantation-priest" SP Coll. 2.54 (ETCSL translation. Reference courtesy Jens Høyrup).

[44] Cavigneaux, 1999.

[45] See also YOS 11, 16b: 7 and see also YOS 11, 14c: 12.

[46] YOS 11, 12a: 6 (a multi-text tablet), 13 and YOS 11, 13: 7, 9 (a single-text tablet).

[47] AMD 1 (YBC 804) a–c (witchcraft); TIM 9, 66 (reptiles); YOS 11, 4a–b (reptiles); YOS 11, 5a–d (worms); YOS 11, 9a–b (diseases); YOS 11, 69a–d (agricultural pests); YOS 11, 86 (birth and labor); ZA 75 (IB 1554) a–f (love).

connected to the master-texts mentioned above; it is easy to imagine a literate magician turning to consult such a collection when a client asked for help in a particular matter.[48]

4.5 Incantations and medical texts

My last remarks concern the relation of magical and medical texts. As mentioned at the outset, magic and medicine in the earlier periods of Mesopotamia are intimately connected. The professionalization of medical knowledge, which is manifested in therapeutic and diagnostic series, is known already from the OB times as BAM 393 proves. The professionalization of medicine was no doubt connected to the consolidation of the profession of the exorcist, or the ritual expert whose cultic and social position grew in prestige during the first millennium BCE.

The distinction, or more accurately the exact relation – be it exclusive or complementary – between the professions of the ritual expert, the exorcist (*āšipum* or *mašmaššum*) and the physician (*asûm*), is a matter of long and heated debate. I will refer only to Geller's 2010 monograph *Ancient Babylonian Medicine: Theory and Practice*,[49] and close this paper by mentioning one text from the OB corpus that sheds light on the problem of the *Sitz-im-Leben* of early incantations and their relation to medicine.

YOS 11, 29 is a multi-text tablet which starts with a series of medical diagnostic passages and ends with an incantation. This combination offers a convincing indication of the joint professional milieu of magic and medicine in the OB Period. It is also not accidental that the incantation with which this tablet culminates partially duplicates another incantation (YOS 11, 15) – not a common phenomenon, as we have stressed already – proving that this tablet was a product of scholarly effort. Neat correspondences between OB incantations against diseases and OB medical texts, and between these incantations and various lexical lists,[50] furnish further support for the fact that already in the early second millennium, incantations with medical foci started being thematically gathered, standardized,[51] and even serialized – a massive editorial process which will become evident in the Middle Babylonian Period and reach its peak in the first millennium BCE.

Abbreviations and references

AMD = T. Abusch / K. van der Toorn (eds.), *Mesopotamian Magic. Textual, Historical, and Interpretative Perspectives* (Ancient Magic and Divination I). Groningen: Brill, 1999.

AO = Museum siglum Louvre (Antiquités orientales).

---

[48] It is important to note though that one of these collections, the tablet IB 1544 from Isin, was very likely given to an individual client and used by him.

[49] Geller, 2010, 164–166.

[50] Wasserman, 2007, 40–61.

[51] See the similarities between the 8 OB incantations against various diseases: CT 42, 32, Fs. Stol (LB 1000), JCS 9a, JCS 9b, RA 88b, YOS 11, 8, YOS 11, 9, YOS 11, 10.

BAM I–VI = F. Köcher, *Die babylonisch-assyrische Medizin in Texten und Untersuchungen*. Berlin / New York: De Gruyter, 1963–1980.

BM = Museum siglum of the British Museum, London.

BIN = *Babylonian Inscriptions in the Collection of J. B. Nies*. New Haven: Yale University Press, 1918 ff.

CBS = Museum siglum of the University Museum in Philadelphia (Catalogue of the Babylonian Section).

CT = *Cuneiform Texts from Babylonian Tablets in the British Museum*. London: The British Museum, 1896 ff.

CUSAS = Cornell University Studies in Assyriology and Sumerology.

ETCSL = *Electronic Text Corpus of Sumerian Literature* (Oxford). (http://etcsl.orinst.ox.ac.uk)

H = field numbers of tablets excavated at Tell Ḥaddad.

IB = Ishan Bahriyat, Isin excavation sigla.

IM = Museum siglum of the Iraq Museum in Baghdad.

JCS = *Journal of Cuneiform Studies*. Baltimore: The Baghdad School of the American Schools of Oriental Research, 1947 ff.

JNES = *Journal of Near Eastern Studies*. Chicago: The University of Chicago Press, 1942 ff.

KAL 4 = S.M. Maul / R. Strauß, *Keilschrifttexte aus Assur literarischen Inhalts* 4 (Wissenschaftliche Veröffentlichungen der Deutschen Orientgesellschaft 133). Wiesbaden: Harrassowitz, 2011.

KAR = E. Ebeling, *Keilschrifttexte aus Assur religiösen Inhalts* I/II (Wissenschaftliche Veröffentlichungen der Deutschen Orientgesellschaft 28/34). Leipzig: Hinrichs, 1919/1923.

kt = Inventory numbers of Kültepe texts.

LB = Tablets in the de Liagre Bohl Collection (Leiden).

LKA = E. Ebeling, Literarische *Keilschrifttexte aus Assur*. Berlin: Akademie Verlag, 1953.

MDP = *Mémoires de la Délégation en Perse*. Paris: Paul Geuthner, 1900 ff.

MS = Inventory numbers of Martin Schøyen Collection.

NBC = Nies Babylonian Collection, siglum of the Yale Babylonian Collection, New Haven.

OBTI = S. Greengus, *Old Babylonian Tablets from Ishchali and Vicinity*. Leiden: Nederlands Historisch-Archaeologisch Instituut te Istanbul, 1979.

PBS = University of Pennsylvania, *Publications of the Babylonian Section*. Pennsylvania: The University Museum, 1911 ff.

PRAK = H. de Genouillac, *Premières recherches archéologiques à Kich*, I-II. Paris: Champion, 1924/25.

RA = *Revue d'Assyriologie et d'Archéologie Orientale*. Paris: Presses Universitaires de France, 1886 ff.

RIME = *The Royal Inscriptions of Mesopotamia, Early Periods*. Toronto / Buffalo / London: University of Toronto Press, 1990 ff.

Sb = Museum siglum Louvre (Susiane).

SP = E. I. Gordon, *Sumerian Proverbs*. Philadelphia: University Museum, 1959.

STT = O. Gurney / J. Finkelstein, *The Sultantepe Tablets*, I/II. London: British Institute of Archaeology at Ankara, 1957/1964.

TA = field numbers of tablets excavated at Tell Asmar.

TIM = *Texts in the Iraq Museum.* Baghdad: al-Mathaf al-'Iraqi / Wiesbaden: Harrassowitz, 1964 ff.

TLB = *Tabulae Cuneiformes a F.M.Th. de Liagre Böhl collectae.* Leiden: The Netherlands Institute for the Near East, 1954 ff.

UET = *Ur Excavations. Texts.* London: The British Museum, 1928 ff.

VAT = Museum siglum of the Vorderasiatisches Museum, Berlin (Vorderasiatische Abteilung. Tontafeln).

VS = *Vorderasiatische Schriftdenkmäler der (Königlichen) Museen zu Berlin.* Leipzig / Berlin, 1907 ff.

YBC = Tablet siglum, Yale Babylonian Collection (New Haven).

YOS = *Yale Oriental Series, Babylonian Texts.* New Haven: Yale University Press, 1915 ff.

ZA = *Zeitschrift für Assyriologie und verwandte Gebiete*, (from 1939) *und Vorderasiatische Archäologie.* Leipzig / Berlin: De Gruyter, 1886 ff.

Biggs, R. D., 1967. *ŠÀ.ZI.GA, Ancient Mesopotamian Potency Incantations* (Texts from Cuneiform Sources 2). Locust Valley, New York: Augustin.

Cavigneaux, A., 1999. "A Scholar's Library in Meturan?" In: T. Abusch / K. van der Toorn (eds.) *Mesopotamian Magic*: *Textual, Historical and Interpretative Perspectives* (Ancient Magic and Divination 1). Groningen: Styx, 251–273.

Charpin, D., 1987. "Notices prosopographiques 2: Les descendants de Balmunamhe." *Nouvelles Assyriologiques Brèves et Utilitaires* 1987/2 no. 36.

Cunningham, G., 1997. *Deliver me from Evil. Mesopotamian Incantations 2500–1500 BC.* Studia Pohl Series Maior 17. Rome: Pontificio Istituto Biblico.

Dyckhoff, C., 1998. "Balamunamḫe von Larsa – eine altbabylonische Existenz zwischen Ökonomie, Kultus und Wirtschaft." In: J. Prosecky (ed.) *Intellectual Life of the Ancient Near East. Papers read at the 43rd Rencontre Assyriologique Internationale, Prague, July 1–5, 1996.* Prague: Oriental Institute, 117–124.

— 1999. *Das Haushaltsbuch des Balamunamḫe.* PhD thesis, Ludwig-Maximilians-Universität, München.

Fales, F. M. / L. Milano (eds.), 1989. *Prima dell'alfabeto. La storia della scrittura attraverso testi cuneiformi inediti* (Studi e documenti 4). Venezia: Erizzo.

Farber, W., 1981. "Zur älteren akkadischen Beschwörungsliteratur". *Zeitschrift für Assyriologie und vorderasiatische Archäologie* 71, 51–72.

— 1989. *Schlaf, Kindchen, Schlaf! Mesopotamische Baby-Beschwörungen und -Rituale.* Winona Lake: Eisenbrauns.

Frayne, D. R., 1990. *Old Babylonian Period (2003-1595 BC)* (The Royal Inscriptions of Mesopotamia Early Periods 4). Toronto / Buffalo / London: University of Toronto Press.

Fronzaroli, P., 1998. "A Pharmaceutical Text at Ebla (TM.75.G.1623)". *Zeitschrift für Assyriologie und vorderasiatische Archäologie* 88, 225–239.

Gager, J. G., 1992. *Curse Tablets and Binding Spells from the Ancient World.* Oxford / New York: Oxford University Press.

Geller, M. J., 2010. *Ancient Babylonian Medicine*: *Theory and Practice.* Chichester: Wiley-Blackwell.

Gesche, P., 2000. *Schulunterricht in Babylonien im ersten Jahrtausend v. Chr.* (Alter Orient und Altes Testament 275). Münster: Ugarit-Verlag.

Groneberg, B., 2003. "Searching for Akkadian Lyrics: From Old Babylonian to the 'Liederkatalog' KAR 158". *Journal of Cuneiform Studies* 55, 55–74.

Lambert, W. G. 1976. "An Old Babylonian Letter and Two Amulets." *Iraq* 38, 57–64.

Maul, S. M. 1994. *Zukunftsbewältigung. Eine Untersuchung altorientalischen Denkens anhand der babylonisch-assyrischen Löserituale (Namburbi)* (Baghdader Forschungen 18). Mainz: von Zabern.

Michalowski, P., 1992. "The Early Mesopotamian Incantation Tradition". In: P. Fronzaroli (ed.) *Literature and Language at Ebla* (Quaderni di Semitistica 18). Firenze: Dipartimento di Linguistica, Università di Firenze, 305–326.

Robson, E., 2008. *Mathematics in Ancient Iraq: A Social History*. Princeton / Oxford: Princeton University Press.

Sigrist, M., 1987. *On the Bite of a Dog*. In: J. H. Marks / R. M. Good (eds.) *Love and Death in the Ancient Near East: Essays in Honor of Marvin H. Pope*. Guilford: Four Quarters, 85–88.

Van de Mieroop, M., 1987. *Crafts in the Early Isin Period: A Study of the Isin Craft Archive from the Reigns of Išbi-Erra and Šū-Ilišu* (Orientalia Lovaniensia Analecta 24). Leuven: Departement Oriëntalistiek.

Van Dijk, J. J. A. / M. J. Geller, 2003. *Ur III incantations from the Frau Professor Hilprecht-Collection, Jena.* Wiesbaden: Harrassowitz.

Wasserman, N., 2007. "Between Magic and Medicine – A Propos of an Old Babylonian Therapeutic Text Against Kurārum Disease". In: I. L. Finkel / M. J. Geller (ed.) *Disease in Babylonia* (Cuneiform Monographs 36). Leiden / Boston: Brill, 40–61.

Wilcke, C., 1985: "Liebesbeschwörungen aus Isin". *Zeitschrift für Assyriologie und Vorderasiatische Archäologie* 75, 288–309.

Wu, Y., 2001. "Rabies and Rabid Dogs in Sumerian and Akkadian Literature." *Journal of the American Oriental Society* 121, 32–43.

Zawadzki, S. / M. Jursa, 2001. "Šamaš-tirri-kuṣur, a Smith Manufacturing Weapons in the Ebabbar Temple at Sippar". *Wiener Zeitschrift für die Kunde des Morgenlandes* 91, 347–363.

Figure 1: Elongated tablet: CBS 332. Length 15.9 cm, Width 7.2 cm; Ratio: 2.2.
Adam Falkenstein, PBS 1/2, 122.

Figure 2: Letter-like (portrait-oriented) tablet: NBC 1265.
Length 6.7 cm, Width 4.5 cm; Ratio: 1.48.
BIN 2, 72 (Courtesy Benjamin R. Foster, Curator of the
Yale Babylonian Collection).

Figure 3: Square tablet: BM 79125. Length 4.6 cm, Width 4.7 cm; Ratio: 0.97. The online catalogue of the British Museum.

Figure 4: Landscape-oriented tablet: MS 3949.
Length 3.5 cm, Width 5.3 cm; Ratio: 0.66.
Andrew R. George, CUSAS 10, no. 19.

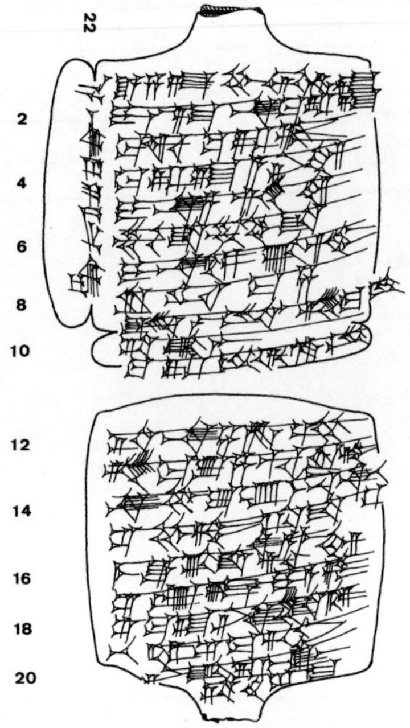

Figure 5: *tabula ansata*: kt 94/k, 821. Length 5.3 cm, Width 1.5 cm; Ratio 3.5.
Cécile Michel, Orientalia 66, 1997, 61.

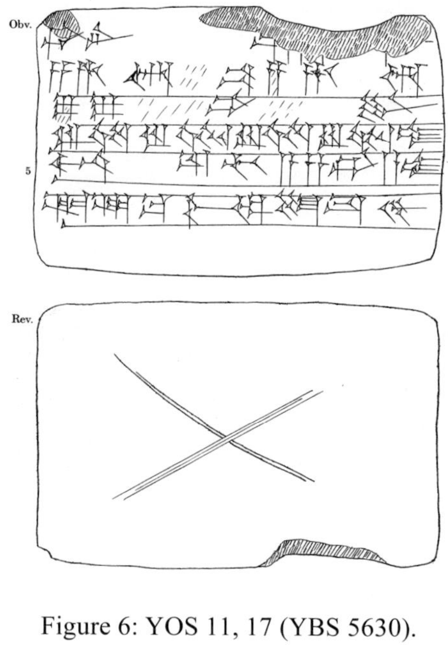

Figure 6: YOS 11, 17 (YBS 5630).
Johannes J. A. van Dijk, YOS 11, 17.

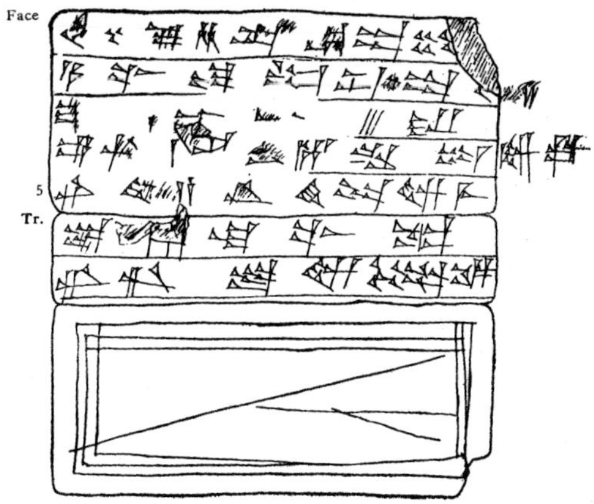

Figure 7: MDP 18, 253 (= Sb 19320).
Jean-Vincent Scheil, MDP 18, 253.

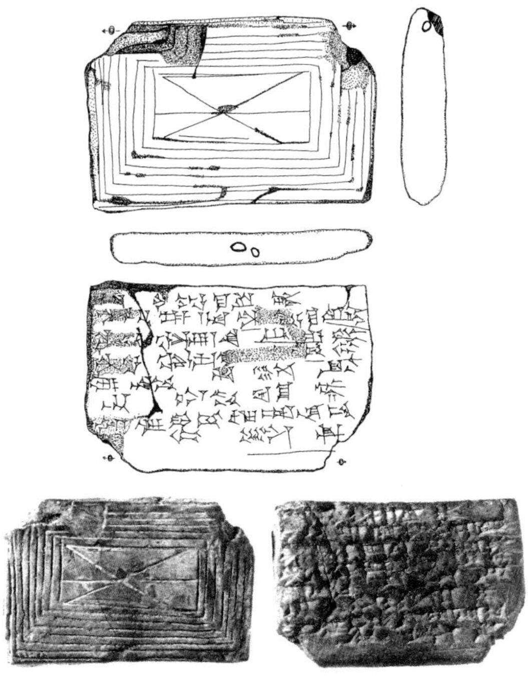

Figure 8: RA 88, 52 (= BM 78613).
Nathan Wasserman, RA 88, 52.

Figure 9: TIM 9, 68 (= IM 11087).
Johannes J. A. van Dijk, TIM 9, 68.

Figure 10: RA 66, 141 (= AO 7682).
Jean Nougayrol, RA 66, 141.

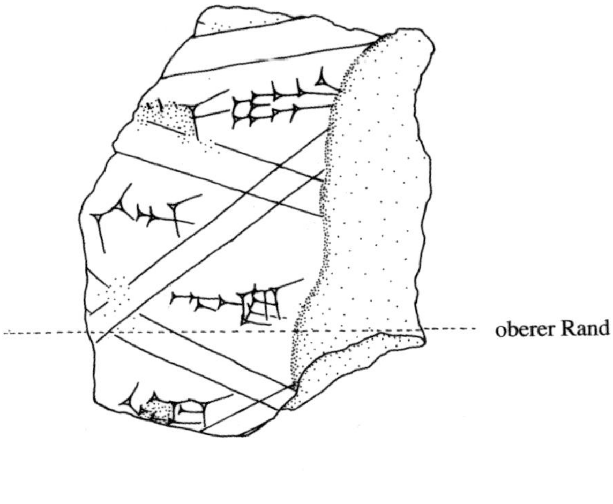

Figure 11a: Stefan M. Maul / Rita Strauß, KAL 4, 23.

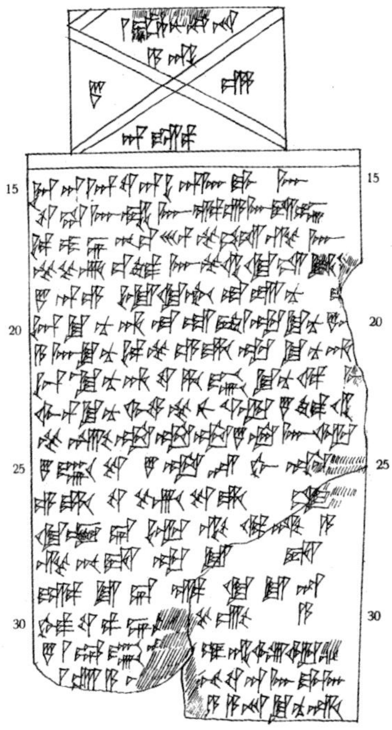

Figure 11b: Erich Ebeling, KAR 35.

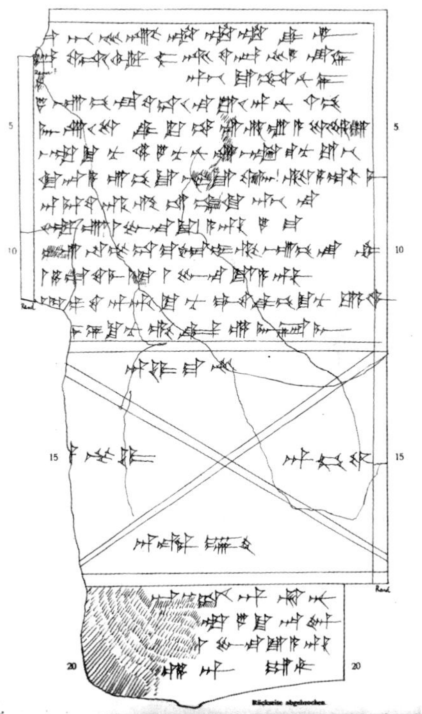

Figure 11c: Erich Ebeling, KAR 37.

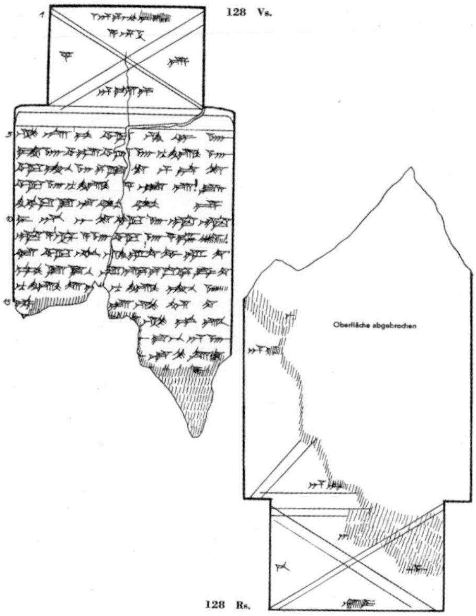

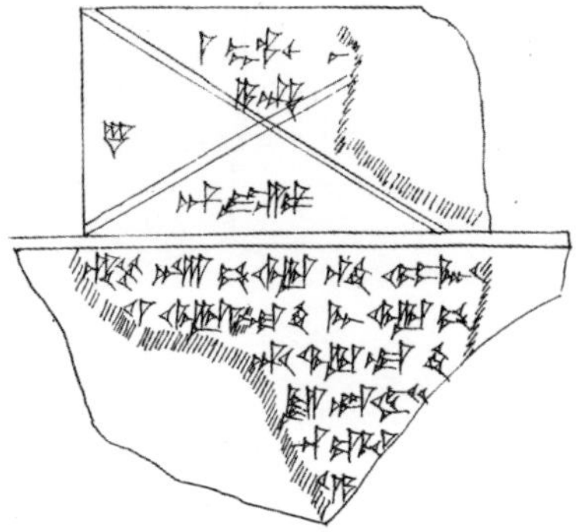

Figure 12a: Erich Ebeling, LKA 128.

Figure 12b: Erich Ebeling, KAR 120.

snakes **dogs** **love-related**

Figure 13: VAT 8363, VAT 8355, VAT 8354.
Courtesy of Joachim Marzahn, the Curator of Vorderasiatisches Museum, Berlin.

Normative structures in Mesopotamian rituals

A comparison of hand-lifting rituals in the second and first millennium BC[1]

Daliah Bawanypeck, Goethe-University, Frankfurt/Main

Abstract

Mesopotamian rituals and incantations are transmitted on clay tablets from all over Mesopotamia dating from the third to the first millennium BC. They provide insight into the concepts of Mesopotamian written knowledge and the work of the scholars. But what do they tell us about continuity and ritual traditions?

The study focuses on Akkadian hand-lifting rituals (šu-ila), which are handed down on a large number of copies of the first millennium from many Assyrian and Babylonian sites, indicating that the knowledge of the texts was part of the education of ritual experts. Forerunners of some of those rituals were found in the Syro-

[1] I would like to thank Annette Zgoll who read an early version of the manuscript for her notes and improvements. My thanks also go to Susanne Bernhart and Paul Warner for their English proof-reading support.

Hittite area and can be dated back to the second half of the second millennium. The texts are examined with respect to their content and structure, the formatting of the tablets and the ritual experts. The analysis will show that they already contain typical elements of the late šu-ilas and present peculiarities which demonstrate that – although so far, we do not know any earlier šu-ila rituals from Mesopotamia – written prototypes must have also existed in this region.

1. Introduction

Mesopotamian rituals are well documented in the cuneiform sources.[2] Handed down on clay tablets over a long period of time these rituals provide an insight into the normative structures and concepts of knowledge in the Mesopotamian civilization and the work of Babylonian and Assyrian scholars.

1.1 Mesopotamian rituals

In the framework of the present study, rituals are seen as prescribed procedures – actions and words – for conducting religious ceremonies bound to a specific event and performed by specialists of the professional classes *āšipu*[3] (ritual expert, "exorcist"), *bārû* ("diviner") and *kalû* ("lamentation-priest"). The rules for their proper performance, such as specific actions, recitation of corresponding religious texts, the order of their implementation and repetition are set out in ritual instructions. Individual rituals or sequences of them – for example incantations[4] – can be combined as parts of other rituals (Sallaberger, 2007, 428). In many cases incantations and prayers of worshippers turning to a deity in personal matters contain instructions for ritual actions that are to take place during the recitation (Sallaberger, 2007, 423). In the Old Babylonian (OB) period (about 2000–1600 BC) especially Akkadian incantations that were collected on multi-text tablets[5] were accompanied by ritual instructions (see Wasserman in this volume, p. 53). During the first millennium BC incantations could be grouped into series, organized by topic or by the name of the specific ritual (Sallaberger, 2007, 428).

According to Mesopotamian conception gods and demons were part of the Mesopotamian world. Gods created human beings to be served by them. The people had to cultivate the land and to provide the deities with residences, clothes and food.

---

[2] Sallaberger, 2007, provides a summary of Mesopotamian rituals; a historical overview of the ritual texts can be found there, 428–429.

[3] The "Exorcist's Manual" of the first millennium BC contains a list of texts that were relevant for the education of an *āšipu* (Geller, 2000, 242–254). The list is handed down on copies found in Aššur, Nineveh, Babylon, Sippar and Uruk. The repertoire comprises cultic rituals, prayers, rituals for appeasing angry deities, purification rituals, medical and magical rituals and incantations and also pharmacological texts and recipes. A brief overview of the listed texts can be found in Schwemer, 2011, 421–422. The *āšipu* was required in all kinds of crises that arose because the relationship between humans and gods was disturbed (Frahm 2002, 83).

[4] For a short definition of incantation texts, see Wasserman in this volume, p. 49 note 9.

[5] The use of the term "multi-text tablet" (compilation tablet, "*Sammeltafel*") refers to Wasserman's article in this volume.

They had to worship them and to perform their cults. A prosperous life was only possible in harmony with the gods.[6] Rituals were used for communication with the gods,[7] to obtain divine favor or to retain it. Rituals helped to deal with crises and calamity and gave support during specific life situations. They were also used to ward off impending dangers.

The textual corpus consists of Sumerian and Akkadian rituals and incantations coming from all over Mesopotamia and some places in Syria and Anatolia, dating from the third to the first millennium BC.

Calendric rituals were situated in the temple cult. They were performed cyclically and structured the cultic course of the year. The main festivals included processions in which the cult statues of the deities were presented to the population. This allowed the people to get into contact with the gods directly. The most prominent festival is the New Year festival of Babylon (*akītu*). It took place at the beginning of the month *nisannu* in spring, lasted for eleven or up to twelve days and consisted – like all religious festivals – of numerous rituals.[8]

Changes and innovations in the cultic cycle had to be assured through specific rituals (Sallaberger, 2007, 425). These include, for example, rituals for the foundation of a temple (Ambos, 2004) and mouth-washing (*mīs pî*) or mouth-opening (*pīt pî*) rituals that were carried out on the occasion of the induction of a cult statue (Walker / Dick, 2001).

Rites of passage help to cope with new life situations. In Mesopotamia such rituals were performed at weddings, funerals and at the ordination of priests. Coronation rituals supported the investiture of a king.

A large number of Mesopotamian rituals served to appease the gods and restore the proper world order in situations of crises. For this purpose the subject was exposed to various cathartic and therapeutic rites that were intended to purify him and to banish the evil (i. e. impurities, diseases, sorcery) by elimination or directing it to a substitute that could be removed permanently. Many of these texts represent medical and magical rituals against diseases caused by demons, curses and witchcraft, for example the extensive rituals *Maqlû* "Burning" (Abusch / Schwemer, 2006) and *Šurpu* "Burning" (Reiner, 1958; Borger, 2000). Birth rituals and incantations gave support during the difficult situation of childbirth.[9] At this time, the life of the mother and the unborn or neonate was exposed to the attacks of the demoness Lamaštu (Wiggermann, 2000). Release rituals (e. g. the large group of *Namburbi* rituals, Maul, 1994) and other rituals against evil omens were used to avert crises that had

---

[6] The background is the Mesopotamian conception of the human body, which – like a house – is considered as a place where various numinous beings (gods, demons, spirits) could rest and manifest themselves (Zgoll, 2012).

[7] For communication between humans and gods in rituals generally, see Zgoll, 2007, 325.

[8] Zgoll, 2006 offers the most comprehensive presentation of the structure and interpretation of the *akītu* festival involving all previously known sources and emphasizes the central importance of the mythical text *Enūma eliš* "When on high (the heaven had not been named)" for the festival. For the processions of the *akītu* festival, see Pongratz-Leisten, 1994.

[9] For incantations that were recited before or at birth, see Stol, 2000, 59–70.

been indicated by ominous signs. A solar eclipse announced the greatest disaster – the impending death of the king. It could only be warded off with the help of the "Substitute King Ritual", during which a surrogate was placed on the throne and put to death as soon as the evil had passed.[10]

Prophylactic rituals offered protection against future evil signs, but also against threatening dangers on travels or expeditions. War rituals were conducted for the protection of the army before a campaign.

Most of the preserved rituals were written down on clay tablets during the first millennium BC. For the best known of these texts no predecessors dating to the second millennium could be identified so far. From isolated, less well-known rituals, however, older versions are retained.

These texts include some Akkadian hand-lifting rituals (šu-ila). The precursors date to the second half of the second millennium and come from the Syro-Hittite area (Boğazköy/Ḫattuša[11] and presumably Meskene/Emar).

1.2 Mesopotamian texts in Hittite archives

The tablet collections of the Hittite Empire (about 1650–1180 BC) were stored in the context of government and administration. Private archives are unknown. Most archives come from the Hittite capital Ḫattuša where around 30,000 mainly Hittite, but also Luwian, Palaic, Hattian, Hurrian, Sumerian and Akkadian cuneiform tablets and fragments were found. About two-thirds of the texts, like festivals, rituals, incantations, hymns, prayers and vows, have religious content. In addition the archives contained myths, epics and other narratives, mantic texts, historiographical texts (treaties, edicts and royal annals), legal documents (laws, land grants, court records), instructions for officials, letters and administrative documents (inventories, lists and receipts from palace and temple management, cult inventories, and library texts as catalogues and labels). Mesopotamian literature from Ḫattuša belongs in particular to the genres mythology, ritual, magic and religion, interpretation of signs and extispicy, lexical lists and *Übersetzungsliteratur* (like hymns and narratives).[12] The texts reached the Hittites via Western Syria (e. g. Meskene/Emar, Ras Shamra/Ugarit) and – by contact with the Hurrian culture – Upper Mesopotamia. In Babylonia

---

[10] Bottéro, 1992, 138–155 provides an overview of the purpose and procedure of the Substitute King Ritual (*šar pūḫi*).

For the need of such rituals caused by solar and lunar eclipses concerning the portion of the disc that represented the area of Subartu during the reigns of Esarhaddon and Ashurbanipal, see Parpola, 1986, pp. XXII–XXXII.

[11] In the online catalogue *Sources of Early Akkadian Literature* (SEAL) the possible precursors from Ḫattuša are listed under 5.3.25.1, 5.3.25.3, 5.3.25.4–6 (Middle Babylonian/Assyrian incantations: šu-ila and *mīs pî*) and 2.3.14.5 (Middle Babylonian/Assyrian hymns and prayers: Šamaš).

[12] The *Catalogue of Hittite Texts* (CTH) lists all Hittite texts sorted by topic. Mesopotamian texts are recorded under catalogue numbers CTH 299–309, 310–316, 341, 347, 531–558, 792–819. Quantity and titles of the texts give an impression of the diversity of Mesopotamian literature in Hittite archives.

and Assyria many of the Mesopotamian texts found in Ḫattuša are only known from textual evidence from the first millennium.

2. Hand-lifting rituals

Hand-lifting rituals of the first millennium are preserved in several copies of various Mesopotamian cities. The texts from Assyria – mostly dating to the late eighth and seventh century – come from Nineveh (Library of Ashurbanipal), Aššur, Nimrud and Sultantepe. The Neo- and late-Babylonian (NB) text witnesses were found in Babylon, Sippar and Uruk. Although coming from different sites, the wording of the rituals often differs only slightly.

The analysis of ritual traditions will focus on the content and structure of the texts, the formatting of the tablets and the ritual experts.

2.1 Preliminary remarks on hand-lifting rituals

Hand-lifting rituals owe their name to the Sumerian term ŠU.ÍL.LÁ "raised hand" in the rubric.[13] The gesture is used to greet the deity and to establish a favorable relationship to the divine sphere (Frechette, 2012, 9).

Categorizing the šu-ila rituals according to their languages and ritual experts, three main categories can be distinguished: Emesal šu-ila rituals performed by the *kalû*, Sumerian šu-ila rituals recited by the *āšipu* in the context of *mīs pî* rituals, and, the largest text group, Akkadian šu-ila rituals which are also carried out by the *āšipu*.[14]

Akkadian šu-ila rituals[15] support the petitioner on various concerns in which he appeals to a deity – e. g. the plea for health, offspring, social integration or the request to be released from sorcery or evil omens (Zgoll, 2003b, 40–41). So far, more than 70 Akkadian šu-ila rituals are known, being addressed to 26 different deities, who are more likely high ranking gods like Marduk, Ištar and Šamaš than personal deities (Zgoll, 2003c, 182; Zgoll, 2003a, 22).[16]

---

[13] See Frechette 2012, 1–2 with note 2 on the use of the term "rubric" regarding prayers and incantations.

Zgoll, 2003a, 21–22 separates the text corpus of Akkadian hand-lifting rituals from other Mesopotamian prayers on the basis of the rubric ŠU.ÍL.LÁ and further similarities that relate to the invoked deities and the structure of the texts.

[14] Frechette, 2012, 2–5 presents a brief overview of these three groups and their characteristics.

[15] Zgoll, 2003a, 9–39 offers an extensive introduction to this text group.

[16] Frechette, 2012, 4 includes more than 100 different rituals that have been handed down on over 300 copies. About 80 of these texts are identified explicitly as šu-ila by a rubric.

Akkadian šu-ila rituals are audience-ceremonies between a supplicant and a deity.[17] The right time and location, appropriate clothing, the performance of purification rites, sacrifices, and the actions of the petitioner are of importance for a successful outcome.

The right time to perform the šu-ila ritual
- at night-time
- at the rising of the sun

Place and preparative actions
- rooftop
- riverbank
- chamber of a sick person

Cleaning of the place (by sweeping and sprinkling of water)
Cleaning of the person
Burning of incense and other aromatic substances[18]

Libations (beer, wine, water)
Food offerings (flour, honey, lard)
Rarely: Sacrifices of animals
- Actions of ritual client (supplicant) being introduced by the *āšipu*, who directs the ritual and recites the prayer before the supplicant repeats it
- Invocation: Attracting the deity, presenting offerings, proskynesis of the supplicant, praising the deity
- Supplication: Description of the supplicant's distress; recitation of prayer(s)
- Benediction: Expression of thanks and blessings, praising the deity, possibly further proskynesis

In the first millennium BC a completely preserved Akkadian šu-ila ritual is ideally structured as follows: The text begins with the Sumerian term ÉN (Akkadian *šiptu*) "incantation". This is followed by invocation, supplication – which may consist of several petitions – and benediction including a doxology. In some cases the client is mentioned, stereotyped as "NN, son of NN" and possibly identified by his personal deities "NN, whose god/goddess is NN".[19] The typical subscription rubric reads KA.INIM.MA ŠU.ÍL.LÁ ^{d}X.KAM "wording of the lifted hand(s) to the deity X".[20]

---

[17] On the structure, elements and functions of šu-ila rituals in detail, see Zgoll, 2003c. She compares the structure of such rituals with the audience of a supplicant received by a high-ranking authority.

[18] For the various functions of burning incense (purification, sacrifice, attracting a deity), see Zgoll, 2003b, 29–30.

[19] Šu-ila Ištar 10 line 9 (texts A, B, D, E); see Zgoll, 2003a, 110, 117.

[20] Zgoll, 2003a and 2003c shows that the term ŠU.ÍL.LÁ is taken from the raised hand gesture of prayer. When it occurs in the rubric of a prayer it refers to what the supplicant has to

It is followed by the ritual instruction in which time, place, preparative actions, the number of prayers and recitations and the rules for prostration may be mentioned. The text finishes with the colophon, which may be preceded by a catchline of the following šu-ila ritual.

Some colophons of šu-ila rituals show that the ritual was written down by the *āšipu* himself (e. g. Ištar 2.A, see below). Sometimes the colophons include a statement that the texts have been faithfully copied from the original (e. g. Ištar 10.D lines 8–10). The damage of templates was mentioned, too.

2.2 Šu-ila rituals of the second millennium BC

Šu-ila rituals dating from the second millennium are so far only known from the Syro-Hittite area. A total of seven texts can be considered for the classification as šu-ila rituals: 1. KUB 37.36 obv. II 5'(+)KUB 37.37; 2. tablet from the *Archäologische Staatssammlung München*; 3. KUB 4.26 fragment A; 4. KBo 1.12; 5. KBo 9.44; 6. KUB 37.115+KBo 7.1+ KBo 7.2 obv.; 7. KUB 37.115+KBo 7.1+KBo 7.2 rev.

None of these texts bears a rubric that would identify it explicitly as a šu-ila. Texts 1, 2 and 3, which represent the older versions of the hand-lifting rituals Ištar 2, Ištar 10 and Adad 1a can certainly be categorized as Akkadian šu-ila rituals. The other texts are prayers or hymnic invocations addressed to Šamaš (texts 4, 5 and 7) and Marduk (text 6). They share some similarities with šu-ila rituals.

2.2.1 KUB 37.36 obv. II 5'(+)KUB 37.37 (Ištar 2.F)

2.2.1.1 Copies of šu-ila Ištar 2

The Akkadian šu-ila Ištar 2 is handed down on eight copies, most of them published by Annette Zgoll.[21] The different versions of Ištar 2 are also subject of Anna Elise Zernecke's Ph.D. study.[22] She includes the copies from Aššur, which were published in 2011 by Stefan M. Maul and Rita Strauß (KAL 4, texts 55 and 56).

The full text (Ištar 2.A) is provided on the NB tablet BM 26187, which was acquired in 1898 from the art market (autograph copy in STC II, Plates 75–84; photograph in Sigrist et al. 2006). The elongated single column tablet is completely intact. The obverse is inscribed with 56, the reverse with 57 lines. The colophon (lines 112–113) reads "Original (from) Borsippa. According to its original Nergal-balāssu-

---

say to a high-ranking deity during the audience-ritual. On the rubric šu-ila and the function of Akkadian šu-ila rituals, see also Frechette, 2012, 107–120.

[21] Zgoll, 2003a, 41–95; transliteration und translation of KUB 37.36 obv. II 5'(+)KUB 37.37 ibid., 55–59.

[22] Zernecke, 2011a, 77–192. An overview of the find spots and the dating of the copies of šu-ila Ištar 2 is offered ibid., 77–80. See also Zernecke 2011b.

iqbī, son of Ātamar-KAL.ME, the *āšipu,* has written it for his life, checked it and placed it permanently in Esagila."[23]

The other copies from the first millennium come from Nineveh (K 3417: Ištar 2.B; K 17519+K 17668: Ištar 2.C), Nimrud/Calaḫ (ND 4405/46: Ištar 2.E), Aššur (VAT 1117: Ištar 2.G; VAT 9826: Ištar 2.H) and possibly Babylon[24] (BM 34318: Ištar 2.D). The tablets from Aššur belong to the context of the Aššur temple (Zernecke, 2011a, 79) and the tablet from Calaḫ comes from a library in the temple of Nabû (Zgoll, 2003a, 29; Zernecke, 2011a, 78–79).

KUB 37.36 obv. II 5'(+)KUB 37.37 is listed as šu-ila Ištar 2.F (Zgoll, 2003a, 55–59). It was first published – along with the tablet KUB 31.141 which contains a Hittite version of the text – in 1967 by Erica Reiner and Hans Gustav Güterbock.

The fragments of KUB 37.36+ were found in 1932 and 1933 in Büyükkale, building A, the main archive of the royal residence in Ḫattuša, rooms 3, 4, 5. The paleography shows the characteristic style of Late New Script[25] (about 1250–1180 BC); the original probably dates from the late OB period (Reiner / Güterbock, 1967, 256).

The two column multi-text tablet with texts of Mesopotamian origin is preserved only fragmentarily. Šu-ila Ištar 2 is written down on the second and third column. The first column contained at least one other Akkadian text of which only the ends of 11 lined rows are preserved. All rows are blank, except for obv. I 8 (see hethiter.net/: PhotArch BoFN03211c). The text goes beyond the margin, running upward between the two lines which separate the columns:] *mar*$^{!}$*-ṣi-iš na-dì.*[26]

The beginning of the second column shows another poorly preserved text. It is written down in Sumerian and might be a ritual.[27] This text is separated from Ištar 2 by a double line (see hethiter.net/: PhotArch BoFN04538). The fourth column, which probably contained an additional text, is not preserved.

2.2.1.2 Comparison of the contents of šu-ila Ištar 2.A and 2.F[28]

The starting point for a substantive examination of the earlier and later versions of šu-ila Ištar 2 "I invoke you, mistress of mistresses, goddess of goddesses" is the long NB version 2.A. The content of the late duplicates is equivalent to version A.

The supplicant suffers from diseases that should be adjusted by the deity (cf. lines 40–42). In 2.A, the ritual starts with the term "invocation" which is written with the

[23] Translation according to Zgoll, 2003a, 54.

[24] Cf. Mayer, 1990, 477: 'aus Babylon$^{?}$'.

[25] Dating according to Košak, Konkordanz der hethitischen Texte (hethiter.net/: hetkonk).

[26] Reiner / Güterbock, 1967, 256 assume that this text could be another prayer.

[27] For the transcription see Reiner / Güterbock, 1967, 256.

[28] Zernecke, 2011a, 162–168 provides a comprehensive comparison of the Boğazköy versions and the later version Ištar 2.F. See also the comments on the linguistic characteristics of the texts in the works of Zgoll, 2003a, Zernecke, 2011b and Reiner / Güterbock, 1967.

usual Sumerogram ÉN (Akkadian *šiptu*). In contrast, 2.F offers the earlier sumerographic spelling ÉN É.NU.RU, which is already attested in the introductory formulae of invocations of the third millennium from Fara and Ebla. After the OB period, ÉN is used as an abbreviation for ÉN É.NU.RU (Krebernik, 1984, 197).

The invocation, which extends over 41 lines in 2.A is also present in the earlier version, but differs slightly. 2.F presents in obv. II 10'–11' two additional lines where Ištar is referred to as the "mighty one, cleverest among the Igigi, who is valiant among the gods, [her] brothe[rs]".[29] On the other hand, the lines 2.A 25–26 are lacking in 2.F.

In the combination of the words "heaven and earth" both versions mention first "earth" and then "heaven" (2.A line 13/2.F obv. II 15'). This interchange is not attested in other prayers (Zgoll, 2003a, 62).

In 2.A, the supplication comprises the lines 42–100. It is divided into three petitions (42–55, 56–94, 95–100), each of them containing the refrain[30] "look on me firmly" (44, 54, 92). The first petition, in which the goddess is asked for mercy, is almost completely missing in the earlier version, but there is a corresponding passage in the invocation (2.F obv. II 24'–27'). In 2.A, the second petition starts with two verses beginning with the words "How long yet, my mistress, ... ". The earlier version omits the first verse. Shortly after the beginning of the second verse the second column breaks off. Just above the break a horizontal line is visible, which seems to be a sidebar (*Randleiste*), pointing to the end of the second column (see hethiter.net/: PhotArch BoFN03659a). Therefore only 2–3 lines of the rest of the second petition are missing at the beginning of the third column, which must consequently have been very short (see also Reiner / Güterbock 1967, 262 with note m). The third column presents the end of the prayer (see hethiter.net/: PhotArch BoFN03658a). There are six incomplete lines which don't find a match in the late version. The refrain in 2.F rev. III 2' indicates a further petition. This has been replaced by a plea for attention in 2.A lines 95–100.

The benediction (2.A lines 101–105) does not exist in the early version. The rubric (2.A line 106) is almost completely illegible in 2.F rev. III 7'.

Due to the poor condition of 2.F rev. III 6'–8' it is not clear whether there is a ritual instruction similar to 2.A lines 107–110. Another possibility is that the three lines belong to a colophon which refers to šu-ila Ištar 2. In this case the multi-text tablet would present several prayers without accompanying ritual instructions.

2.2.2 Tablet from the *Archäologische Staatssammlung München* (Ištar 10.E)

The Akkadian šu-ila Ištar 10 which has survived in 5 (perhaps 6) copies, was published also by Zgoll (2003a, 107–147) and Zernecke (2011a, 33–76).[31]

---

[29] Translation follows Reiner / Güterbock, 1967, 258.

[30] Reiner / Güterbock, 1967, 263: ' ... lines which contain the "refrain"... set apart the various sections, or strophes, of the great hymn'.

[31] A comparison of the versions is given by Zernecke, 2011a, 56–64.

2.2.2.1 Copies of šu-ila Ištar 10[32]

The ritual is preserved most extensively on the NB tablet W. 23274 (SpTU III 78: Ištar 10.A) from Uruk. The formula for the introduction of the ritual client in line 9 indicates that the tablet (meaning the original) comes from Babylon: "I (am) NN, son of NN, whose god is Marduk, whose goddess is Zarpānītu" (Zgoll, 2003a, 24 with note 61). The other copies from the first millennium have been found at Nineveh (K 8930 lines 6' ff.: Ištar 10.B[33]; K 11951: Ištar 10.C) and Sippar (Si. 59: Ištar 10.D). The colophon of Ištar 10.D (lines 8–10) suggests that the tablet found in Sippar is also from Babylon: "Written down and checked according to its original. Tablet of Arad-Gula, son of Dabibi. [...]... Shamash-shum-ukīn, king of Babylon" (Zgoll, 2003a, 120). Shamash-shum-ukīn reigned from 667-648 BC. A potential additional copy comes from Aššur.[34]

Zgoll (2003a, 107 f.) lists the clay tablet from the second millennium as šu-ila Ištar 10.E. The *Archäologische Sammlung München* acquired it from the art market in 1985. Claus Wilcke copied the text which shows the characteristic Syro-Hittite style. The tablet can be dated to the second half of the second millennium. It comes from the upper Euphrates, probably Emar.

The single column multi-text tablet is formatted horizontally. Ištar 10.E stretches over 20 lines (obv. 1'–12', rev. 1–8). The corresponding short ritual instruction (rev. 9–10) is separated from the prayer by a simple line. A double line separates another Akkadian text. Only few signs of two lines are preserved (rev. 11–12).

2.2.2.2 Comparison of the content of šu-ila Ištar 10.A und E[35]

The starting point for a substantive examination of the early and late versions of Ištar 10 "Ištar of the stars, goddess of the morning" is the NB version 10.A. The text is organized as follows: Invocation (lines 1–6), supplication (7–18: Description of the supplicant's distress; 19–38: Petitions to the goddess) und benediction (39–42). This is followed by the ritual instruction, which is not completely preserved (43–45). Ištar 10.D includes a rubric which precedes the ritual instruction.

The invocation is also present in the earlier version (Ištar 10.E obv. 1'–4'). In both versions the supplication is introduced with the refrain "look on me firmly" (10.A line 8/10.E obv. 5'), followed by the introduction of the supplicant. While he is described in more detail in the late copies by naming his personal gods and stating that he is ill, 10.E obv. 5 contains only the short formula "I am NN, son of NN". The description of the supplicant's distress is described in 10.E obv. 5'–10'. The petitions to the goddess are introduced with the words "my mistress". Insofar as the

---

[32] Zernecke, 2011a, 33–35 provides more detailed information on find spots and dating of the copies.

[33] The ritual is written down on a multi-text tablet together with šu-ila Ištar 9. For Ištar 9 (K 8930 lines 1'–5') see Zgoll, 2003a, 286.

[34] For VAT 13722 obv. 1–7 (= KAL 4, 57) cf. Frechette, 2012, 257.

[35] Zgoll, 2003a, 124–126 offers an overview of the graphical and linguistic variations of the texts.

lines are preserved, 10.E obv. 11'–rev. 1 correspond to the text of 10.A lines 19–24. The following passage in which the supplicant asks the goddess to release her mind and heart again (10.A lines 25–27) is missing in the earlier version. The text of 10.E rev. 2–3 duplicates the later version up to line 30, the remaining text differs: The supplication continues with further requests of the supplicant (rev. 4–8). This is followed by a short ritual instruction (rev. 9–10).

Exactly as in the old version of šu-ila Ištar 2, the text omits the separate section in which the goddess is praised. This indicates that the benediction was not yet part of the indispensable elements of Akkadian šu-ila rituals in the second millennium.

2.2.3 KUB 4.26 fragment A (Adad 1a.C)

The Akkadian šu-ila Adad 1a[36] is handed down on three copies. Daniel Schwemer (2001, 671–674) has published the transliteration and translation taking account of the different versions.[37]

2.2.3.1 Copies of šu-ila Adad 1a

The hand-lifting ritual which is addressed to the storm god is preserved most extensively in the Neo-Assyrian (NA) edition Adad 1a.A (LKA 53 obv. 1–rev. 9) from Aššur. The single-columned multi-text(?) tablet (excavation no. 13955dz) appears to belong to the collection of the Arkeoloji Müzeleri, Istanbul.[38] Nearly all lines of the obverse (1–26) are damaged, while lines 1–9 of the reverse are almost completely preserved. Rev. 9 provides the rubric of the prayer to Adad.

Version Adad 1a.B is written down on the Neo-Assyrian single columned multi-text tablet K 10406+DT 65 (BMS 20+49) from Niniveh that is maintained in poor condition (see: www.cdli.ucla.edu/dl/photo/P398671.jpg). Lines 1'–20' of the obverse comprise another hand-lifting ritual: šu-ila Kaksisa 1.A (Mayer, 1990, 466–469) which is completed by a rubric. The prayer to the storm god begins with obv. 21'–22' and covers 19 lines of the reverse; the end of the text is not preserved. It can be assumed that – in analogy to obv. 20' – šu-ila Adad 1a.B was also completed by a rubric that is not preserved. The present text corresponds to version Adad 1.a.A obv. 1–15 and 18–20. Adad 1.a.A obv. 16–17 is not matched in Adad 1.a.B.

Text copy Adad 1.a.C (KUB 4.26 fragment A) offers the oldest known version of the šu-ila. The tablet from Boğazköy (the exact find spot is not known) can be dated to the 13th century (Schwemer, 2001, 671) and gives a parallel to Adad 1a.A obv. 2–22. The single columned multi-text tablet provides parts of 14 lines of the ritual whose respective beginnings and ends are not preserved (see hethiter.net/: PhotArch BoFN00082a). These 14 text lines were separated by horizontal lines from the preceding and following text passages which have not survived. Relics of the separators

[36] Cf. Mayer, 1976, 378.

[37] For information on older editions of the text see Schwemer, 2001, 671 with note 5550.

[38] Cf. the information in CDLI on LKA 053 (CDLI no. P413965).

are visible above the cuneiform characters BI und EL (il_5) in line 1' and at the end of line 14'.

KUB 4.26 fragment B contains a Sumerian text in syllabic orthography. Fragment B joins probably indirectly with the tablet HT 13, presenting presumedly another šu-ila in lines 1'–3' (Schwemer, 2001, 672 with note 5554).

2.2.3.2 Comparison of the content of šu-ila Adad 1a.A and 1a.C

The introductory term ÉN "incantation" is not preserved in any of the three versions. The invocation includes a long praise of the god Adad, which is preserved the most complete in the Neo-Assyrian copy from Aššur (Adad 1a.A), obv. 1–23. Lines 1'–11' of the older version (Adad 1a.C) run parallel to Adad 1a.A obv. 2–22 but the cuneiform traces in the following 3 lines (12'–14') cannot be associated with the text from Aššur. Line 14' is followed by traces of a horizontal line, then the tablet breaks off.

Adad 1a.A continues with the supplication (obv. 24 ff.). The petition is caused by ominous signs concerning the palace and the Neo-Assyrian Empire. They were announced by a lunar eclipse on the 14th day of the month Abu. The supplicant is the well-known Neo-Assyrian ruler Sargon II (rev. 3). The following lines (rev. 4–6) contain the so-called *attalû*-formula, which was added to the šu-ila with respect to the recent event (lunar eclipse) by the ritual expert. This formula was used to adopt the šu-ila for a special purpose: Like *Namburbi* rituals[39] the hand-lifting ritual was performed to avert the disaster that had been indicated by evil omens (Mayer, 1976, 100–102). The formula is followed by a short benediction (rev. 7–8). The text ends with the rubric "wording of the lifted hand(s) to the deity Adad" (rev. 9).

As already noted, in the older version only the invocation is preserved. The ensuing horizontal line could indicate that the šu-ila was followed by a different text (perhaps another prayer or ritual).[40] Another option is, that the horizontal line separated the invocation from the following supplication.

The graphic and contextual variations of the different versions are discussed in Schwemer (2001). Therefore, only a few of them will be mentioned. The older version omits a verse of the invocation which is presented in Adad 1a.A obv. 8–9 ("der die Ungestümen umstößt, starker Herr, Zwingstock der die Aufsässigen umspannt") and the second part of a verse presented in Adad 1a.A obv. 19 and 21 ("die unbebauten Landstriche kreißen").[41] In one case both versions present a slightly different content (A obv. 11: "Erbsohn von Ešara, der vollkommen ist, Gewaltiger"//C line 6': "Erbsohn von Ešara, der vollkommen ist unter seinen Brüdern")[42] and in another case (A obv. 12//C line 6') the content doesn't match at all.

---

[39] See above, 73 f.

[40] This would certainly be assumed in the case of a double line.

[41] See Schwemer, 2001, 673–674.

[42] See Schwemer, 2001, 673.

2.2.4 KBo 1.12

KBo 1.12 (CTH 792.1) comprises an Akkadian hymn to the sun god Šamaš. KAR 19 from Aššur provides a partial duplicate (KAR 19 rev.$^{!}$ III 12–16 duplicates KBo 1.12 rev.$^{!}$ IV 3–6). Erich Ebeling (1954) published both texts.
The text from Aššur dates to the Middle Assyrian period and is classified as a hymn to Šamaš and Sîn (SEAL 2.3.15).

The text from Boğazköy, dating also to the second half of the second millennium, is written down on a two column multi-text tablet. The find spot is not documented. In the edition obverse and reverse are presented incorrectly (transposed). Obv. I$^{!}$ presents 13 lines of the hymn (see hethiter.net/: PhotArch BoFN 01258), obv. II$^{!}$ is broken off. Rev. III$^{!}$ is poorly preserved but some signs indicate that there was a Hittite translation. Rev. IV$^{!}$ is handed down by 16, partly incomplete lines, six of which belonging to the hymn (hethiter.net/: PhotArch BoFN01257). Separated by a single horizontal line, there is a further Akkadian text containing instructions for dealing with sick slaves.[43]

In the prayer the Sun God is praised in hymnic fashion. It is pointed out that the other deities (Anu, Enlil, Sîn und Latarak) despite their excellent skills have no power without Šamaš (*i-na ba-lu* ^{D}UTU, obv. I$^{!}$ 1, 8, rev. IV$^{!}$ 5'). Ebeling assumes that the topic of KAR 19 obv.$^{!}$ is connected to KBo I.12 obv. I$^{!}$ 13. The reverse of KAR 19 contains not only the duplicate text concerning Latarak but also a passage about Sumuqan, god of shepherds. This part does not appear in the Boğazköy version.

Hymnic *ina balu*("without")-praises are also found in šu-ila prayers (e. g. Nabû 6, Mayer, 1978, 459–466; cf. Wilhelm 1994, 69). KBo 1.12 offers, like KAR 19, only the hymn invoking the deity. Since there are no sections that would allow a more detailed classification of the text, it cannot be decided whether the text from Boğazköy is an excerpt of a šu-ila to Šamaš.

Apart from their geographical and cultural origin, the two Akkadian texts listed on KBo 1.12 show no similarities. Concerning the different text genres Ebeling (1954, 210) believes that the tablet might contain exercises of a Hittite scribal student.[44]

2.2.5 KBo 9.44

KBo 9.44 (CTH 792.2) represents another Akkadian hymn to Šamaš. The New Hittite[45] tablet, which is damaged to a great extent, was found in the archives of Büyükkale A.

---

[43] Ebeling, 1954, 209–210 presents a brief synopsis of this text.

[44] For accidental co-occurrence of texts on school tablets, see also Hutter, 2011, 125.

[45] Dating according to Košak, Konkordanz der hethitischen Texte (hethiter.net/: hetkonk).

KBo 9.44 obv. 16 mentions in corrupted context "grasping the hem of (the god's) garment[46]", an act of the supplicant, which is also known from šu-ila rituals and other prayers.[47]

During an invocation of the Sun god, the *Šamaš*-plant is used (KBo 9.44 rev. l.c. 6 ff.). This act resembles instructions for medical rituals, e. g. AMT 74 obv. II 25: "He picks a sunflower (a flower) that turns towards sunset, before the sun, and speaks as follows: O Šamaš, (this) plant is your plant".[48]

A double line separates the hymnic text from the damaged colophon on which the scribe's name is not preserved. There is not enough evidence to categorize KBo 9.44 as šu-ila.

2.2.6 KUB 37.115+KBo 7.1(+)KBo 7.2 obv.

The multi-text tablet KUB 37.115+KBo 7.1+KBo 7.2 (CTH 794) contains bilingual incantations in Sumerian and Akkadian. The text fragments were found in Büyükkale, building D. In the edition obverse and reverse are presented incorrectly (transposed).

Jörg Klinger has examined the paleography of the text recently (2010, 331–332). Having observed that only signs showing the characteristic style of the Middle Babylonian period were used, including many which were not common in Ḫattuša, he assumes that the tablet was written down by a Babylonian scribe and imported to Anatolia.

The obverse provides an incantation of Marduk-Ea-type addressed to Marduk, which has been edited by Jerrold S. Cooper (1972, 62–64). Such incantations are well documented since the OB period (Klinger 2010, 331). In lines 1–6 the ritual expert introduces the supplicant with his afflictions. While the Marduk-Ea formula (lines 7–8[49]) can be read, the content of the ritual that follows is badly damaged.

2.2.7 KUB 37.115+KBo 7.1(+)KBo 7.2 rev.

The reverse of the tablet contains an incantation prayer for the sun god Šamaš, belonging to the type ki-^{d}utu.[50] In the first millennium, such prayers usually occur in the Šamaš cycle of the series of purificatory rituals *bīt rimki* ("bath house") that were performed to protect the king from the dangers of lunar eclipses. Each of the seven houses is associated with a ki-^{d}utu prayer and an Akkadian šu-ila (Krebernik, 2001, 239).[51]

---

[46] Akkadian *sissiktu*, Sumerian TÚG.SÍG.(A).

[47] For examples see Mayer, 1976, 143–144.

[48] Translation according to CAD Š1, 314.

[49] The short form of the formula used here differs from the standard abbreviation of the first millennium; see Cooper, 1972, 64 with further references.

[50] On the term (ka-inim-ma) ki-^{d}utu(-kam) in rituals and prayers see Krebernik, 2001, 239–240.

[51] For a discussion of šu-ila rituals in the series *bīt rimki* see Frechette, 2012, 176–180.

The text was edited by Cooper (1972, 65–81), who includes manuscripts of the first millennium from Sultantepe (STT 197) and Nineveh.[52]

The ritual is organized as follows: Sections 1–9[53] present a hymnic invocation of the sun god; 10–24 specify the preparation of offerings for Šamaš (described in the 1. sg. preterit)[54]; and 25–34 comprise an invitation for Šamaš to eat the offerings (only partially conserved in the Boğazköy version).

The late versions include the petitions. The Sultantepe version offers a short petition for the statue which is probably consecrated by an *āšipu* in the context of a *mīs pî*-ritual. The Nineveh version comprises a petition for the king as part of a *bīt rimki* ritual, which is followed by the catch line for the associated šu-ila (Cooper, 1972, 77).

Cooper (1972, 65) has pointed out that the invitation to eat is unusual in Sumerian and bilingual incantations. However, in Akkadian šu-ila rituals it can occur (just as in this case) between the invocation of the deity and the petition.

3. Conclusion

The only known šu-ila rituals of the second millennium were found in the Syro-Anatolian region. This phenomenon is also known from other texts, such as some precursors of *Namburbi* and other release rituals, which were found – as well as several other texts of Babylonian origin – in the archives of Ḫattuša. Although so far there are no older šu-ila rituals from Mesopotamia known, written precursors must have existed. This is demonstrated by old spellings like ÉN É.NU.RU against ÉN or the interchanging of the order of heaven and earth in Ištar 2.A und F.

The older texts contain already elements – like invocation, introduction of the supplicant, several petitions – which are typical for šu-ila rituals of the first millennium. However, the benediction with doxology included seems not yet to have been standard. The text from the region of Emar contains an additional brief ritual instruction. Since such instructions are missing in the texts from Boğazköy and colophons are only poorly preserved, we don't have any information about the ritual experts and scribes.

The Mesopotamian rituals and prayers had probably only little religious relevance for the Hittites and were not used in the Hittite cult. It is much more likely that they were kept in the archives for reasons of prestige and interest in the culture of Mesopotamian knowledge.[55] The multi-text tablet KUB 37.115+ with bilingual incantations, which was imported from Babylonia, gives an example for this hypothesis. It is further supported by the lack of ritual instructions and the fact that many of the

[52] The copies from Nineveh are listed in Cooper, 1972, 69.

[53] The enumeration is corresponding to Cooper, 1972.

[54] Cooper, 1972, 67 presents the differences in the three versions concerning the list of offerings in a scale.

[55] Cf. also Wilhelm, 1994, 68–69.

texts are collected on multi-text tablets on which Babylonian religious literature has been compiled separately. Hittite scribes copied the tablets as objects of study, respectively wrote the text from dictation[56] or by memorization. Occasionally, Babylonian texts have been translated into Hittite for training (e. g. KUB 31.141[57]) or for other purposes.[58] On other tablets, such as KBo 1.12 the texts were probably compiled rather accidentally in the context of school exercises.

The tablet from the area of Emar indicates a way of transmitting Mesopotamian literature into the Hittite sphere.

In the first millennium šu-ila rituals are found in many Assyrian and Babylonian sites. Even if the spatial distribution is very broad, the various exemplars often differ only slightly from each other. The large number of copies shows that the application of šu-ila rituals was widespread and the knowledge of the texts was part of the education of ritual experts. In addition, the Neo-Assyrian kings sought to capture the entire knowledge of the Assyrian and Babylonian scholars by writing it down on clay tablets, which were collected and stored.[59] For instance, in the palace library of Ashurbanipal in Nineveh there are copies of almost all šu-ila rituals to the goddess Ištar available (Zgoll, 2003a, 24–25 with notes 58, 64).

The colophons of some Neo-Babylonian šu-ila tablets (sometimes also their find spots) illustrate that at that time the centers of learning were situated in the temples. The tablets were stored in temple libraries (e. g. Ištar 2.E from the temple library in Nimrud) or were installed in the temple for the welfare of the well-educated supplicant (e. g. Ištar 2.A, the tablet of the *āšipu* Nergal-balāssu-iqbī).

Abbreviations and references

AMT = R. C. Thompson, *Assyrian Medical Texts.* Oxford: Oxford University Press, 1923.

BM = Museum siglum of the British Museum, London.

BMS = L.W. King, *Babylonian Magic and Sorcery*. London: Luzac and Co., 1896.

CAD = *The Assyrian Dictionary of the Oriental Institute of the University of Chicago*. Chicago: Oriental Institute, 1956–2010.

CDLI = *Cuneiform Digital Library Initiative*, Los Angeles / Berlin. (http://cdli.ucla.edu/).

CTH = *Catalogue des Textes Hittites*: S. Košak / G. G. W. Müller, hethiter.net/: Catalog (2012-08-08). (http://hethport.uni-wuerzburg.de/CTH).

---

[56] A mishearing is suggested by the comparison of Ištar 2.A line 8 with 2.F obv. II 12': instead of UGU (Akkadian *eli*) we find the sign DINGIR (Akkadian *ili*).

[57] For the thesis that this text is a translation from Akkadian and not a Hittite derivative see Reiner / Güterbock, 1967, 264–265.

[58] Using examples of lexical lists, Veldhuis 2014, 26–29 shows that Hittite scribes not only reproduced the foreign language texts, but also experimented with the data and information of these texts.

[59] Cf. also Maul, 1994, 226.

K = Museum siglum of the British Museum in London (Kuyunjik).

KAL 4 = S.M. Maul / R. Strauß, *Keilschrifttexte aus Assur literarischen Inhalts* 4 (Wissenschaftliche Veröffentlichungen der Deutschen Orientgesellschaft 133). Wiesbaden: Harrassowitz, 2011.

KAR = E. Ebeling, *Keilschrifttexte aus Assur religiösen Inhalts* I/II (Wissenschaftliche Veröffentlichungen der Deutschen Orientgesellschaft 28/34). Leipzig: Hinrichs, 1919/1923.

KBo 1 = H. H. Figulla, / E. F. Weidner, *Keilschrifttexte aus Boghazköi* 1 (Wissenschaftliche Veröffentlichungen der Deutschen Orientgesellschaft 30). Leipzig: Hinrichs, 1916.

KBo 7 = H. Otten, *Keilschrifttexte aus Boghazköi* 7 (Wissenschaftliche Veröffentlichungen der Deutschen Orientgesellschaft 68). Berlin: Gebrüder Mann, 1954.

KBo 9 = H. Otten, *Keilschrifttexte aus Boghazköi* 9 (Wissenschaftliche Veröffentlichungen der Deutschen Orientgesellschaft 70). Berlin: Gebrüder Mann, 1957.

KUB 31 = J. Sturm / H. Otten, *Keilschrifturkunden aus Boghazköi* 31. Berlin: Akademie Verlag, 1939.

KUB 37 = F. Köcher, *Keilschrifturkunden aus Boghazköi* 37. Berlin: Akademie Verlag, 1953.

LKA = E. Ebeling, *Literarische Keilschrifttexte aus Assur*. Berlin: Akademie Verlag, 1953.

ND = field numbers of tablets excavated at Nimrud.

SEAL = M. P. Streck / N. Wasserman, *Sources of Early Akkadian Literature*. (http://www.seal.uni-leipzig.de; accessed February 2014)

Si. = field numbers of tablets excavated at Sippar in the collections of the Archaeological Museums (Istanbul).

SpTU III = E. von Weiher, *Spätbabylonische Texte aus Uruk* III (Ausgrabungen der Deutschen Forschungsgemeinschaft in Uruk-Warka 12). Berlin: Gebrüder Mann, 1988.

STC II = L. W. King, *The Seven Tablets of Creation* II: *Supplementary Texts*. London: Luzac & Co., 1902.

STT = O. Gurney / J. Finkelstein, *The Sultantepe Tablets*, I/II (London 1957/1964).

VAT = Museum siglum of the Vorderasiatisches Museum, Berlin (Vorderasiatische Abteilung. Tontafeln).

W. = field numbers of tablets excavated at Warka (Uruk).

Abusch, T. / D. Schwemer, 2008. "Das Abwehrzauber-Ritual Maqlû ('Verbrennung')". In: B. Janowski / G. Wilhelm (eds.) *Omina, Orakel, Rituale und Beschwörungen* (Texte aus der Umwelt des Alten Testaments Neue Folge 4). Gütersloh: Gütersloher Verlagshaus, 128–186.

Ambos, C., 2004. *Mesopotamische Baurituale aus dem 1. Jahrtausend v. Chr.* Dresden: ISLET.

Borger, R., 2000. "Šurpu II, III, IV und VIII in 'Partitur'". In: A. R. George / I. L. Finkel (eds.) *Wisdom, Gods and Literature*: *Studies in Honor of W.G. Lambert*. Winona Lake: Eisenbrauns, 15–90.

Bottéro, J., 1992. *Mesopotamia*: *Writing, reasoning and the gods. Translated by Zainab Bahrani and Marc van de Mierop.* Chicaco / London: The University of Chicago Press.

Cooper, J. S., 1972. "Bilinguals from Boghazköi II". *Zeitschrift für Assyriologie und Vorderasiatische Archäologie* 62, 62–81.

Ebeling, E., 1954. "Ein Hymnus auf die Suprematie des Sonnengottes in Exemplaren aus Assur und Boghazköi". *Orientalia Nova Series* 23, 209–216.

Frahm, E., 2002. "Zwischen Tradition und Neuerung. Babylonische Priestergelehrte im Achämenidenzeitlichen Uruk". In: Reinhard G. Kratz (ed.) Religion und Religionskontakte im Zeitalter der Achämeniden. Gütersloh: Gütersloher Verlagshaus, 74–108.

Frechette, C. G., 2012. *Mesopotamian Ritual-prayers of "Hand-lifting" (Akkadian Šuillas)* (Alter Orient und Altes Testament 379). Münster: Ugarit-Verlag.

Geller, M. J., 2000. "Incipits and Rubrics". In: A. R. George / I. L. Finkel (eds.) *Wisdom, Gods and Literature: Studies in Honor of W.G. Lambert.* Winona Lake: Eisenbrauns, 225–258.

Hutter, M., 2011. "Sammeltafeln – Zufallsprodukt von Schreibern oder Ausdruck von hethitischem Literaturverständnis?" In: M. Hutter / S. Hutter-Braunsar (eds.) *Hethitische Literatur: Überlieferungsprozesse, Textstrukturen, Ausdrucksformen und Nachwirken* (Alter Orient und Altes Testament 391). Münster: Ugarit-Verlag, 115–128.

Klinger, J., 2010. "Literarische sumerische Texte aus den hethitischen Archiven aus paläographischer Sicht – Teil II". *Altorientalische Forschungen* 37, 306–340.

Košak, S., *Konkordanz der hethitischen Texte*, hethiter.net/: hetkonk (v. 1.87). (http://hethport.uni-wuerzburg.de/hetkonk)

Krebernik, M., 1984. *Die Beschwörungen aus Fara und Ebla: Untersuchungen zur ältesten keilschriftlichen Beschwörungsliteratur* (Texte und Studien zur Orientalistik 2). Hildesheim / New York: Georg Olms.

Krebernik, M., 2001. "Ein ki-^{d}utu-Gebet aus der Hilprecht-Sammlung". *Zeitschrift für Assyriologie und Vorderasiatische Archäologie* 91, 238–252.

Maul, S. M., 1994. *Zukunftsbewältigung. Eine Untersuchung altorientalischen Denkens anhand der babylonisch-assyrischen Löserituale (Namburbi)* (Baghdader Forschungen 18). Mainz.

Mayer, W. R., 1976. *Untersuchungen zur Formensprache der babylonischen "Gebetsbeschwörungen"* (Studia Pohl Series Maior 5). Rome: Pontificio Instituto Biblico.

— 1990. "Sechs Šu-ila-Gebete". *Orientalia Nova Series* 59, 449–490.

Parpola, S., 1983. *Letters from Assyrian Scholars to the Kings Esarhaddon and Assurbanipal* II. *Commentary and Appendices* (Alter Orient und Altes Testament 5/2). Neukirchen-Vluyn: Kevelaer.

Pongratz-Leisten, B., 1994. *Ina šulmi īrub. Die kulttopographische und ideologische Programmatik der akītu-Prozession in Babylonien und Assyrien im 1. Jahrtausend v. Chr.* (Baghdader Forschungen 19). Mainz: von Zabern.

Reiner, E. 1958. *Šurpu: A collection of Sumerian and Akkadian Incantations.* (Archiv für Orientforschung, Beiheft 11). Graz: Selbstverlag Ernst Weidner.

Reiner, E. / H.-G. Güterbock 1967. "The Great Prayer two Ishtar and its two Versions from Boğazköy". *Journal of Cuneiform Studies* 21, 255–266.

Sallaberger, W., 2007. *Ritual. A. In Mesopotamien.* In: M. P. Streck (ed.) *Reallexikon der Assyriologie und Vorderasiatischen Archäologie* 11. Berlin / New York: De Gruyter, 2006–2008, 421–430.

Schwemer, D., 2001. *Die Wettergottgestalten Mesopotamiens und Nordsyriens im Zeitalter der Keilschriftkulturen.* Wiesbaden: Harrassowitz.

Schwemer, D., 2011. "Magic Rituals: Conceptualization and Performance". In: K. Radner / E. Robson (eds.) *The Oxford Handbook of Cuneiform Culture.* Oxford: Oxford University Press, 418–442.

Sigrist, M. / R. Zadok. / C. B. F. Walker, 2006. *Catalogue of the Babylonian Tablets in the British Museum* III. London: The British Museum.

Stol, M., 2000. *Birth in Babylonia and the Bible. Its Mediterranean Setting* (Cuneiform Monographs 14). Groningen: Styx.

Veldhuis, N., 2014. "Intellectual History and Assyriology". *Journal of Ancient Near Eastern History* 1, 21–36.

Walker, C. / M. B. Dick, 2001. *The Induction of the Cult Image in Ancient Mesopotamia* (State Archives of Assyria Literary Texts 1). Helsinki: Helsinki University Press.

Wiggermann, F. A. M., 2000. "Lamaštu, Daughter of Anu. A Profile." In: M. Stol (ed.) *Birth in Babylonia and the Bible. Its Mediterranean Setting* (Cuneiform Monographs 14). Groningen: Styx, 217–252.

Wilhelm, G., 1994. "Hymnen der Hethiter". In: W. Burkert (ed.) *Hymnen der Alten Welt im Kulturvergleich* (Orbis Biblicus et Orientalis 131). Göttingen: Vandenhoeck & Ruprecht, 59–77.

Zernecke, A. E., 2011a. *Gott und Mensch in Klagegebeten aus Israel und Mesopotamien. Die Handerhebungsgebete Ištar 10 und Ištar 2 und die Klagepsalmen Ps 38 und Ps 22 im Vergleich* (Alter Orient und Altes Testament 387). Münster: Ugarit-Verlag.

Zernecke, A. E., 2011b. "A Shuilla: Ishtar 2 'The Great Ishtar Prayer'". In: A. Lenzi (ed.) *Reading Akkadian Prayers and Hymns: An Introduction* (Ancient Near East Monographs 3). Atlanta: Society of Biblical Literature, 257–290.

Zgoll, A., 2003a. *Die Kunst des Betens. Form und Funktion, Theologie und Psychagogik in babylonisch-assyrischen Handerhebungsritualen zu Ištar* (Alter Orient und Altes Testament 308). Münster: Ugarit-Verlag.

— 2003b. "Für Sinne, Geist und Seele. Vom konkreten Ablauf mesopotamischer Rituale zu einer generellen Systematik von Ritualfunktionen". In: E. Zenger (ed.) *Ritual und Poesie* (Herders Biblische Studien 36). Freiburg: Herder, 25–46.

— 2003c. "Audienz – Ein Modell zum Verständnis mesopotamischer Handerhebungsrituale. Mit einer Deutung der Novelle vom Armen Mann von Nippur". *Baghdader Mitteilungen* 34, 181–203.

— 2006. "Königslauf und Götterrat. Struktur und Deutung des babylonischen Neujahrsfestes". In: E. Blum / R. Lux (eds.) *Festtraditionen in Israel und im Alten Orient.* (Veröffentlichungen der Wissenschaftlichen Gesellschaft für Theologie 28). Gütersloh: Gütersloher Verlagshaus, 11–80.

— 2007. "Religion. A. In Mesopotamien". In: M. P. Streck (ed.) *Reallexikon der Assyriologie und Vorderasiatischen Archäologie* 11. Berlin / New York: De Gruyter, 2006–2008, 322–332.

— 2012. "Der oikomorphe Mensch. Wesen im Menschen und das Wesen des Menschen in sumerisch-akkadischer Perspektive". In: B. Janowski (ed.) *Der ganze Mensch. Zur Anthropologie der Antike und ihrer europäischen Nachgeschichte.* Berlin: Akademie Verlag, 83–106.

Contexts and elements of decanal star lists in Ancient Egypt[1]

Sarah Symons, McMaster University, Ontario

Abstract

Lists of star names ("decan lists") have been preserved in several distinct contexts in Egypt from the First Intermediate Period (around 2200 BC) to the second century AD. This chapter looks at both the content and the context of these texts and how each evolved, adapting to different locations and purposes, and accreting new elements. Hypotheses of why and when changes occurred, the function of star lists in funerary decoration, the relationship of the lists to the reality of the star sky, and the possible observational motives for development are discussed. Sources include diagonal star tables, star lists within and accompanying astronomical ceilings and zodiacs, and texts such as the *Fundamentals of the Course of the Stars* (*Book of Nut*) and the Naos of the Decades which also describe decanal stars.

[1] The author wishes to thank Christopher Naunton and the staff of the Egypt Exploration Society in London and Monica Velez and John Larson of the Oriental Institute, Chicago for their assistance and for permission to examine images in their collections. Permission to reproduce figure 5 was kindly given by Jochem Kahl of the Freie Universität Berlin and the Asyut Project.

The research on which this paper was based was funded by the Arts Research Board, McMaster University, Ontario.

1. Introduction

Lists of decans are found in several different contexts in ancient Egyptian sources, in tables, texts, and diagrams, as decoration of objects (coffins, sarcophagi, and water-clocks) and constructions (tombs and temples). In addition to text labels which name the stars, the lists are often presented with differing representational elements in the form of additional text labels and pictures. The term "element" will be used to denote a piece of information, graphical or textual, directly associated with a decan name or small group of contiguous decans names.

This paper describes the lists themselves, their contexts, and the associated elements. It will survey possible motivations and meanings for these elements in astronomical terms and will identify areas where lack of contemporary documentation means that our understanding must be conjectural. Where possible, links between the appearance of new elements and the changing contexts, and even thereby changes of purpose, of decan lists will be discussed.

The contexts in which we find decan lists fall into four reasonably distinct categories, which will be defined, described, and discussed in turn:

1) diagonal star tables,
2) astronomical diagrams,
3) processions of personifications of decanal stars,
4) decan lists occurring within religious astronomy texts.

Providing accurate definitions in this field is problematic. The word "decan" is used to describe a star or group of stars associated with particular calendrical, observational, or timekeeping activities in ancient Egyptian astronomical texts. However, the exact nature of decans – their purpose, the astronomical events which define them, the criteria for a star being selected as a decan – is still uncertain. There are some generalities which can be agreed, including

1) decans are presented as an *ordered* set of objects;
2) *not all stars* mentioned in Egyptian sources are decans;
3) astronomically, decans are members of the set of stars which *rise and set* (as distinct from the northern circumpolar stars which remain above the horizon and do not set).

Beyond these three statements, it must be borne in mind that some very obvious questions are unanswered, including whether "a decan" indicates a single star or group of stars and whether we can definitively prove which stars in the real sky relate to which decans.

A second key definition is what is meant by a "decan list". This term is used to indicate an ordered set of text labels naming decans. A decan list can be either discrete (the decan names and associated elements clearly separated from any non-decanal material) or embedded within a text or pictorial representation. In the later case, the decan list must be analyzed *in situ* (retaining its relationship with its surrounding material) but can also be extracted and analyzed as a separate, homogenous entity. This process will be illustrated and is key to performing comparisons between lists and tracing the transmission and development of ideas.

The important concept with lists is the notion of order. Even when the decanal information is embedded in a graphical context, we still see that the general order of names is preserved. For this reason, and for others which will emerge below, it is justified to treat decan lists, even in the earliest sources, as an original Egyptian concept, not a modern construct.[2]

Tracing the occurrence of elements associated with decan names is an approach which attempts to identify meaning and transmission of meaning. Related questions include whether each element is solely decorative, ritually significant, or encodes astronomical information. Ultimately, the appearance and disappearance of elements might indicate whether the meaning and purpose of decans changed over time.

2. Context 1: Diagonal star tables

The earliest appearances of decan lists are as the main content of tabular texts known as diagonal star tables inside lids of rectangular coffins dating from the early Middle Kingdom (2050–1900 BC) (Zitman, 2010).[3] The majority of coffins containing this type of decoration are from the Asyut area, where examples are still being found (El-Khadragy / Kahl, 2004; Kahl et al., 2011). A single later occurrence, a temple ceiling, dates to the New Kingdom. A complete list of tables and fragments of tables known to the author, including two not presented previously within a list of sources, is presented in figure 1.

As Egyptian funerary texts, these tables occur in close relation to the Coffin Texts and could be considered part of the corpus (Lesko, 1979; Willems, 1988; Zitman, 2010). Astronomically, the tables are some of the earliest evidence of systematic, formal observation in the world.

Diagonal star tables have been described in detail elsewhere (Neugebauer / Parker, 1960; Symons, 2007). For the current discussion, the key features can best be explained by describing an "ideal" diagonal star table which recreates what is thought to be the original schema of the tables.

A diagonal star table ideally contains 36 columns, each representing one of the 10-day weeks of the Egyptian civil year. Each column records a list of 12 decans which

[2] The only obvious parallel to decan lists in commonplace modern astronomy is the order of the twelve zodiacal constellations. Although we also have a wider set of eighty-eight constellations, we do not conventionally place them in any significant astronomical order.

[3] Zitman, using stylistic and archaeological contexts, argues convincingly for a considerably narrower range of dates for the decoration of the coffins than Neugebauer / Parker (1960), restricting them to the early Middle Kingdom.

in strict order perform some astronomical action (such as rising over the eastern horizon). The examples which we have were copied onto coffins by people who did not fully understand them. They have no astronomical instructions associated with them.

Even in describing the ideal table, difficulties, assumptions, and gaps in our knowledge are clear. The twelve rows in the table are strongly suggestive of indicating twelve hours of the night, yet are never labeled as such on the coffins. There is consensus among researchers that the vertical axis implicitly represents time, with the decan at the top of the column performing the action first, followed by the second decan, and so on. That action, central to the tables' creation and function, is generally held to be rising, but is (again) not documented in contemporary sources.

Each number and letter in figure 2 represents a decan name. A full, ordered list of all the decans can be obtained by reading down column 1 (the rightmost column) and along the bottom row from right to left, making a list of 36 ordinary decans plus 11 triangle decans (here labeled with letters A–K).[4] The table finishes with four columns[5] which summarize the list 1–36, A–K and add a further triangle decan, L.

The astronomical theory behind the triangle area is described in full detail by Neugebauer / Parker (1960) in *Egyptian Astronomical Texts* 1 (hereafter EAT 1). They infer that the tables (which they call "diagonal star clocks") were intended to mark time by the risings of successive stars, thus framing the tables in terms of timekeeping instruments and criticizing them on grounds of functionality and accuracy. More recent researchers such as the current author (Symons, 2007) and Depuydt (2010) have moved away from this timekeeping interpretation and hence prefer the name "diagonal star tables". Depuydt sees them as schematic, idealized, descriptive. The current author's feeling falls somewhere between Neugebauer and Depuydt, primarily because of the existence of the triangle area.

The choice of switching from numbers to letters after thirty-six decans have been named is not arbitrary. All naked-eye stellar astronomy is based on understanding cyclical motions of stars. Observing stars doing something like rising, if performed long enough, will show that the same stars eventually return. Patterns are repeated. The list of stars in the table must be cyclical, and must (at least approximately) reset at the beginning of the year. If the tables were only ever meant as representational, with no real care to model real star movements, star 36 would be followed by star 1 at the end of column 26. Star 1 would certainly be a good enough choice. Instead, a

[4] There are prosaic explanations for the terminology. "Triangle" decans form a triangular area to the left of the table. Similarly, "diagonal" (as in "diagonal star tables") comes from the path of any single decan across the table being a diagonal, moving up and left as the decades of the year progress.

[5] Three of those columns have no conjectured purpose other than listing decan names. The fourth column, which lists the twelve triangle decans A–L is occasionally labeled in extant tables as relating to the five epagomenal days. This column therefore plays a dual role of completing the decan list and serving as an additional functional column.

new decan (labeled with a letter in figure 2) is introduced at the end of the list each decade (ten-day period) until the end of the year to form a triangular area. The existence of the triangle is the clearest evidence we have that these tables did have an observational basis and were not just a basic representation of the ideal sky. If the solar year were exactly 360 days long, no triangle would be needed. The decan list would be thirty-six stars long, and the first decan would re-appear in the table after the thirty-sixth with no need for intermediate decans to be chosen. The existence of the triangle is thus a direct result of the length of the Egyptian civil year being 365 days. It is also evidence that astronomical observations were taken across the full span of one year and into the next year, at least once. No one merely making a pattern or constructing an idealized representational model sky, would hesitate to put star 1 after star 36 thereby making a cyclical table composed of a neat, contained list of 36 decans.

2.1 Diagonal star table decan lists

Turning to the extant examples, it is clear that every source is (to a greater or lesser degree) distant from the neatness of the ideal table. The ideal schema is merely a modern framework against which extant tables can be described. Not all researchers agree that the original intent of the star tables is the layout presented in the schema. Indeed Depuydt (2010) has recently argued against a major feature of the ideal table, that the fundamental number of ordinary decans is thirty-six, building on the fact that no extant diagonal star table has exactly thirty-six decans. To discuss this, and other decan list features of diagonal star tables, it is convenient to group the known sources in order to aid analysis.

Various researchers have attempted to reconstruct and classify the tables based on decanal content, contextual information (such as provenance, date, and associated graphical elements), and epigraphic considerations (Neugebauer / Parker, 1960; Kahl, 1993; Leitz, 1995; Locher, 1998; Zitman, 2010). Schemas which take all elements into account have become cluttered by more recently published sources. A full discussion can be found in Symons (2007). In the current study, the focus is the content of the decan lists and in this respect the known sources fall into two distinct families **T** and **K**.

The decan lists from type **T** tables start (top right-hand corner) with the *ṯmꜣt* decans, while those in type **K** start with *knmt* decans. Decan lists from each type are reconstructed and discussed in detail in Symons (2007). Like the ideal table, these decan lists offer a way of grouping information from sources which differ in details, provenance, state of preservation, and degree of copying corruption.

A few notable factors which affect the confidence with which the two lists can be reconstructed are that the triangle area and list columns are the most likely to be lost (copying was begun at the right-hand end of the table and continued until the available lid space was filled). Most decans should appear thirteen times (once in each row plus once in a list column), but decans 1–11 and A–L appear fewer times (a factor of the diagonal pattern), with decan L expected only once, as final decan in the final column. These decans therefore have a lower chance of surviving damage, and to a certain extent copying errors, than the other decans 12–36.

The lack of a complete set of thirty-six decans in extant sources can be explained in at least three ways:

1) The list should be thirty-six decans long, but two decans were lost from within the list (caused by copying errors) which were then re-supplied by using the two *ṯmꜣt* decans twice, either adding them at the end of the list as decans 35 and 36, or at the beginning (as per explanation 2 below) to bring the total back up to thirty-six (Neugebauer / Parker, 1960; Symons, 2007). This suggestion is the one followed in this paper.
2) The list should be thirty-six decans long, but the loss of the top right-hand corner of a hypothetical original papyrus source may have lost list **T**'s original first two decans, causing a copyist to supply two repeat decans (*ṯmꜣt ḥrt* and *ṯmꜣt ẖrt*) which also appear as decans 35 and 36 in all type **T** tables found so far (Symons, 2007).
3) The lists which have survived are correct and the number of ordinary decans is intentionally set at thirty-four (Depuydt, 2010).

Depuydt conjectures that *ṯmꜣt ḥrt* and *ṯmꜣt ẖrt* held some important symbolism, such that their reappearance in positions 35 and 36, though premature, was a desirable enough feature to break the observational system at that point. Discussing the astronomical implications of this hypothesis, especially as it concerns the motivation behind the triangle area, is beyond the scope of the current paper. However, there is contemporary evidence in the form of a label within one of the star tables (designated **T1**, see figure 1) that thirty-six was considered to be the correct number of decans (Neugebauer / Parker, 1960, 5), indicating that the triangle decans were seen as additional or supernumerary. As we shall see, the distinction between ordinary and triangle decans was reinforced in astronomical diagrams by the interposition of the superior planets. The current author accepts that Neugebauer / Parker's explanation of the triangle is astronomically supportable as a working theory[6] and is consistent with all the type **T** sources, even those not known at the time of writing EAT 1.

In diagonal star tables of type **T**, whose astronomical content may be earlier than those of type **K** (Neugebauer / Parker, 1960, 29–32),[7] triangle decans are already incontrovertibly present. There is no contemporary evidence that the triangle decans are an addition to a pre-existing group of thirty-six ordinary decans, even though such a progression of ideas is attractive intellectually (Symons, 2002a). The situa-

[6] The realities of selecting and observing stars which fulfil accurately enough the roles of decans 1–36 and A–L is a different area of research.

[7] Zitman, 2010, 271–274 shows that the use of type *T* tables as decoration was replaced by the use of type *K* tables early in the reign of Sesostris I with minimal overlap. He does not rely on astronomical methods for his dates, but argues that Neugebauer / Parker's (1960) dating (which is astronomical) is questionable.

tion in type **K** is more difficult, because no surviving table preserves columns up to or beyond the main thirty-six decades. The **K** triangle is therefore composed of candidates that may have been interspersed with ordinary decans through copying errors (many of the tables are very disordered). The reconstruction here (figure 3) is discussed fully in Symons (2007). One additional piece of evidence has emerged since the publication of that paper. An unpublished table in the *Kunsthistorisches Museum* in Vienna (**K8**) is orderly and shows that *sšpt* is definitely an ordinary decan (schema in figure 4). This does not, however, preclude it being a triangle decan as well (for example, *ẖ3w* is an ordinary decan and a triangle decan in type **T** tables). Another new fragment of an Asyut table, **K9**, is placed among the type **K** tables on the basis of epigraphy, but tells us nothing new about the composition of list **K** (figure 5).

Zitman (2010) lists two additional unpublished sources: S16X and S2Mal. It is unclear whether S16X is a type **T** or a type **K**. Zitman suggests strongly that S2Mal belongs to the **K** group. In figure 1 they are labeled **T/K?** and **K10?** respectively.

There is no graphical or epigraphical separation between ordinary decans and triangle decans in diagonal star tables. In the ideal schema of figure 3, the triangle area is obvious because we conventionally swap from numbers to letters for decan labels to represent the triangle decans. This distinction is not evident in the original tables.

2.2 Diagonal star table decan list elements and contextual information

The decan lists from diagonal star tables have one obvious explicit element for each decan: the name itself. In addition, a single star symbol, either as an out-sized graphical feature or a mere determinative, will also sometimes accompany each name or occasionally will end each row. The star symbols are of course key to our understanding of the text labels being star names. In diagonal star tables, there is no indication that each decan represents anything other than a single star.

Each decan is also associated implicitly with two other pieces of information.[8] First, its order or position relative to other decans, and second, its relationship to dates in the Egyptian civil calendar. Both these ideas have astronomical meaning. The order of the decans is generally accepted to be their rising order (Neugebauer / Parker, 1960) although Leitz (1995) hypothesized that the tables represent setting and/or culmination while the current author has suggested that one type could represent rising and the other setting, forming a pair of lists (Symons, 2007).

The relationship to dates in the Egyptian civil year is very significant astronomically. Any star which rises and sets spends some period of the year being "invisi-

[8] This is not to say that other astronomical and contextual elements are not present. The horizontal offering text and vertical band of astronomical figures are also present. However, these aspects do not fall into the category of "elements" as they are not strongly associated with particular decan names.

ble", that is, whenever it is above the horizon, the sky is illuminated by the Sun so that the star is not seen. The length of the period of invisibility varies with a great many factors including location and brightness of the star, location of the observer, and observing conditions. The period can vary from a few days through to most of the year. The decans associated with a decade in a diagonal star table must have all been known to perform their action on the same date. It is therefore a reasonable assumption that those decans were above the horizon for part of the night on those dates.

Time of the night is therefore implicitly present in the tables, embedded within the two elements of order and date. The coffins themselves make no mention of hours, but the later Osireion occurrence does and provides the earliest evidence that diagonal star table rows represent hours. Moving backwards from the Osireion hour labels, Neugebauer / Parker on the first page of EAT 1 not only projected "hours" back to the coffin sources but also placed timekeeping as the central motivation for the tables. They re-named the tables "diagonal star clocks" (previously termed "diagonal calendars") and from then on treated the intent of the tables to be telling the time by marking the hours of the night.

The first idea, of the rows representing time periods, has not been seriously contested, except that care must be taken with the understanding of "hours" as ill-defined time periods. The vertical axis of the star table grid represents time, if only as measured by a sequence of events.

The second leap, to the tables being clocks, is acceptable and even obvious to the modern mind but perhaps not so comfortable an idea in the ancient context. The clock hypothesis, stated without discussion as clear fact in EAT 1, troubles some current researchers. The present author avoids the nomenclature "diagonal star clocks" and is not convinced these tables were timekeeping devices. Depuydt is also not convinced (Depuydt, 2010). More importantly, the argument obscures a more fundamental question of how much the tables are based on naked-eye observations of the real sky. This is not a yes/no question but a spectrum. EAT 1 implies that the intention of the original observers was to produce an accurate timekeeping instrument. Disagreeing with this interpretation does not mean that there is no astronomical basis for the tables, that they were rough models or ritual texts only (as Depuydt seems to lean towards). It only means that hourly motion was not the most important factor. This position does not designate the tables as clocks, but as representations of the configuration of the sky at different dates and times throughout the year.

These four elements of associated information (name, star symbol, order, and date) give us a data set for each decan which we can use to construct hypotheses about relationships between decan lists and between contexts of astronomical texts. In modern terms, this approach gives us a method to investigate how information was encoded and transmitted.

3. Context 2: Astronomical diagrams

Astronomical diagrams, like diagonal star tables, model the sky of the tomb or temple universe. Surviving examples date from the New Kingdom through the Greco-Roman Period. They occur in the context of "ceilings" in temples, tombs, and sarcophagi and also in the context of decoration on the exterior surface of outflow water clocks.

The group of sources is surprisingly homogenous given the span of time and the different media and shapes (aspect ratios) of surface. The defining characteristics of an astronomical diagram are that it comprises a graphical layout of the sky containing a depiction of the circumpolar group, a decan list, and planets. Additional calendrical elements are often present in the form of lunar and/or civil months, Ramesside star clock tables, and in one case[9], the orientation of the constellation *msẖtyw* (the Foreleg, our Plough or Big Dipper) throughout the year. Later examples include assimilated representations such as the zodiac. Astronomical diagrams were (like diagonal star tables) copied from other sources (sometimes directly from other examples) and have graphical and textual traits that separate them into families.

Egyptian Astronomical Texts 3 (EAT 3) (Neugebauer / Parker, 1969) gives a comprehensive survey of the examples known up to the 1960s, with monuments 1–3, 6–8, 11, 13–18, 21–24, 26–34, 36, 37, 39–48, 54, 55, 57, 59, 60, 62, 63 falling unequivocally into the category of astronomical diagrams.[10] These "monument numbers" will be used to identify the diagrams. The plates tome of EAT 3 should be consulted for images of the diagrams. A newly discovered ceiling in the tomb of Karakhamun at Asasif (TT223) (Pischikova, 2012) probably also falls into this group but has not been published.

The two earliest astronomical diagrams (like diagonal star tables) both belong to non-royal owners. All the other New Kingdom examples are in royal tombs or temples. This could be a survival accident. In the Late Period, astronomical diagrams appear in private tombs again, with several examples in Asasif (EAT 3 monuments 32 and 33 and the recently discovered ceiling of Karakhamun).

The earliest surviving example of an astronomical diagram is the famous astronomical ceiling in the tomb of Senenmut at el-Bahari (Neugebauer / Parker, 1969; Dorman, 1991). Given Senenmut's interesting career and accomplishments, it would be very tempting to characterize him as the designer or instigator of the genre, but there is an earlier example which has not survived but which was recorded. The coffins of Heny (2100 BC, Dyn XI) (Gunn, 1926; Neugebauer / Parker, 1969) are contemporaneous with diagonal star tables. The recorded fragments show that the circumpolar

[9] A bull sarcophagus lid from Abu Yasin (Neugebauer / Parker, 1969, monument 37).

[10] Monuments 9, 10, 25, 49, 50a, 51, 53, 56, 61, and 64 will be covered in Context 3. Monuments 4, 5, 12, 19, 20 will be described in Context 4. Monuments 38, 50, 52, 58, 65 do not contain decan lists and 66–81 are astrological zodiacs, also without decans. Other monuments are not complete enough for full analysis.

group and attendant deities were extant then, and that decans and planets were perhaps associated (this is not certain as there were two coffins and the fragments could not be determined to come from the same coffin). Like many of the diagonal star table coffins, the coffins of Heny were found in the Asyut region. Unlike the diagonal star tables and the later astronomical diagrams, Gunn states that the decans were depicted on the vertical wall of the coffin, not on the lid underside.

To investigate whether the purpose and understanding of decans remained the same or shifted between diagonal star tables and astronomical diagrams, and between earlier and later astronomical diagrams, we will examine the decan lists and survey the elements associated with decan names.

3.1 Decan lists in astronomical diagrams

The presentation of decan lists in astronomical diagrams is very different from that in diagonal star tables. In an astronomical diagram, the decan names form a single list, not a table. The names are usually separated into columns with one or a set of related decans per column. The list is split into two portions, with the triangle decans now being clearly portrayed as a group distinct from the ordinary decans. The standard order is ordinary decans, superior planets, triangle decans, and finally, inferior planets. The major exception to this decan list layout does not occur until very late, in the non-typical but very famous circular zodiac of Dendera.

As all the existing astronomical diagrams date from later than all the existing diagonal star tables on coffins, it is tempting to suggest that the astronomical diagrams are later developments. This is not necessarily true. Given that all the astronomical texts of all types are copies, the astronomical observations on which they were based, and hence their design and creation, could be situated many years before we first see them occur. Neugebauer / Parker describe their attempts to date the astronomical information within diagonal star tables and astronomical diagrams in detail in the EAT series.

Decan lists in astronomical diagrams also fall into families, even though individual lists all display differences in writing and composition to greater or lesser extents. Neugebauer / Parker classified their sources into several family lists based on layout and decanal content. A simplified New Kingdom version of their schema is shown in figure 6 which notes which decan lists occur alongside Ramesside star clock tables, which occur with representations of the lunar months, and also the very clear correlation between the way the Foreleg is represented in the circumpolar group and the decan list type. Diagrams which share layout features share decan lists. Also, there is some pairing of designs, with each member having a different Foreleg and a different decan list. The Ramesses VI North and South pairing is a recurring pair. The pair link between the Senenmut type and the Seti I type is more conjectural. The idea of paired decan lists in ceilings could possibly mirror paired decan lists **T** and **K** in diagonal star tables, lists that are concurrent and complementary rather than, as previously analyzed, earlier and later, one replacing the other (Neugebauer / Parker, 1960).

3.2 Astronomical diagram decan list elements and contextual information

All astronomical diagrams contain the following elements in their decan lists:

1) decan names,
2) star symbols,
3) order relative to other decans.

Some of these elements have a different purpose or representation compared with diagonal star tables. The star symbols in astronomical diagrams are usually groups of stars or circles associated with each decan or group of decans, although rarely, they can appear only as determinatives (as, for example, in EAT 3 monument 59).

Despite it being highly likely that the number of stars or circles shown alongside a decan name was originally intended to indicate that there was a certain number of stars within a decan (i. e. decan as constellation rather than decan as star) modern authors sometimes (Gadré, 2008) but not always (Lull / Belmonte, 2010) treat decans as star names rather than constellation names when attempting to "identify" the decanal stars.

One of the most often-repeated "certainties" of Egyptian astronomy is that *spdt* is identical to Sirius, the brightest star in the sky. Yet *spdt* the decan is often represented as having more than one star circle. Treating the decans as constellations or asterisms makes analysis of events such as heliacal rise and set (which collectively lead to the extent of a star's period of invisibility) very difficult. Dates and times of heliacal events are strongly dependent on the characteristics of an individual star. Thus, researchers like Gadré and Neugebauer / Parker who hold strongly to calculating visibility of decans as real, observable stars can only attack the problem systematically by treating decans as single stars.

Full discussion of the composition of each decan list in each astronomical diagram is presented in EAT 3. Decanal order is present as the decans always form a list, usually starting with the *knmt* decans. This starting point ties the diagrams strongly to the **K** list from the diagonal star tables. The order of the decans in general also matches decan lists from the diagonal star tables. The superior planets occur next, immediately after the final decan *spdt*. They are followed by the triangle decans and, finally, the inferior planets. The relationship with time sequence is obscure. It is probable that the order of decans in astronomical diagrams still relates to the order that the stars rise (or perform some other astronomical action) over a course of time (per day or per year), but it is not specifically stated or implied. Even when decan lists differ in composition, the order of decans relative to one another does not change. It is likely that this reflects the physical reality of the night sky, which is that stars do not alter position relative to one another (at least for naked-eye observations over the course of tens or a few hundred years). However, it is worth noting that the arrangement of the planets cannot reflect an ongoing state of the sky, because planets alter position relative to one another and relative to the starry background in a way which is easily noticed over the course of a single year.

The three elements (names, star symbols, and order) all, therefore, probably encode astronomical meaning, with star or constellation names indicating a selection of stars identifiable to a knowledgeable observer, number of stars in each decanal constellation, and sequence of movement (possibly order of appearance on the eastern horizon).

The linking of groups of decans to specific dates, present in diagonal star tables, is not strongly portrayed in astronomical diagrams, even though calendrical representations are often present. In ceilings of the Ramesseum pattern (EAT 3 monument 8), the months of the civil calendar run along the top of the diagram, with decans, planets, and triangle decans falling under each month. The arrangement means that the thirty-six ordinary decans do not span a full year in the way they did in diagonal star tables. The Dyn XXX astronomical diagram on a bull sarcophagus from Abu Yasin (EAT 3 monument 37) has civil month names and decan names arranged in a table-like format. Neugebauer / Parker (1969, 50) considered the arrangement "purely conventional". While it is true that this arrangement is superficially similar to the Ramesseum (and indeed the two diagrams are from the same family in Neugebauer / Parker's classification scheme), the Abu Yasin layout has the *s3ḥw* and *spdt* decans falling under IV Shemu. In this case, the ordinary decans do span a full year and it is possible that this more closely resembles the original intention of the astronomical diagram format, despite being a much later example.

Several elements occur in most astronomical diagrams but not all:

4) deity names,
5) deity figures,
6) personifications,
7) constellation figures,
8) cluster numbers.

Most astronomical diagrams have or had deity names associated with each decan or column of decan names. The deities are usually drawn from the extended Heliopolitan Ennead, gods which also represent the finger-breadths in royal cubits (Clagett, 1999, figures IV. 24–26). The main exceptions occur in the Tanis family of decan lists (Neugebauer / Parker, 1969, 140–149), where the deities are very different from all the other families. The most interesting and unusual feature of the relationship between decans and deities is that the mapping is not one-to-one. In the cubit, each finger-breadth is assigned to a single deity, and each deity only represents a single finger-breadth. In decan lists, in contrast, the Sons of Horus, for example, can serve either individually, or as a group of two, three, or four, associated with one or a pair of decans. Each deity can occur several times in the same decan list.

Depictions of deities as an ordered procession of figures accompanying the decan names occur from the Senenmut ceiling onwards but are not present in all astronomical diagrams. For example, in the complete Ramesseum ceiling (EAT 3 monument 8), no deity figures are present. In some arrangements, the figures have varying features, representing the typical characteristics of the decanal deities (Hapy as baboon-headed, Isis and Nephthys as females etc.) while in others the figures are all identical. In the latter case, it is not clear whether the repeated human figures represent deities or (more likely) are personifications of the decans themselves (examples are EAT 3 monuments 7 and 11, ceilings in the Abydos temples of Seti I and Ramesses II respectively).

Neugebauer / Parker listed and attempted to analyze decanal deities across all the families of decans in EAT 3, but did not offer any explanation for their presence or hazard a guess about function. Similarly, they also counted and recorded the number of star circles associated with each decan in each source. Both of these attributes showed some or strong consistency across decan lists within each family. In the case of a few decans, the assigned deities also agreed well between families. However, the correlation between star numbers and decans, and decanal deities and decans in total is too poor and the data is too patchy to draw any specific astronomical significance from these elements or even to reconstruct a hypothetical original "correct" list of star numbers or deity names which spans more than one family.

Constellation figures are graphical representations of decans or groups of decans, including a sheep (for the *smd/srt* decans), a boat (associated with the "*crew*" and *ḥry-ib wiꜣ* area), and a pair of turtles (for *štwy*). These are present in most New Kingdom diagrams, sometimes not very prominently. For example, in the surviving fragments of EAT 3 monument 11 at Abydos, the sheep figure is very small (the size of a single hieroglyph), whereas in another monument of the time of Ramesses II (EAT 3 monument 8) the sheep is much larger relative to the surrounding text.

Representations of *sꜣḥw* and *spdt* as male human and female human (or bovine) figures in barques are easily recognizable features of astronomical diagrams, but can appear either as constellation figures (EAT 3 monument 8 and similar) or as members of the procession of deities (EAT 3 monument 6 and similar). Whether this element has astronomical meaning is not clear. The identification of the Foreleg as The Big Dipper suggests that the shape of the seven stars was meaningful. This may mean that ancient Egyptian constellations, like ours, were based on notional resemblance between the shapes of the star groups and physical objects such as animals, birds, people, and commonplace items.[11]

---

[11] The "join the dots" method of constellation formation is so engrained in modern western culture that it is difficult to countenance alternatives. However, this methodology is not ubiquitous amongst all cultures. The Inca seem to have formed "black constellations" by naming the dark voids in the Milky Way after familiar creatures (Urton, 1981). Equally well, the fixed naming of constellations is not the only possibility. Bradshaw (1990), for example, hypothesized that the circumpolar constellations in Egypt were noted to present different shapes as they revolved. This theory has not gained acceptance, but it is useful to note that our bias towards the most familiar explanation does not necessarily lead to correct interpretations.

The eighth element, cluster numbers, can be more confidently identified with observable features of the star field. The label "*n*th cluster" can be found associated with a few specific decan names. Neugebauer / Parker (1969, 2–3) described the assignment of cluster labels to decans thus:

> Another figure of frequent occurrence, egg-shaped in Senmut and others lists, and a fish or something similar in still others, can be conveniently dealt with here. The legend that accompanies it is to be read *6-nwt ẖt*, following after *3-nwt ẖt* as the legend under *srt*/*sit*, *4-nwt ẖt* under *b3wy* or the *ẖntw* decans and *5-nwt ẖt* under *ḫ3w*. These terms identify the "third", "fourth", "fifth" and "sixth cluster", that is, decans consisting each of a large number of stars. The "first" and "second cluster" are not indicated in any list but on the basis of the number of stars given with a decanal name may be conjecturally linked with *knmt* and the *ṯm3t*-decans. The "sixth cluster", out of place and order in Senmut, no doubt refers to the constellation of Orion. The writing with the ordinal preceding the noun (instead of the usually Eighteenth Dynasty *ẖt 3-nwt*, etc., as in the later families of Seti I A, Seti I C and Necho) goes back to Old Egyptian and suggests at least a Middle Kingdom origin of the text.

The label *ẖt -pw* is sometimes applied to the triangle decan *nsrw* (Neugebauer / Parker, 1969, 117). Clusters have been recently surveyed by Lull / Belmonte (2010) who compared them with their own proposal for identifications of Egyptian constellations. Their methodology, however, is not clearly stated and they do not agree with Neugebauer and Parker's statement above about the Orion cluster. However, there is a general consensus that the cluster labels in astronomical diagrams do refer to denser star areas.

The transmission of this information from diagram to diagram is interesting. The 3rd, 4th, and 5th cluster labels are usually clear and well written. However, the 1st and 2nd cluster labels are missing and the 6th label is often written with a *mw* sign. It is disputed whether this is an error or is intentional (Lull / Belmonte, 2010).

The inclusion of star symbols and cluster numbers in astronomical diagrams, and the omission of time and date information, signals a very different origin or motivation for astronomical diagrams compared with diagonal star tables. Diagonal star tables seem concerned with *change*, using a limited group of objects. Astronomical diagrams seem concerned with describing in detail a stable configuration or *state*, yet including a much wider selection of objects, perhaps going as far as to depict the complete sky, visible and invisible all together.

Later ceilings sometimes contain one or more of the following new elements:

9) substances (minerals, metals, and woods);
10) personifications of decans as snakes and animal-headed figures;
11) one new figure or decan per group of three ordinary decans.

Later astronomical ceilings include personifications of weather and the environment in the form of the four winds (Neugebauer / Parker, 1969, 256–258). One instance (EAT 3 monument 59, dating circa AD 20) includes one substance – mineral, metal, or wood – per decan (Neugebauer / Parker, 1969, 133–140). Similar substances are also assigned to decans in the slightly earlier (before 30 BC) "procession" EAT 3 monument 53 (see Context 3). The minerals, like the deities in other lists, do not display a one-one relationship with decan names. Gold is very common, either alone or in combination with other materials. The distribution of substances differs from the distribution of deities, meaning that we are not looking at a straight substitution of substances for deities. Neugebauer and Parker offer no explanation for the substances (which they call "minerals"). Astronomically, they could relate to star magnitudes (brightness) or, a more immediately attractive idea, to star colors. However, the decan *tms n ḫntt* ("red one of the *khentet* constellation") which one would expect to have carnelian, garnet, or red jasper as its substance, instead has glass and gold. This could either mean that the name does not refer to the redness of the star or that the relationship of substances to colors is incorrect. It is impossible to know which is true.

After the New Kingdom, depictions of the decans themselves (and not their deities) occasionally use snakes and animal-headed figures in the Seti I B family, starting with EAT 3 monument 31. This sort of depiction also occurs in processions (see Context 3). The distribution of figures is fairly regular, with each group of three decans usually represented by a lion-headed goddess for the first decan, the second is 'predominantly reptilian', and the third 'always a serpent, usually rearing on its tail' (Neugebauer / Parker, 1969, 134). The pattern repetition indicates that no observational properties of the decanal stars are being encoded by the figures.

Some decan lists in this family have expanded, with each group of three ordinary decans being joined by an additional decanal figure to make an expanded list of forty-eight ordinary decans (EAT 3 monuments 31, 29 list 1, 59, and 62). The names of these twelve figures do not reflect existing decan names. However, they are treated exactly like decans, being assigned names, substances, and figures (often lion-headed gods and goddesses, never snakes). The inclusion of the twelve extra figures evenly spaced throughout the ordinary decans, together with the repeating patterns of figures previously noted, firmly glue the decans into twelve equal groups in a way not seen or even hinted at in New Kingdom astronomical diagrams.

The new elements plus the inclusion of winds fall on a contextual trajectory of stars being seen increasingly as entities which influence happenings on earth. This theme will be re-visited in Context 4. These diagrams are in the era of astrology, with the signs of the zodiac now included amongst the elements of astronomical ceilings. These later developments illustrate the decans in the process of realignment with the twelve signs of the zodiac.

4. Context 3: Processions

Decans as a procession of figures occasionally occur outside the structure of astronomical diagrams. This arrangement usually occurs on walls, architraves, and gateways rather than on ceilings. The presentation of astronomical imagery on vertical surfaces rather than ceilings and lists has previously been seen only in the coffins of Heny, discussed earlier. Many of the graphical and most of the spatial features present in astronomical diagrams are absent.

The first examples are from the New Kingdom in the Ramesseum (EAT 3 monuments 9[12] and 10[13]) which have repeated kneeling human figures with text labels designating them as individual decans, and KV9 (EAT 3 monument 25) wherein the figures are standing. These depictions show the decans in a more ritualistic context than an astronomical one. Elements present are order[14], name, star determinative (worn on the head), and human personification.

By the Ptolemaic era, friezes which include decans use figures of the Seti B type discussed above (snakes and human figures). Often, other astronomical figures are present (EAT 3 monuments 49[15], 50a, 51[16], 53[17], 64).

Later still, in the Roman Period, a simplified style of astronomical diagram incorporating procession-style figures forms a new layout on ceilings, enclosed by the bending figure of the sky-goddess Nut (examples are EAT 3 monuments 56 and 61).

These processions perhaps represent a different aspect of astronomical groups, that of being ritual figures and actors in the dramatic portrayal of the sky. In KV9 (EAT 3 monument 25), for example, the decans are facing towards and worshipping a representation of the rising sun. Positional meaning is absent, but the importance of the decans as a coherent, empowered group is displayed.

5. Context 4: Other astronomical texts

This final context in which decan lists occur is the least homogenous. It is also an area where a lot of work has been done recently, particularly by von Lieven. Our understanding has increased a great deal since *Egyptian Astronomical Texts* and von Lieven has proposed the term "Religious Astronomy" to incorporate a wider corpus of texts which are not "scientifically" astronomical but which nonetheless inform us

---

[12] Also includes planets and some of the circumpolar deities associated with the northern sky. Although order is preserved, only selected decans are shown.

[13] Also includes planets.

[14] EAT 3 monument 25 is somewhat disordered but not entirely chaotic.

[15] Decans form only part of the frieze, which also includes constellations, planets, months, and other deities (Neugebauer / Parker, 1969, 67–68).

[16] Also includes hours (Neugebauer / Parker, 1969, 69).

[17] Includes substances.

of Egyptian sky lore, ritual, and understanding of relationships, causality, and motivation in the Egyptian sky (von Lieven, 2000). Within the corpus some key examples shed light on the role of the decans.

The major and most long-lived work in this category is the *Fundamentals of the Course of the Stars*, until recently known as the *Book of Nut*. The argument for the name and the most recent and comprehensive treatment can be found in von Lieven (2007). There are nine extant sources for parts of the text. It is the most important astronomical work from Egypt in terms of its description of the motions of the stars, which it relates to the course of the Sun, over a daily cycle and an annual cycle. This is the text which most clearly places *spdt* as the template for decans, being invisible for 70 days. It also names the ideal occurrence, the going out of Sopdet (*prt-spdt*, heliacal rise of Sirius) on the first day of the new year. The whole scene in the vignette from this work, well-preserved in the two New Kingdom versions in the Osireion and the tomb of Ramesses IV, can be interpreted as a depiction of an ideal sky on an ideal date. It contains two decan lists (figure 7).[18]

One decan list is partial, consisting of only eleven preserved decans. Leitz (1991) dates this list to 3300 BC via the behavior of Sirius, although 1870 BC in the Middle Kingdom, one Sothic period later, is also possible (von Bomhard, 2008). The surviving eleven decan labels, plus an assumed twenty-five more, are associated with sets of dates which form a cyclical list of thirty-six decans, each with a set of three dates. These date sets, being information associated with individual decans, form a new category of elements not seen in any other context.

This decan list, which will be called the "dates" list, presents difficulties (Symons, 2002a). It is unclear whether the *ṯmꜣt* decans really are two decans or just one, or whether *wšꜣti bkꜣti* should be split in two or not. There is no trace of a triangle. The date sets themselves ignore the existence of the epagomenae throughout, so perhaps a triangle should not be expected at all. The fragmentary nature of this list means that a starting point cannot be identified. The graphical representation of the date sets, moving around the vignette along the ground, up the arm of the goddess Nut, and taking up the majority of the space between Nut's body and the ground, is the most clearly cyclical depiction of the decan list in Egypt until the Ptolemaic Dendera circular zodiac.

The dates and (reconstructed) decan names together form what Neugebauer / Parker call a "transit star clock" (Neugebauer / Parker 1960, 41), wherein the hours of the night are marked by the transits of decans (stars crossing the north-south celestial meridian). Stars on the meridian are at their highest point in the sky ("culmination") and observing them at this point offers significant advantages over observing near

---

[18] Some EAT 3 decan numbers for damage are incorrect (Neugebauer / Parker, 1969, 118) when compared with photographs in the archives of the Egypt Exploration Society, London. Decan 10 *tpy-ꜥ ḫntt* is completely missing in Seti I A while 11 *ḫntt ḥrt* is partially present (EAT 3 has decan 11 missing instead). Decan 24 *ꜣḫwy* is partially readable in the photographs.

the horizon. However, the relationship in dates between near horizon events (rise and set, either the daily occasions or the annual heliacal version) and the time of culmination is complex. Stars which rise together do not usually culminate together. Stars which rise together do not rise heliacally on the same date either. The date of a heliacal event depends not only on the star's right ascension and declination (celestial latitude and longitude) but also on its apparent magnitude (brightness) and local observing conditions. The date of culmination at a particular time depends solely on right ascension (not on declination, magnitude, nor observing conditions). The complex interaction of these factors is ignored in an interpretation of the "dates" list as a functioning transit star clock.

The difficulties faced by trying to link rising and setting events with culmination can be illustrated by comparing the "dates" list with the later Mesopotamian *ziqpu*-star lists (see the next chapter of the current volume). There, culminations of stars are used for noting time during the night, and are even used to mark or predict the rising of other stars. There is thus a superficial resemblance between the "transit" star clock idea and *ziqpu*-star lists.

Evidence of the transfer of the "transit star clock" tradition from Egypt to Mesopotamia is lacking. A typical *ziqpu*-star list contains around twenty-five stars compared with the Egyptian "date" list's thirty-six. Steele argues that the *ziqpu* lists hold traces of a remembered tradition, which would make them more widely useful than the (seemingly) textually-based Egyptian tradition, where we see no evidence of the application of this method in records or stories (compare, for example, the reference to time expressed using *ziqpu* stars in the letter to Sargon II described on page 127).

The set of stars chosen to be *ziqpu* stars is not evenly spaced. The existence of an astronomical co-ordinate system meant that abstract points ahead or behind a *ziqpu* star could be used to note a time more precisely. The Egyptian scheme, in contrast, relies on the decans being fairly evenly-spaced at culmination. Indeed, the ability to tell even hours throughout the night, throughout the year, as an "improvement" on the diagonal star clock method is one of the "goals" of Neugebauer and Parker's transit star clock hypothesis. Neugebauer / Parker (1960, 113–115) realizing that there is problem, suggest that the decan list was re-cast to adjust for the differences between rising-spacing and culmination-spacing, but they fail to envisage that the "new" list, while transiting correctly, would not rise and set correctly, meaning that the date sets would again not work at all.

In terms of observational records linking culminations to risings, the group of stars used as *ziqpu* stars is not identical to those used for rising observations, although there is some overlap. MUL.APIN alone attempts to relate the risings of *ziqpu* stars to their culminations, but somewhat unsuccessfully (see page 127). There is no record of a constraint on the choice of *ziqpu* stars relating to their periods of invisibility, as there is (very strongly) in the "dates" list. The task of choosing thirty-six evenly spaced stars (which is what would be necessary for the "transit star clock" scheme) is not easy. If these same stars must also rise and set heliacally on specific dates, the task becomes impossible.

In summary, the Mesopotamian method uses mathematical tools to make a set of culminating stars useful. It tends to divorce culminations from risings of the same group of stars. These two measures result in a practical method for noting time. In comparison, the "dates" list, when interpreted as a "transit star clock", can only do so in a very heavily idealized fictional sky, where all the behaviors and conditions can be met by a group of thirty-six ideal stars.

The other decan list from the *Fundamentals of the Course of the Stars*, on the body of Nut, is more complete. The two preserved versions differ in that the Osireion instance has one extra decan for a total of forty-two. The "body of Nut" list is the only decan list which has star symbols (here depicted as circles) but no deities. Like the lists in astronomical diagrams, this list starts with *knmt* decans. It ends with *spdt* and three further decans.

Comparing the "body of Nut" decan list to the **K** list shows that *sšpt* and *rmn s3ḥ* are missing, perhaps directly replaced by *sb3w mḫw* and a *s3ḥ*. Additional decans are *ḥry-ib ḫntw*, *iwn s3ḥ*, *msḏr s3ḥ*, and the three post-*spdt* decans *si3t*, *wꜥrt ḥrt s3ḥ*, and *wꜥrt ẖrt s3ḥ*. There is no split between ordinary decans and triangle decans, so it is unclear which ones, if any, were intended to be triangle decans.

The function of the decan lists in the *Fundamentals* is twofold. On the level of what the decan lists supply to the vignette in a pictorial context, they represent the path of the stars. For this function, only one list would suffice. On the subject of whether one is intrusive, current opinion varies. Von Lieven (2010, 140) writes:

> However, there are two different decan lists that cannot be reconciled with each other. Consequently, one of them has to be a secondary addition. I think this must be the data list from the Middle Kingdom, which provides a random point in time, and not a particularly interesting date.
> The list of stars on the body of Nut, in contrast, is linked to one specific date, namely the ideal rising of the decan Sothis on the New Year's Day, of the first month of the Akhet season. For historio-linguistic reasons, it is likely that the text with the list of stars originates from the Old Kingdom.

Von Bomhard (2008, 241) on translating the commentary to text D, however, finds the "random point in time" is indeed particularly interesting:

> These data associate the rise of the decanal stars *Knmt*, *ꜥb* and *št3* with the rise of the sun on a specific day called "the *ḳ3* day". Its translation as "high day" or "long day" would correspond to the summer solstice, the longest day of the year, when the sun is highest in the sky. The date indicated for the simultaneous rises of the sun and the first decan, "the high (or long) day", is that both the sun and the first decan *Knmt* appeared at the same point of the horizon indicates that this decanal star was placed on the ecliptic at the time of observation.

Von Bomhard follows Leitz in placing this list's origin in 3300 BC, whereas von Lieven sees this "date" decan list as a Middle Kingdom addition to the Book.

The second function of the decan lists in the *Fundamentals*, the astronomical interpretation, is harder to deal with. *Fundamentals* presents a schema for decans, based on the properties of Sirius. The texts and dates of *Fundamentals* include templates for decans being invisible for 70 days, rising in the east, "working" for 120 days, and setting in the west over 90 days before rebirth. Hours are not mentioned in the New Kingdom sources, but by the Roman Period commentaries (von Lieven, 2007), the "working period" is linked with marking twelve hours. There is a major astronomical problem with this beautifully clear schema, however. Real stars are not all like Sirius and they do not actually behave this way. Heliacal rise and set and transit are three very different observational events which do not automatically follow in order, as the schema requires. Just as Depuydt (2010) suggests that the diagonal star tables are ideal configurations and that real stars cannot fit the positions which the diagonal star tables specify, there is actually a stronger case for that argument here in the *Fundamentals* "date" decan list and its associated, very regular, date information. The beginnings of such an argument can be found in Symons (2002a).

Examples of other religious astronomy texts have a little more information to add about decans, and help to chart the changes in or development of their function. An important example from Esna, text 406, is contextually associated with an astronomical ceiling and decan lists (Esna 407/9). The text is also paralleled in papyri BM 10662 and Leiden I 346 1, 4-6 (von Lieven, 2000).

Text 406 (after von Lieven, 2000, 42–45) begins:

> Praise to you, living gods, workers in the necropolis, that glow in the evening alongside the disc, that perceive the hours when they arrive in the east.

The decans are workers, they note the passing of hours, and they are traveling (as in *Fundamentals*) on the same path as the sun. Depuydt (2010) warns again that this behavior does not necessarily mean that diagonal star tables are clocks, just because the understanding of decans two thousand years later includes perceiving (*siꜣ*) the hours.

Near the end of the text we have (after von Lieven, 2000, 42–45):

> Kenmet (*knmt*) is equipped at the head of the gods in their paths. The living workers performing their work at night, to culminate (*sẖn*) following Orion (*sꜣḥ*) and Sirius (*spdt*).

Von Lieven translates *sẖn* using a precise astronomical term "*kulminieren*" which contains a notion of accuracy as well as an implied understanding of the north-south meridian. From the point of view of decan lists, this text is also interesting as it picks out one further decan name, *knmt*, as being equipped at the head of the gods on their path. In parallel to the astronomical diagrams, the *knmt* decans are still heading the list.

The most complete expression of decans as not only time-markers but also harbingers of weather patterns is found in the decoration of the Naos of the Decades. Von Bomhard (2008) has published the fullest treatment of all the known fragments of the Naos. Decans are mentioned throughout, but a traditional decan list of names is absent. Each ten-day decade of the Egyptian civil year plus one five-day epagomenal decade is treated in a rectangular area of the decoration containing five figures, some captions, and some vertical lines of text. Each figure is accompanied by a star.

The representations and texts in each decade give an astrological schema for the location of stars and their resulting influences throughout the year. The first figure is a bird with human face and is accompanied by the date. Each of the four other figures represents an aspect of a decan, opening the decade, the active decan at the rising sun, the culminating sun, and the setting sun, and a decan in its period of invisibility. These elements properly belong to the decade, rather than the decan. The expected astrological effects are described in the accompanying text.

The text which runs in horizontal bands helping to delimit the decade texts is pertinent to the discussion of decan lists (translation from von Bomhard, 2008, 196).

> [1] [*Ꜣt*] or [*Ḥwt*]-*nbs*, gateway of heaven. (When) Re rises, his face [is turned]? to the great mooring stakes (or the great houses) of [...] (2-3 missing groups)
> [2] east of Egypt, the elongated secret bastions of He-who-Presides at Bakhu, the path (which is) the road [...] (1-2 missing groups) of the (two?) discs ...
> [3] [...] (1 missing group) edifice (or the moon) in the line of vision of *Ḥwt-nbs* in the night [...] (4-5 missing groups) great, 36 stars, the workers [...] (1 missing group)
> [4] the sky, the earth, the duat are subjected to their will. They rise and set towards their temples in *Ꜣt*[-*nbs*]
> [5] [...] (The entire line of about 20 groups is lost)
> [6] It is they who create every breeze in the sky, they who bring the rain [...] (2-3 abraded groups), they who bring out Hapi [...] (1 missing group)
> [7] [...] (2 missing groups) [from?] his hidden (places), it is they who cause thunderstorms, and it is they (too) who are protectors of the sky (by being) those who disperse the dense clouds. They pass the day and they pass the night,
> [8] they rise and they set, they re-generate towards the northern lake. As regards the northern lake east of *Ꜣt-nbs*, it is the duat of the temple of the slaughterers (*ḫꜣtyw*) in *Ꜣt-nbs*;
> [9] the progression of the gods towards the sky is through this opening (when) they come from the necropolis-duat. Knowing the secrets of the mystery of what is hidden: Hathor, Mistress of the Headdress (of Maat), it

was the season when the Majesty of Re-Horus-of-the-Horizon was in combat.

"They" in this text are the decanal stars, again described as workers and specified as a group of exactly 36, despite the inclusion of the "37th decade", the epagomenal days. The decans are very explicitly stated to be causing weather, the stars affecting directly conditions for the living on earth.

6. Conclusion

The description above of decan lists in terms of sets of data "elements" demonstrates that decans have a life measured not only by revolutions of days, years, and Sothic cycles, but also by an arc of changing function and meaning within the Egyptian culture. The sources that we have are not primary observational data, yet they do still hold traces of what was interesting to ancient Egyptians about stars.

The number of contexts in which decans appear, here grouped into four categories, are limited to religious perspectives, yet are separated distinctly by the type of data (in the form of elements) associated with each decan. Diagonal star tables, with their emphasis on date, represent change, while astronomical diagrams, with star symbols and deities, represent state of the sky. Processions show decans in their most abstract ceremonial condition with very few elements present, while the more varied astronomical texts seek to describe and explain their motions, their roles, and their influence both practical and mystical.

Elements trace the associations of each decan to other ideas in the Egyptian sphere of thought. Names are the glue that hold our understanding together. We can trace the same decan through two thousand years of history. Order, as a concrete property of decan lists, we can understand even if there is still argument about what decans are actually doing, whether that is rising, setting, or transiting. Yet otherwise we are still very far from understanding the fundamental nature of a decan, perhaps encoded in the other elements described here, despite a wide range of hypotheses. These include a decan being a single star or a group of stars; having qualities including position, brightness, color, number of associated stars and their shape as a group; moving relative to the path of the sun, to the horizon, to the meridian; having a cyclical life consisting of daily events and annual birth, death, and invisibility; having roles including marking the passing of time, affecting the weather, demarcating daily temple life, even guiding the dead in the landscape of the afterlife.

The small corpus of Egyptian astronomical texts fascinating because they describe objects which we can model, understand, and still see in the present time. They also tempt us with what looks superficially to be accessible data (elements of star numbers, date, time, and relative position), but which on closer study turns straightforward, rational-sounding hypotheses very quickly into tangles of assumptions, approximations, and compromises. The horizontal band text on the Naos of the Decades (von Bomhard, 2008, 196) gives us a very appropriate summary of the challenge of charting the life of decan lists through Egyptian history: 'Knowing the secrets of the mystery of that which is hidden'.

Abbreviations and references

BM = Museum siglum of the British Museum, London.

EAT 1 = Neugebauer, O. / R. A. Parker, 1960. *Egyptian Astronomical Texts* 1. Providence: Brown University Press.

EAT 3 = Neugebauer, O. / R. A. Parker, 1969. *Egyptian Astronomical Texts* 3. Providence: Brown University Press.

Bradshaw, J., 1990. *The Imperishable Stars of the Northern Sky in the Pyramid Texts*, London: Bradshaw.

Clagett, M., 1999. *Ancient Egyptian Science: A Source book. 3. Ancient Egyptian Mathematics*. Philadelphia: American Philosophical Society.

Cockcroft, R., / S. L. Symons, 2013. "Diagonal star tables on coffins A1C and S2Hil: a new triangle decan and a reversed table". *PalArch's Journal of Archaeology of Egypt / Egyptology*, 10(3), 1–10.

— 2014. "Ancient Egyptian diagonal star tables: a new fragment, and updates for S16C and S1C". *Journal for the History of Astronomy*, 45(2), 197–208.

Depuydt, L., 2010. "Ancient Egyptian star tables: A reinterpretation of their fundamental structure". In: A. Imhausen / T. Pommerening (eds.) *Writings of Early Scholars in the Ancient Near East, Egypt, Rome, and Greece: Translating Ancient Scientific Texts* (Beiträge zur Altertumskunde 286). Berlin / New York: De Gruyter, 241–276.

Dorman, P. F., 1991. *The tombs of Senenmut*, New York: Metropolitan Museum of Art.

Eggebrecht, A., 1990. *Suche nach Unsterblichkeit*, Mainz / Hildesheim: Roemer- und Pelizaeus-Museum.

— 1993. *Pelizaeus-Museum Hildesheim: Die ägyptische Sammlung*, Mainz: von Zabern.

El-Khadragy, M. / J. Kahl, 2004. "The first intermediate period tombs at Asyut revisited". *Studien zur Altägyptischen Kultur* 32, 233–243.

Gadré, K., 2008. *Conception d'un modèle de visibilité d'étoile à l'oeil nu. Application à l'identification des décans égyptiens*. Thèse doctorale de l'Université de Toulouse.

Gunn, B., 1926. "The coffins of Heny". *Annales du Service des antiquités de l'Égypte* 26, 166–171.

Kahl, J., 1993. "Textkritische Bemerkungen zu den Diagonalsternuhren des Mittleren Reiches". *Studien zur Altägyptischen Kultur* 20, 95–107.

Kahl, J. / M. El-Khadragy / U. Verhoeven, 2005. "The Asyut project: Fieldwork season 2004." *Studien zur Altägyptischen Kultur* 33, 159–167.

— 2011. "The Asyut project: Eighth season of fieldwork (2010)". *Studien zur Altägyptischen Kultur* 40, 181–209.

Lapp, G., 1985. *Särge des Mittleren Reiches aus der ehemaligen Sammlung Khasaba*, Wiesbaden: Harrassowitz.

Leitz, C., 1991. *Studien zur ägyptischen Astronomie* 2 (Ägyptologische Abhandlungen 49). Wiesbaden: Harrassowitz.

— 1995. *Altägyptische Sternuhren*. Leuven: Peeters.

Lesko, L. H., 1979. *Index of the spells on Egyptian Middle Kingdom coffins and related documents*. Berkeley: B.C. Scribe.

Locher, K., 1983. "A Further Coffin-Lid with a Diagonal Star-Clock from the Egyptian Middle Kingdom". *Journal for the History of Astronomy, Archaeoastronomy Supplement*, 14 (40), 141–144.

— 1992. "Two Further Coffin Lids with Diagonal Star Clocks from the Egyptian Middle Kingdom". *Journal for the History of Astronomy, Archaeoastronomy Supplement*, 23 (3), 201–207.

— 1998. "Middle Kingdom Astronomical Coffin Lids: Extension of the Corpus from 12 to 17 Specimens since Neugebauer and Parker". In: C. Eyre (ed.) *Proceedings of the 7th International Congress of Egyptologists*. Leuven: Peeters, 697–702.

Lull, J. / J. A. Belmonte, 2010. "The Constellations of Ancient Egypt". In: J. A. Belmonte / M. Shaltout (eds.) *In Search of Cosmic Order: Selected Essays on Egyptian Archaeoastronomy*. Cairo: Supreme Council of Antiquities Press, 157–194.

Pischikova, E., 2012. "Conservation and Reconstruction of the Burial Chamber in the Tomb of Karakhamun (TT 223) in the South Asasif Necropolis". *Bulletin of the American Research Center in Egypt* 201(Fall 2012), 7–10.

Symons, S. L., 2002a. "The 'transit star clock' in the Book of Nut". In: J. M. Steele / A. Imhausen (eds.) *Under One Sky: Astronomy and Mathematics in the Ancient Near East* (Alter Orient und Altes Testament 297). Münster: Ugarit-Verlag, 429–446.

— 2002b. "Two fragments of diagonal star clocks in the British Museum". *Journal for the History of Astronomy* 33 (112), 257–260.

— 2007. "A Star's Year: The Annual Cycle in the Ancient Egyptian Sky". In: J. M. Steele (ed.) *Calendars and Years: Astronomy and Time in the Ancient World*. Oxford: Oxbow Books, 1–33.

Symons, S. L., / R. Cockcroft, 2013. "An ancient Egyptian diagonal star table in Mallawi, Egypt". *Journal for the History of Astronomy*, 44(157), 457–463.

Urton, G., 1981. "Animals and Astronomy in the Quechua Universe". *Proceedings of the American Philosophical Society*, 125 (2), 110–127.

van Bomhard, A. S., 2008. *The Naos of the Decades*. Oxford: Oxford Centre of Maritime Archaeology.

von Lieven, A., 2000. *Der Himmel über Esna. Eine Fallstudie zur Religiösen Astronomie in Ägypten am Beispiel der kosmologischen Decken- und Architravinschriften im Tempel von Esna*. Wiesbaden: Harrassowitz.

— 2007. *Grundriss des Laufes der Sterne. Das sogenannte Nutbuch* (The Carlsberg Papyri 8). Copenhagen: Museum Tusculanum Press.

— 2010. "Translating the Fundamentals of the Course of the Stars". In: A. Imhausen / T. Pommerening (eds.) *Writings of Early Scholars in the Ancient Near East, Egypt, Rome, and Greece: Translating Ancient Scientific Texts* (Beiträge zur Altertumskunde. Berlin 286). Berlin / New York: De Gruyter, 140–150.

Willems, H., 1988. *Chests of life: A Study of the Typology and Conceptual Development of Middle Kingdom Standard Class Coffins*. Leiden: Ex Oriente Lux.

Zitman, M., 2010. *The Necropolis of Assiut: A Case Study of Local Egyptian Funerary Culture from the Old Kingdom to the End of the Middle Kingdom*, Leuven: Peeters.

Label	Coffin Siglum[19]	Coffin and Group in *EAT 1*[20]	Publication (if not in *EAT 1*)	Owner and provenance (if not from Asyut)	Orderly?	Date Row?	Rows × Columns + List Columns
T1	S1C	1 (I)		*Msḥti*	Y	Y	12 × 36+4
T2	S3C	2 (I)		*Ꞽt-ib*	Y	Y	12 × 32
T3	S6C	3 (I)		*Ḫw-n-Skr* usurped by *H̱ty*	Y	N	12 × 20
T4	S1Tü	4 (I)		*Ꞽdy*	Y	Y	12 × 19
T5	S2Chass	5 (I)		*Mꜣꜥt*	Y	Y	12 × 16
T6	T3C	6 (II)		*ꜥꜣšyt*, Thebes	Y	N	12 × 35[21]+3
T7	G1T[22]	7 (II)		*Ꞽḳr*, Gebelein	Y	Y	12 × 36+3
T8	A1C	8 (II)		*Ḥḳꜣt*, Aswan	Y	Y	12 × 36+3
T9	S1Hil		(Eggebrecht 1990, 1993)	*Nḫti*	Y	Y	12 × 27
T10	S16C		(Locher 1998; Cockcroft / Symons 2014)	*Nḫti*	Y	N	12 × ?[23]
T11	S2Hil		(Locher 1998; Cockcroft / Symons 2013)	*Wp-wꜣwt-nḫti*	Y	Y	9[24] × ?
T12	S3P	9 (III)		*Ḫw-n-Skr*, *Nḫti*, and *Ḥnn*	Y	Y	12 × 21
K0		- (V)		Lintel in the Osireion, Abydos	Y	Y	12 × ?
K1	S9C	10 (IV)		*Ṯꜣw-ꜣw*	N	N	8 × 23
K2	S5C	11 (V)		*Ṯꜣw-ꜣw*	N	N	12 × 24
K3	S11C	12 (V)		*Šms*	Y	N	12 × 17
K4	S1Tor		(Locher 1983)	*Mrrw*	Y	N	12 × 19
K5	X2Y S3?Mal		(Lapp 1985; Locher 1992; Cockcroft / Symons 2014)	*Rhw-r-ꜣw=sn*, *Nḫti*, and *Ḥnw-kꜣ*, Meir or Asyut	Y	N	8 × 13?
K6	S23L		(Symons 2002b)	*Ꞽni-it=f*	?Y	Y	13[25] × ?
K7	S73L		(Symons 2002b)	Name unknown	?	?	?6 × ?
K8	S1Vien		(unpublished)	*Wp-wꜣwt-m-ḥꜣt* (see Figure 4)	Y	N	10 × 16+0
K9	S46X		(Kahl et al. 2005)	Name unknown (S 04/195)[26]	?	?	?
K10	S2Mal		(Symons / Cockcroft 2013)	*Ḥr-ḥtpw* (Mallawi Antiquities Museum, 567)	Y	Y	9 × 19
X1	T3L		(Locher 1992)	*Sbk-ḥtp*, Thebes	-	-	6 × 40
T/K?	S16X		(Zitman 2010)	*Nḫti* (private collection)	?	?	? × ?

Figure 1: List of diagonal star tables (updated and corrected from Symons, 2007).

[19] For coffin designations and more archaeologiscal and contextual details see (Zitman 2010).

[20] Designations used in (Neugebauer & Parker 1960) where bibliographies for these sources can be found. Neugebauer and Parker's Group I-V follows in brackets.

[21] Symons (2007, Table 1) incorrectly has 36.

[22] There is some confusion over the coffin siglum for this table. Kahl (1993) has G2T throughout except on page 104 where it is designated G1T. However, both Willems (1988) and Zitman (2010) identify the coffin as G1T, belonging to the same owner as G2T.

[23] There is no vertical band in this table (Locher 1998) contra Symons (2007, Table 18).

[24] Symons (2007, Table 19) incorrectly shows an extra (empty) row at the top of the table.

[25] Zitman (2010, n.2194) only lists twelve decans. However, there is a thirteenth row with *ḫntt ḫrt* clearly visible.

[26] At least one other fragment from the same location in Asyut has also been excavated but not yet analysed and so cannot be classified (private correspondence with Jochem Kahl).

I Akhet First decade	1	2	3	4	5	6	7	8	9	10	11	12
Middle decade	2	3	4	5	6	7	8	9	10	11	12	13
Last decade	3	4	5	6	7	8	9	10	11	12	13	14
II Akhet First decade	4	5	6	7	8	9	10	11	12	13	14	15
Middle decade	5	6	7	8	9	10	11	12	13	14	15	16
Last decade	6	7	8	9	10	11	12	13	14	15	16	17
III Akhet First decade	7	8	9	10	11	12	13	14	15	16	17	18
Middle decade	8	9	10	11	12	13	14	15	16	17	18	19
Last decade	9	10	11	12	13	14	15	16	17	18	19	20
IV Akhet First decade	10	11	12	13	14	15	16	17	18	19	20	21
Middle decade	11	12	13	14	15	16	17	18	19	20	21	22
Last decade	12	13	14	15	16	17	18	19	20	21	22	23
I Peret First decade	13	14	15	16	17	18	19	20	21	22	23	24
Middle decade	14	15	16	17	18	19	20	21	22	23	24	25
Last decade	15	16	17	18	19	20	21	22	23	24	25	26
II Peret First decade	16	17	18	19	20	21	22	23	24	25	26	27
Middle decade	17	18	19	20	21	22	23	24	25	26	27	28
Last decade	18	19	20	21	22	23	24	25	26	27	28	29
III Peret First decade	19	20	21	22	23	24	25	26	27	28	29	30
Middle decade	20	21	22	23	24	25	26	27	28	29	30	31
Last decade	21	22	23	24	25	26	27	28	29	30	31	32
IV Peret First decade	22	23	24	25	26	27	28	29	30	31	32	33
Middle decade	23	24	25	26	27	28	29	30	31	32	33	34
Last decade	24	25	26	27	28	29	30	31	32	33	34	35
I Shemu First decade	25	26	27	28	29	30	31	32	33	34	35	36
Middle decade	26	27	28	29	30	31	32	33	34	35	36	A
Last decade	27	28	29	30	31	32	33	34	35	36	A	B
II Shemu First decade	28	29	30	31	32	33	34	35	36	A	B	C
Middle decade	29	30	31	32	33	34	35	36	A	B	C	D
Last decade	30	31	32	33	34	35	36	A	B	C	D	E
III Shemu First decade	31	32	33	34	35	36	A	B	C	D	E	F
Middle decade	32	33	34	35	36	A	B	C	D	E	F	G
Last decade	33	34	35	36	A	B	C	D	E	F	G	H
IV Shemu First decade	34	35	36	A	B	C	D	E	F	G	H	I
Middle decade	35	36	A	B	C	D	E	F	G	H	I	J
Last decade	36	A	B	C	D	E	F	G	H	I	J	K
Epagomenal days	A 25 13 1	B 26 14 2	C 27 15 3	D 28 16 4	E 29 17 5	F 30 18 6	G 31 19 7	H 32 20 8	I 33 21 9	J 34 22 10	K 35 23 11	L 36 24 12

DATE ROW
VERTICAL BAND
OFFERING TEXT
LIST COLUMNS

Figure 2: Ideal schema showing key features of typical diagonal star tables. Adapted from Neugebauer and Parker (1960).

NP	T	
1	**35**	*ṯmꜣt ḥrt*
2	**36**	*ṯmꜣt ẖrt*
3	**1**	*wšt bkꜣt*
3a	**1a**	*wšꜣti*
3b	**1b**	*bkꜣti*
4	**2**	*ỉpḏs*
5	**3**	*sbšsn*
6	**4**	*ḫntt ḥrt*
7	**5**	*ḫntt ẖrt*
8	**6**	*ṯms n ḫntt*
9	**7**	*ḳdty*
10	**8**	*"ḫnwy"*
11	**9**	*ḥry-ỉb wỉꜣ*
12	**10**	*"crew"*
13	**11**	*knm*
14	**12**	*smd srt*
14a	**12a**	*smd*
15	**13**	*srt*
16	**14**	*sꜣwy srt*
17	**15**	*ẖry ḫpd srt*
18	**16**	*tpy-ꜥ ꜣḫwy*
20	**17**	*ỉmy-ḫt ꜣḫwy*
19	**18**	*ꜣḫwy*
21	**19**	*bꜣwy*
22	**20**	*ḳd*
23	**21**	*ḫꜣw*
24	**22**	*ꜥrt*
25	**23**	*ẖry ꜥrt*
26	**24**	*rmn ḥry*
27	**25**	*rmn ẖry*
28	**26**	*ꜥbwt*
29	**27**	*ẖrt wꜥrt*
30	**28**	*tpy-ꜥ spd*
31	**29**	*spd*
32	**30**	*knmt*
33	**31**	*sꜣwy knmt*
34	**32**	*ẖry ḫpd n knmt*
35	**33**	*ḥꜣt ḫꜣw*
36	**34**	*pḥwy ḫꜣw*

NP	T	
1	**35**	*ṯmꜣt ḥrt*
2	**36**	*ṯmꜣt ẖrt*
A	**A**	*smd rsy*
B	**B**	*smd mḥty*
C	**C**	*nṯr ḏꜣ pt*
D	**D**	*rmn ẖry*
E	**E**	*ḫꜣw*
F	**F**	*tpy-ꜥ spd*
G	**G**	*ỉmy-ḫt spd*
H	**H**	*ꜣḫwy*
J	**I**	*ḫꜣw*
K	**J**	*nṯr ḏꜣ pt*
M	**K**	*pḥwy sꜣbw*
L	**L**	*sꜣbw*

Figure 3 (beginning): Reconstructed decan lists T and K from the two families of diagonal star tables (after Symons, 2007).
A new triangle decan "*ḥꜣt sꜣbw*" occuring after *sꜣbw* is described in Cockcroft / Symons, 2013.

NP	K	
31a	**1**	*tpy-ꜥ knmt*
32	**2**	*knmt*
34	**3**	*ẖry ḫpd n knmt*
35a	**4**	*ḥꜣt ḏꜣt*
36a	**5**	*pḥwy ḏꜣt*
1	**6**	*ṯmꜣt ḥrt*
2	**7**	*ṯmꜣt ẖrt*
3a	**8**	*wšꜣti*
3b	**9**	*bkꜣti*
4a	**10/C?**	*sšpt*
5a	**11**	*tpy-ꜥ ḫntt*
6	**12**	*ḫntt ḥrt*
7	**13**	*ḫntt ẖrt*
8	**14**	*ṯms n ḫntt*
9a	**15a**	*spty*
9b	**15**	*spty ḫnwy*
10a	**15b**	*ḫnwy*
11	**16**	*ḥry-ib wiꜣ*
12a	**17**	*sšmw*
13	**18**	*knm*
13a	**19**	*tpy-ꜥ smd*
14a	**20**	*smd*
15	**21**	*srt*
16	**22**	*sꜣwy srt*
17	**23**	*ẖry ḫpd srt*
18	**24**	*tpy-ꜥ ꜣḫwy*
19	**25**	*ꜣḫwy*
21	**26**	*bꜣwy*
21a	**27**	*ḫntw ḥrw*
21b	**28**	*ḫntw ẖrw*
22	**29**	*ḳd*
22a	**30**	*sꜣwy ḳd*
23	**31**	*ḫꜣw*
24	**32**	*ꜥrt*
26a	**33**	*rmn ḥry sꜣḥ*
27a	**34**	*rmn ẖry sꜣḥ*
27b	**35**	*rmn sꜣḥ*
31	**36**	*spd*
31b	**A?**	*štwy*

NP	K	
4	**B?**	*ỉpḏs*
4a	**10/C?**	*sšpt*
5	**D?**	*sbššn*
20	**E?**	*ỉmy-ḫt ꜣḫwy*

Figure 3 (continued): Reconstructed decan lists T and K from the two families of diagonal star tables (after Symons, 2007).
A new triangle decan "*ḥꜣt sꜣbw*" occurring after *sꜣbw* is described in Cockcroft / Symons, 2013.

16	15	14	13	12	11	9		8	7	6	5	9	4	3	2	1
17	16	15	14	13	12	11		9	8	7	6	6	5	4	3	2
18	17	16	15	14	13	12		11	9	8	7	7	6	5	4	3
21	18	17	16	15	14	13		12	11	9	8	8	7	6	5	4
19	21	18	17	16	15	14		13	12	11	9	9	8	7	7	5
22	21	19	18	17	16	15		14	13	12	11	10	9	8	6	6
23	22	21	19	18	17	16		15	14	13	12	11	10	9	8	7
25	23	22	21	19	18	17		16	15	14	13	12	11	10	9	8
26	24	23	22	21	19	18		17	16	15	14	13	12	11	10	9
26	25	24	23	22	21	19		18	17	16	15	14	13	12	11	10

Figure 4: Vienna diagonal star table K8 (Kunsthistorisches Museum, Vienna, ÄS 10035) in schematic form, using decan numbering from the K list (figure 3). Decan 10, *sšpt*, is an ordinary decan in the main body of the table. Decan 20, *smd*, is absent. Areas where the diagonal pattern is disordered are indicated by outlines.

Figure 5: Fragmentary new source K9 from Asyut showing a writing which suggests that it should be classified as a type K table. Reproduced by permission.

	"Blobby" Foreleg	"Bovine" Foreleg	Lunar Months	Ramesside star clock
Tomb of Senenmut Karnak Water-clock Ramesseum Medinet Habu	✓		✓	
Tomb of Ramesses V & VI Chamber F North Aisle Tomb of Ramesses V & VI Corridor C Tomb of Ramesses VII (North part) Tomb of Ramesses IX (North part)	✓			✓
Temple of Seti I at Abydos Temple of Ramesses II at Abydos	✓			
Tomb of Seti I Tomb of Merneptah, Two ceilings in Tomb of Tausert-Setnakht, Conjecturally, a second ceiling in the Ramesseum		✓		
Tomb of Ramesses V & VI Chamber F South Aisle Tomb of Ramesses V & VI Corridor B Tomb of Ramesses VII (South part) Tomb of Ramesses IX (South part)		✓		✓

Figure 6: Families of New Kingdom astronomical diagrams comparing accompanying content.

"Body of Nut" Decan List	"Dates" Decan List
tpy-ʿ knmt	
knmt	*knmt*
ḫry ḫpd n knmt	*ḫry ḫpd n knmt*
ḥꜣt ḏꜣt	*ḥꜣt ḏꜣt*
pḥwy ḏꜣt	*pḥwy ḏꜣt*
ṯmꜣt ḥrt	*ṯmꜣt ḥrt*
ṯmꜣt ḫrt	*ṯmꜣt ḫrt*
wšꜣtỉ	*wšꜣtỉ*
bkꜣtỉ	*bkꜣtỉ*
sbꜣw mḥw ~~*sšpt*~~	*ỉpḏs*
[*tpy-ʿ ḫntt*]	*sbššn* (*ʿb*)
ḫntt ḥrt	
ḫntt ḫrt	
ṯms n ḫntt	
špty ḫnwy	
ḥry-ỉb wỉꜣ	
sšmw	
knmw	
tpy-ʿ smd	
smd	
srt	
sꜣwy srt	
ḫry ḫpd srt	
[*tpy-ʿ ꜣḫwy*]	
[*ꜣḫwy*]	
bꜣwy	
ḫntw ḥrw	
ḥry-ỉb ḫntw	
ḫntw ḫrw	
[*ḳd*]	
sꜣwy ḳd	
ḫꜣw	
ʿrt	
[*ỉwn sꜣḥ*]	*ṯs ʿrḳ*
rmn ḥry sꜣḥ (*wʿrt ḫrt*)	*wʿrt ḫrt*
msḏr sꜣḥ	
rmn ḫry sꜣḥ	*štw*
ʿ sꜣḥ ~~*rmn sꜣḥ*~~	
spd	
sỉꜣt	
wʿrt ḥrt sꜣḥ	
wʿrt ḫrt sꜣḥ	

Figure 7: The two decan lists in the *Fundamentals of the Course of the Stars* (*Book of Nut*). The "Body of Nut" decan list is compared with list **K**. Additions are in bold, deletions are struck out. Decans missing in the Osireion version are supplied from the version in the tomb of Ramesses IV.

Late Babylonian *ziqpu*-star lists: Written or remembered traditions of knowledge?

John M. Steele, Brown University, Providence

Abstract

Several lists of *ziqpu* stars (stars which culminate in order) are known from Late Babylonian sources. This article investigates the structure and content of these lists to explore their relationship to one another and to broader traditions of written knowledge of astronomy in Mesopotamia. I argue that the most commonly used group of *ziqpu* stars was part of a background of remembered knowledge possessed by the scribes, and that the *ziqpu*-star lists were usually written down from memory when required rather than copied from another text. This conclusion has wider implications for how we understand the relationship between textual traditions, tacit knowledge and astronomical practice in Mesopotamia.

1. Introduction

Several thousand cuneiform tablets provide evidence for the practice of astronomy and astrology in Mesopotamia from the second to the end of the first millennium BC. Mesopotamian interest in these subjects encompassed the observation of astronomical phenomena, the development of methods of predicting many of the same astronomical phenomena using a range of methods including the application of lunar and planetary cycles to previous observations and the use of advanced mathematical (one might appropriately say theoretical) methods, and the astrological interpretation of astronomical data.[1] By far the greatest number of astronomical cuneiform

[1] For an introduction to Mesopotamian astronomy, see for example Steele, 2008, 19–65 and Britton / Walker, 1996.

tablets date to the Late Babylonian Period (c. 750 BC–AD 75) and come from central and southern Babylonia.

Ziqpu-star lists provide a useful case study for investigating the textual history of astronomical writings in Mesopotamia. In astronomical contexts the Akkadian word *ziqpu* refers to the culminating point of a heavenly body, that is, the point of highest altitude it reaches in the sky over the course of the daily rotation of the celestial sphere.[2] A *ziqpu*-star list presents a list of successive culminating stars. More than a dozen *ziqpu*-star lists are currently known (editions of several previously unpublished or unedited examples are given in the Appendix). Some of these lists are found on tablets which contain only the *ziqpu*-star list; other tablets containing *ziqpu*-star lists mix this information with other astronomical and/or astrological texts. The aim of this paper is to investigate the *ziqpu*-star lists by looking both at the similarities and differences of the different lists themselves and by considering the other material found on tablets containing the *ziqpu*-star lists. Understanding the history of the *ziqpu*-star lists will provide an insight into the wider development of astronomical traditions in Mesopotamia.

2. Written traditions of astronomy in Mesopotamia

With only a few exceptions all known cuneiform tablets containing astronomical or astrological texts come from either Assyrian cities during the Neo-Assyrian Period (Nineveh, Aššur, Kalḫu and Ḫuzirina) or central and southern Babylonia during the Late Babylonian Period (principally Babylon and Uruk). The combined corpus of astronomical and related texts from both groups totals well over five thousand tablets including collections of celestial omens, reports of astronomical observations, and texts containing astronomical theory. Although many individual tablets containing unique material are known, by far the largest part of the corpus of both Assyrian and Babylonian astronomical tablets consists of texts that are part of a textual tradition. These latter texts may be divided into two groups: "Standard" texts and "genre" texts.

I define "standard" texts as compositions which were known and copied in a more or less standard form over a long time period. Such texts were generally known to scribes by name, often associated with ancient or divine authorship or authority,[3] and were sometimes the subject of later commentaries.[4] These are the texts that form what Oppenheim called the "stream of tradition",[5] and which have often been called "canonical" texts.[6] The term "canonical", however, seems to me to imply that such texts were parts of a fixed corpus of texts and, crucially, that they were presumed to exist in an established, definite and unchanging version, even if

[2] Kugler, 1913–14, 182–192; Schaumberger, 1952.

[3] For example in the so-called "Catalogue of Texts and Authors" edited by Lambert, 1962. See also Lambert, 1957 and Geller, 1990.

[4] Frahm, 2011, 317–338.

[5] Oppenheim, 1977, 13.

[6] For a discussion of this term and its use in Assyriology, see for example Rochberg-Halton (1984), Veldhuis (1998), and Robson (2011).

particular copies were deficient in this regard. Neither characteristic is appropriate for the cuneiform material.[7] Instead, the "standard" texts were, in a sense, living texts that existed in different versions and exhibited an evolution in their form and content as well as in their status and use.[8]

Within the astronomical corpus (and I suspect more broadly) I think it is possible to distinguish two sub-groups of "standard" texts: "Stable" texts and "unstable" texts.[9] Stable texts are texts which exhibit very few differences between manuscripts separated both temporally and geographically. For example, the work MUL.APIN is known in many copies from throughout Assyria and Babylonia from the Neo-Assyrian to the Seleucid Period. The extant manuscripts are all more or less exact copies with only very occasional differences in orthography (either different syllabic spellings or very occasional substitutions of logograms for syllabic spellings). In almost all cases the format and sectional divisions of the text are preserved, the only exception being the occasional combining of the whole two-tablet work onto a single tablet.

Unstable texts, by contrast, show considerable variation in format and content, including many differences in orthography, differences in tablet layout, differences of tablet numbering within series, and even additional text inserted in some versions or text omitted in others. Sometimes these variations seem to follow local traditions. The celestial omens series *Enūma Anu Enlil* is an example of an unstable text. Many variations are found in the preserved sources, especially with regard to the numbering of tablets[10] – so many, in fact, that it has not been possible to reconstruct much of the latter part of the series.

The question of why some texts remain stable while others are unstable is difficult to answer. It is unlikely, for example, that it has to do with who was using the texts because so far as we know MUL.APIN and *Enūma Anu Enlil* were generally used and copied by the same group of scribes. A possible explanation may simply be the length of the different works.[11] MUL.APIN is a short, two-tablet composition whereas *Enūma Anu Enlil* was a long work of about seventy tablets. It is commonly the case that longer works exhibit more variability than shorter works, and often this variability grows increasingly as we move through the tablets.

"Genre" texts are texts which form a group dealing with different cases of the same material. Each text within the group has the same format and basic contents but, for example, covers a different year or a different astronomical phenomenon. Examples among the astronomical corpus include the Astronomical Diaries, the Goal-Year Texts, the Almanacs, the Normal Star Almanacs, and the lunar and planetary Ephemerides. Genre texts often have a title which names the genre of text and gives the specific case to which it relates. For example, Astronomical Diaries are designated as EN.NUN *šá gi-né-e šá* TA y EN TIL z MU x "Regular watching from month y to the end of month z for year x" and the Almanacs as *meš-ḫi šá*

[7] See also Brown (2010), 292–297.

[8] See further Dalley (2012).

[9] In reality, of course, texts fall on a continuum from "very stable" to "very unstable".

[10] Fincke, 2001; al-Rawi / George, 2006.

[11] This suggestion was made to me by Niek Veldhuis.

KUR-*ád*-MEŠ *šá* [d]UDU.IDIM *šá* MU x "Measurements of the reachings of the planets from month y to the end of month z for year x". Generally, the format and content of genre texts are very stable, although sometimes there are small differences in terminology between texts from different cities. Occasionally, new elements are added to the content of genre texts (for example, the inclusion of additional astronomical phenomena or the addition of further details to the recording of a phenomenon that was previously reported only briefly). Generally, such additions were incorporated into the template for that genre and are to be found in all later examples.

3. The *ziqpu*-star tradition

The earliest reference to the *ziqpu* stars is found in MUL.APIN, a compendium of astronomical material whose date of composition is uncertain but which probably predates the Neo-Assyrian Period. The *ziqpu* stars are described as follows:

> DIŠ MUL.MEŠ *šá ziq-pi šá ina* KASKAL *šu-ut* [d]*en-líl ina* MURUB$_4$ AN-*e ina* IGI-*it* GABA *šá* ŠEŠ AN-*e* GUB.MEŠ-*ma* GI$_6$ KUR *u* ŠÚ-*bi šá* MUL.MEŠ *ina lìb-bi-šú-nu im-ma-ru*
> The *ziqpu* stars which stand in the path of Enlil in the middle of the sky opposite the breast of the observer of the sky, and by means of which he observes the rising and setting of the stars at night.[12]

This passage is followed by a list of 14 stars or constellations which culminate in order:

> DIŠ MUL.ŠU.PA MUL.BAL.TÉŠ.A MUL.DINGIR.GUB.BA.MEŠMUL. UR.KU MUL.ÙZ MUL.UD.KA.DUḪ.A MUL.*lu.lim* MUL.ŠU.GI MUL. GÀM MUL.MAŠ.TAB.BA.GAL.GAL MUL.AL.LUL MUL.UR.GU.LA MUL.*e*$_4$-*ru*$_6$ *u* MUL.*Ḫé-gál-la-a-a*
> ŠU.PA, the star of Dignity, the Standing Gods, the Dog, the She-Goat, the Panther, the Stag, the Old Man, the Crook, the Great Twins, the Crab, the Lion, the Frond, and the Abundant One.[13]

Following the list, the group of *ziqpu* stars is again named using almost exactly the same text as in the introduction: PAP *an-nu-tu* MUL.MEŠ *šá ziq-pi* … "All these are the *ziqpu* stars …". It is interesting here that the *ziqpu* stars as a group of stars already has a name, and that that name "*ziqpu* stars" (MUL.MEŠ *šá ziq-pi*) is drawn directly from the function of the stars in the group.

MUL.APIN continues with a list of simultaneous rising and culmination of pairs of the *ziqpu* stars; as noted by Hunger and Pingree there are serious errors in this list if we are to assume that it was based upon observation.[14] It seems more likely that

---

[12] MUL.APIN I iv 1–3; Hunger / Pingree, 1989, 57–58.

[13] MUL.APIN I iv 4–6; Hunger / Pingree, 1989, 58–59.

[14] Hunger / Pingree, 1999, 68–70.

the list was constructed on the basis of other lists combined with various schematic assumptions that underlie other parts of MUL.APIN such as the 360-day year, and the "errors" in the list are due to its schematic foundation. I am unaware of any other texts which refer to the rising of the *ziqpu* stars.

A larger repertoire of *ziqpu* stars is attested during the Neo-Assyrian Period. The *ziqpu*-star list K.9794 contains a list of 26 *ziqpu* stars or star groups with a statement of the intervals between the stars. Several entries in this list overlap with the list of *ziqpu* constellations in MUL.APIN, but K.9794 is more precise in its entries. For example, "The Lion" constellation which appears in the MUL.APIN list is divided into four entries, "The 2 Stars from the Head of the Lion", "The 4 Stars from his Breast", "The 2 Stars from his Thigh", and "The Single Star from his Tail".

The earliest attested use of the *ziqpu* stars to record the time of specific events also dates to the Neo-Assyrian Period. A ritual text, possibly dating to the reign of Sennacherib, uses *ziqpu* stars to define the time during the night at which aspects of the ritual are to be performed.[15] Letters sent to the Neo-Assyrian kings also refer to the use of *ziqpu* stars to time events at night. The earliest example is a letter sent from an unknown scribe to Sargon II reporting a bad storm in which the winds were so strong they "tore off all the tents; people got panicked, horses piled together making a heap". The account next gives the time that the storm began and ended:

> *ina* U[GU] MUL.*kip-pi-te ú-s*[*ar-ri*] *ina* UGU MUL.*taš-ka-*[*a-ti*] [*i*]*t-tu-ú-ah*
> It started at (the culmination of) the Circle star and subsided at (the culmination of) the Triplet star.[16]

Although the term *ziqpu* is not given in this passage, the stars cited are known from the *ziqpu*-star lists making it likely that it is the culmination of these stars that is reported here. (The use of UGU after the preposition *ina* may also be an indication that it is the culmination of the stars that is intended. UGU is a logogram for Akkadian *muḫḫu*, which literally means "topside, upper part". It can be used after *ina* simply to add emphasis, with *ina* UGU simply meaning "at", as in Lanfranci and Parpola's translation, but given its literal sense of "topside, upper part", it may have been used to indicate that the star was at its highest point, in which case we could translate this passage as "At the highest point of the Circle star it started and at the highest point of the Triplet star it subsided".)

Two further letters, one sent by Babu-šumu-iddina of Calaḫ, the other unsigned, report observations of a lunar eclipse at times given by the culmination of a star. Babu-šumu-iddina's letter is badly damaged and although the term *ziqpu* is used, the star name is broken.[17] The unsigned letter, however, is well preserved and in this example both the star name MUL *ku-ma-ru šá* MUL UD.KA.DUḪ.A "The Shoulder of the Panther" and the term *ziqpu* are found.[18]

[15] BM 121206; van Driel, 1969, 90–93.

[16] SAA 5 no. 249; Lanfranchi / Parpola, 1990, 178.

[17] SAA 10 no. 134; Parpola, 1993, 108.

[18] SAA 10 no. 149; Parpola, 1993, 114.

The *ziqpu* stars are also mentioned in a collection of blessings from Ḫuzirina (STT II 340, Obv. 12).[19] One entry reads:

> 12 KASKAL-BU MUL.MEŠ [*z*]*iq-pi šá* KASKAL *šu-ut* ^{d}*en-líl*
> 12 *bēru* are the [*z*]*iqpu* stars of the path of Enlil

This is a statement that there are 360 UŠ in one circuit of the *ziqpu* stars (1 *bēru* = 30 UŠ). A similar statement is found on the *ziqpu*-star list BM 38369+38694,[20] which describes this 360 UŠ as the "circle (*kip-pat*) of the *ziqpu* (stars)".

In Late Babylonian sources the *ziqpu* stars are occasionally mentioned in the Astronomical Diaries and related texts to specify the time of an eclipse. All preserved examples date from between 226 BC and 80 BC,[21] which raises the question of whether this marks a third century BC revival of the practice of using *ziqpu* stars to mark times or whether *ziqpu*-star observations lie behind some of the timings of eclipses given in earlier observational accounts. Some of the references to the *ziqpu* stars in these reports note that the point so-many degrees (UŠ) in front of or behind the *ziqpu* star culminated at the moment the eclipse began. For example, the lunar eclipse of 2 August 123 BC is reported as follows:

> 5 UŠ *ár* MÚL DELE *ziq-pi sin* AN-KU_{10}
> When (the point) 5° behind the Single Star culminated, lunar eclipse.[22]

Because one complete rotation of the sky takes twenty-four hours, a degree of rotation of the sky is equal to 1/360th of a day, which is 1 UŠ of time. Thus, for the Babylonians, there is a direct one-to-one relationship between the culmination of points separated by UŠ in the sky with the time difference between those events measured in UŠ. Both UŠ in the circle of the *ziqpu* stars and UŠ of time can therefore be translated as "degree".[23]

The *ziqpu* stars also appear in a group of Late Babylonian astronomical texts which describe the rising times of arcs of the ecliptic.[24] For each twelfth of each sign of the zodiac, a position in the circle of *ziqpu* stars is said to culminate. This position may be either a *ziqpu* star itself or a point so many degrees in front of or behind a *ziqpu* star. For example,

> ZI 1 UŠ 40 NINDA *ár* MÚL *ku-mar šá* MÚL UD.DA.KA.DUḪ *ana ziq-pu* DU-*ma* ...
> The distance 1;40° behind the Shoulder of the Panther culminates, and ...[25]

---

[19] See Horowitz, 1994, 97.

[20] Horowitz, 1994, 92 and 96–97.

[21] Steele, 2000, 66–68.

[22] Diary No. –122D Obv. 8 (my translation).

[23] See also Brown, 2000.

[24] Schaumberger, 1955; Rochberg, 2004.

[25] LBAT 1499 Rev. 15–16, edited by Rochberg, 2004, 68–69 (my translation).

Further references to *ziqpu* stars are found in a number of individual works of astronomy or astrology. In particular, three tablets (BM 36628+, AO 6483 and U. 197) combine the *ziqpu* stars with late, probably horoscopic, astrology. Two of these tablets, AO 6483 and U. 197, contain parallel passages of the same text which presents a scheme for predicting the life of a child from observations of the *ziqpu* stars at the moment of birth.[26]

4. *Ziqpu*-star lists

The modern term "*ziqpu*-star list" can refer to a number of different types of lists of *ziqpu* stars which have not always been differentiated by scholars. The lists can be grouped into the following categories:

1. Lists of stars which culminate in sequence accompanied by a statement of the distance in *bēru* and UŠ (where 1 *bēru* = 30 UŠ) between culminations. These lists are the most widely attested.

2. Lists of stars which culminate in sequence accompanied by other information. Sometimes this other information concerns distances of some kind (generally not yet understood by modern scholars). In some cases the list is interrupted in places by other remarks.

3. Lists of stars which culminate in sequence which can be reconstructed from individual astronomical or astrological texts. In this case, the text does not itself contain a list, but the arrangement of the text implies that an underlying list was used to construct the text.

In table 1 I summarize all lists of *ziqpu* stars known to me. For each tablet I give details of its publication, provenance information if known (where no information is given it is very likely that the tablet came from Babylon[27]), the type as defined above into which the list falls, and a brief statement of any other material on the tablet. I also give a designation (A, A′, B or C – explained below) indicating which set of *ziqpu* stars is included in the list.

Almost all Late Babylonian astronomical tablets have been found at the sites of Babylon and Uruk, with only a very few examples from Sippar and Nippur. The wide geographical range of *ziqpu*-star lists is therefore notable. For example, UET 6/3 924 is the only astronomical tablet known from Ur, and the Sippar Planisphere is one of only a handful of astronomical tablets from Sippar. This wide geographical distribution of *ziqpu*-star lists suggests that the *ziqpu*-star lists existed in contexts both inside and outside of scholarly astronomical activity. Such a conclusion should not be surprising when we consider that the *ziqpu* stars could be used to mark the time of non-astronomical events, as in the example of the storm reported in the letter SAA 5 no. 249 discussed above. It was not necessary that an individual be an as-

---

[26] Sachs, 1952, 74–75.

[27] For a discussion of the reasons for assigning most unprovenanced astronomical tablets to Babylon, see Sachs, 1948.

tronomer to have enough knowledge of the stars to use them to note the time at night.

Two-thirds of the *ziqpu*-star lists are of the basic list type which I have defined as type 1 above. Of these, all but three are arranged such that each entry is placed on a separate line with the formula *x ana* SN "*x* to SN" where *x* is the distance from the star in the previous line to the star in the current line given in *bēru* and UŠ, and SN is the star name. The exceptions are AO 6478, K.9794 and BM 38369+38694, all of which use the format TA SN_1 EN SN_2 *x* "From SN_1 to SN_2 *x*", where SN_1 and SN_2 are two star names and *x* is the distance separating them given in *bēru* and UŠ. Two of these tablets, AO 6478 from Hellenistic Uruk and K.9794 from Neo-Assyrian Nineveh are exact duplicates and will be treated as one text in the following discussion.[28] In addition to giving distances in *bēru* and UŠ (designated as *ina qaqqari* "on the ground"), AO 6478/K.9794 also gives the corresponding weight of water in a waterclock in *mina* where 1 *mina* is taken to be equivalent to 6 UŠ "on the ground", and (linear?) distances in the sky (designated as *ina* AN.E "in heaven") also given in *bēru* where now 36,0 *bēru* "in heaven" are equivalent to 1 UŠ "on the ground".[29]

Ziqpu-star lists are found both on tablets devoted only to the *ziqpu*-star list (single-text tablets) and on tablets that also contain other astronomical material (multi-text tablets), with the latter being slightly more common. Several lists, however, are preserved on fragments where it is unknown whether they were single- or multi-text tablets. In cases where the *ziqpu*-star lists are found on tablets alongside other material, this other material often also relates to stars. In particular, BM 34639, BM 34790 and BM 36609+ contain copies of a scheme describing the path of the moon through the Normal Stars,[30] and BM 34639 and BM 34790 also contain copies of a text discussing a scheme for the latitude of the moon which is also known from elsewhere.[31] None of these three texts are a duplicate of one-another: They contain separate material which is not shared by the other texts and have different layouts. Even the shared material is generally not an exact duplicate, at least in format. Furthermore, the *ziqpu*-star lists themselves differ on these three tablets: BM 34639 and BM 36609+ contain type 1 lists, but differ both in format and in the repertoire of *ziqpu* stars given in the list, and BM 34790 contains a type 2 list. These tablets exhibit a shared interest in *ziqpu* stars and texts dealing with the path of the moon and its motion in latitude rather than a fixed written tradition.

The *ziqpu*-star lists attest to a repertoire of around thirty *ziqpu* stars that were placed into at least three distinct but overlapping sets. I have designated these as sets A, A′, B and C. All but two of the known *ziqpu*-star lists contain set A or the related set A′. Sets B and C are each only attested in a single source: Set B, found on BM 38369+38694, comprises 14 stars or constellations most of which also appear in set A; set C, found on BM 36609+, appears to use the repertoire of Normal Stars to

---

[28] For a detailed discussion of the significance of a Hellenistic Uruk copy of a Nineveh tablet, see Beaulieu, 2010.

[29] Hunger / Pingree, 1999, 84–88; Horowitz, 1998, 182–188.

[30] Steele, 2007.

[31] The scheme is fully preserved on BM 41004 (Neugebauer / Sachs, 1967, text E) and duplicates. See Steele, 2012.

form a *ziqpu*-star list. Sets A and A′ are used in all the other *ziqpu*-star lists. Set A contains 25 stars or star groups; set A′ contains the same 25 stars or star groups plus one extra entry. Sets A and A′ are attested over a wide geographical and temporal range which suggests that they represent the basic list of *ziqpu* stars used throughout Assyria and Babylonia. Sets B and C, however, appear only once, which suggests that these sets were assembled for specific texts.

The various sources for set A and A′ are compared in tables 2, 3 and 4. In the first column of all three tables I give a translation of the star name taken from Hunger / Pingree (1999, 85). In table 2 I give in the corresponding rows the distance to the *ziqpu* star followed by a transcription of its name as it is given in the type 1 lists. In many cases, only part of the list is preserved; missing parts are left blank. The symbol ⇓ is used to indicate where a list skips a star. Thick horizontal rulings indicate the position of the beginning of the list if it can be determined from the tablet. Tables 3 and 4 contain the same information for the type 2 and 3 lists.

It is immediately apparent from inspecting table 2 that AO 6478/K.9794 is the only type 1 list to include the extra entry ("The Rear Twin").[32] All of the other type 1 lists, so far as they are preserved, contain set A with only 25 stars.[33] The text AO 6478/K.9794 is the most fully preserved type 1 list, and coincidently was the first to be published. For this reason, this tablet has often been considered by modern scholars to be the model for what a *ziqpu*-star list should look like and it has frequently been used to restore other *ziqpu*-star lists.[34] It is apparent, however, that AO 6478/K.9794 is the exception to the standard 25-entry *ziqpu*-star list. Not only does it include the extra entry, it is also one of the two texts which use a different format to the normal list by employing the formula TA SN_1 EN SE_2 *x* rather than *x ina* SN. It may be of significance, as already noted by Koch (1997), that the additional entry in AO 6478/K.9794 appears with different terminology than is used for the rest of the list (*bi-rit* MUL MAŠ.TAB.BA "between the twins", rather than the expected TA MUL MAŠ.TAB.BA EN MUL MAŠ.TAB.BA EGIR-*i* "From the (front) Twin to the Rear Twin"), perhaps suggesting the insertion of this entry into the list. AO 6478/K.9794 is the only *ziqpu*-star list which fully preserves (or allows the reconstruction of) the distances between the *ziqpu* stars. For reasons that remain unexplained,[35] the total number of degrees in the circle of the *ziqpu* stars is 364, rather than the expected 360 as we find stated, for example, in the roughly contemporary

---

[32] See further my comments in Roughton / Steele / Walker, 2004, 540.

[33] BM 61677 contains a clear scribal error in which the scribe has skipped the five stars beginning with "The Knee". The error is probably due to the similarity between the name of "The Bright Star of its Chest" and "The Bright Star of the Old Man", both of which begin with the words *ni-bi-i šá*. See Horowitz / al-Rawi, 2001, 181.

[34] Horowitz / al-Rawi, 2001 explicitly use AO 6478 to restore the distances given in the *ziqpu*-star list found on the Sippar Planisphere, despite the latter text clearly missing the 26th star ("The Rear Twin Star") on AO 6478. As a consequence, Horowitz and al-Rawi are forced to restore the distance between "The Frond" and "The Harness" as 30° even though this distance is given on AO 6478 as 25°, in order to obtain the total of 364° for the complete circle of the *ziqpu* stars found on AO 6478.

[35] For discussion of this issue, see Horowitz 1998, 184–185; Koch, 1997, and Hunger / Pingree, 1999, 86, all of whom offer different explanations for the number 364.

text from Ḫuzirina. This total of 364° is yet further evidence for AO 6478/K.9794 being an atypical list.

Of the type 2 lists all contain the 25-star set A, as probably do all but one of the type 3 lists. The latter exception is the so-called GU text which lists strings of stars, each headed either by a *ziqpu* star or a point at a stated distance in front of or behind a *ziqpu* star.[36] The second string begins with GÌR^{II}-MEŠ *ú* ŠU^{II}-MEŠ *šá* MUL MAŠ.TAB.BA "The Feet and Hands of the Twins" and the third string begins GÌR^{II} EGIR-*ú šá* MUL MAŠ.TAB.BA "The Rear Foot of the Twins". Again, however, it seems that the 26-star list is the exception rather than the norm.

As noted above, individual *ziqpu* stars are used in several other types of astronomical and other texts, ranging from texts containing astronomical observations to theoretical texts discussing the rising arcs of the ecliptic. In table 5 I collect the references to *ziqpu* stars found in such texts. With two possible exceptions, all of the stars used in these other texts are taken from the 25-star set A. LBAT 1503 (Rochberg, 2003, Text C) refers to MÚL.ME *ár-tú šá* MÚL.ALLA "The Rear Stars of the Crab", but I suspect that this is simply an alternate name for "The Crab". BM 36609+ refers to MUL ÙZ "The She-Goat", which is probably another name for "The Lady of Life".[37] Thus, it seems certain that set A containing 25 stars represents the definitive repertoire of *ziqpu* stars used in Assyria and Babylonia.[38] Even in BM 36609+, which presents the *ziqpu*-star list set C in section 9, set A is used in sections 4 and 7.

5. Discussion

I have argued above that there existed a fixed list of 25 *ziqpu* stars that was used throughout Assyria and Babylonia during the first millennium BC. Whilst other lists of *ziqpu* stars did exist, they are attested only in isolated examples and were probably put together by individual scribes for particular purposes which we are not able to reconstruct on the basis of current evidence. The 25-star list, however, was written down on several tablets over a wide geographical range and provided the complete repertoire of stars attested in other astronomical and astrological texts. Clearly there was a long and widespread tradition of knowledge of the list of 25 *ziqpu* stars. In this final part of the paper, I will address the question of whether this tradition should be understood as a tradition of *written* knowledge.

I defined above two groups of texts from the written tradition: "Standard" texts which were known and copied in a standard form over a long time period, and "genre" texts which contain the same type of information for different cases (usually for

---

[36] Pingree / Walker, 1988.

[37] See Roughton / Steele / Walker (2004, 549) for a justification of this statement, to which discussion can be added the entry on line 31 of the so-called GU text (BM 78161), which has MUL GÀM *šá* MUL ÙZ "The Crook of the Goat" where we would expect "The Lady of Life".

[38] The lack of attestation of the 26th star of set A′ in these texts cannot fully rule out the occasional use of that star, but given the other evidence for the primacy of the 25-star set A, it seems more likely that it was not considered part of the standard repertoire of *ziqpu* stars in everyday use.

different years). The basic *ziqpu*-star lists (type 1 in my classification above) do not fit easily into either group: Except for AO 6478 and K.9794, which as I have argued are exceptional also in other ways, none of the *ziqpu*-star lists duplicate any other list, nor do the lists represent different cases of the same set of data presented with the same format or have titles as we would expect for genre texts. Instead, there is a wide variability in the *ziqpu*-star lists: They were written in at least two formats, they were often written alongside different texts on different tablets, and, although their fundamental content does not change, there is considerable variation in the writing of the list itself. Indeed, in no two lists are all of the star names written alike: Sometimes logograms are used instead of syllabic writings or *vice versa*, alternate syllabic spellings appear frequently, the star name may be abbreviated or expanded, and the star determinative may be written with MUL, MÚL or be omitted. Furthermore, different lists sometimes begin with different stars. These variations argue against a direct textual tradition for the *ziqpu*-star lists.

The large variability in the writing of the *ziqpu*-star lists – but crucially not in the stars that form the list itself – may perhaps indicate that instead of being part of a textual tradition, the repertoire of *ziqpu* stars was part of a wider tradition of remembered knowledge that was known to the scribes. I suggest that the *ziqpu*-star lists were generally *not* copied directly from another tablet but rather were written down by scribes from memory. It seems quite plausible that if the *ziqpu* stars were commonly being used to keep track of the passage of time during the night, as the Neo-Assyrian evidence seems to suggest, then the list of stars and the intervals between them could be learnt over time and committed to memory, in the same way as we today learn and memorize our times tables or the order of the letters of the alphabet. To be sure, it is likely that the repertoire of *ziqpu* stars may sometimes – perhaps often – have been learnt from a written form of the list, and occasionally a written list may have been consulted as an *aide-mémoire*. Nevertheless, when the list came to be written down for whatever reason, it was probably recalled from memory rather than copied from another tablet. This process would explain the small but frequent differences in the names of the stars found in the different lists.

It is important to note here that I am arguing for the *ziqpu*-star lists being knowledge that is remembered, not for the memorization of texts. I do not believe that the *ziqpu*-star lists, or any other astronomical texts, were learnt by rote. The differences in the writing of the list in different sources are not due to faulty memory of how the text should be written. The list of *ziqpu* stars was an item of knowledge shared among a community of users and there was no "correct" way to write it down.

My argument that the list of *ziqpu* stars was an item of knowledge that was simply remembered by people and occasionally written down from memory may be easier to accept when we recall that many of the *ziqpu*-star lists appear on tablets which contain a variety of different astronomical and astrological texts. In producing these multi-text tablets, the scribe drew information from a number of sources including, we must presume, his own knowledge. Although on occasions these compilations may themselves have been copied, as in the case of BM 36628+ which contains several cases of the remark *ḫe-pi* "break", I suggest that when such texts were composed, the *ziqpu*-star list was written down from memory rather than copied from another *ziqpu*-star list.

If my suggestion that knowledge of the *ziqpu* stars was primarily remembered rather than written knowledge is correct, it raises the question of how much of the Babylonian astronomical tradition existed mainly in the memories of the practitioners, only occasionally, or sometimes never, being written down. It has often been noted, for example, that the so-called procedure texts of mathematical astronomy do not provide a full explanation of how Babylonian astronomy operated. There must have existed an oral and memory-based tradition of knowledge alongside the written astronomical texts that explained the basic principles of calculating using the techniques of Babylonian mathematical astronomy. Similarly, there must have been a tradition of knowledge of how to make astronomical observations that was never written down but which finds expression in the consistent style and accuracy of observations recorded over more than seven hundred years. An awareness that this tacit astronomical knowledge existed is essential when trying to reconstruct the history of astronomy – and scholarship more broadly – in Mesopotamia.

Appendix: Unpublished or unedited *ziqpu*-star lists

Text A: BM 34639 Obv. I
Copy: LBAT 1501 (collated)

Obv. I
1’ […]
2’ […] ⌜x⌝
3’ [… *maš*]-*a-tum*
4’ […*tak*]-5(error for *šá*)-*a-tum*
5’ [… *a-n*]*a e-du*
6’ […] *a-na* ^{d}*be-lit* TIN
7’ […] *a-na ku-mar šá* MÚL UD.KA.DUḪ.A
8’ […] *a-na* SA$_4$ *šá* GABA-*šú*
9’ […] *a-na kin-ṣa*
10’ […] *a-na a-si-du*
11’ […] *a-na* 4 *šá* MÚL LU.LIM
12’ […] *um-mu-lu-tú*
13’ […] SA$_4$ *šá* MÚL ŠU.GI
14’ […] *a-na na-aṣ-ra-pu*
15’ [… *a*]-*na* GÀM
16’ […] KIŠIB GÀM
17’ […] MAŠ-MAŠ
18’ […] ⌜x x⌝

Text B: BM 38704
Previously unpublished. The obverse contains a *ziqpu*-star list. The reverse is similar to LBAT 1501 Obv. II.

Obv.
1’ […] UŠ *a*-[*na* …]
2’ ⌜10⌝ UŠ *a-n*[*a* …]

3’	2/3 KASKAL-BU	*a-na* M[UL …]
4’	10 UŠ	*a-na* MU[L …]
5’	2/3 KASKAL-BU	*a-na* MU[L …]
6’	2/3 ⌜KASKAL⌝-BU	*a-na* MU[L …]
7’	10 UŠ	*a-na* MUL […]
8’	½ KASKAL-BU	*a-na* MUL *u*[*m-mu-lu-ti*]
9’	½ KASKAL-BU	*a-na* MUL *n*[*i-bu-ú šá* MUL. ŠÚ.GI]
10’	10 UŠ	*a-na* MUL *n*[*a-aṣ-ra-pi*]
11’	½ KASKAL-BU	*a-na* MUL *gam-*[*lu*]
12’	[…] UŠ	*a-na* MUL KIŠIB *ga*[*m-lu*]
13’	[…]-BU	*a-na* MUL *ma-a-*[*šú*]
14’	[…]-BU	*a-na* MUL AL.LUL
15’	[…]-BU	*a-na* 2 MUL *šá* ⌜SAG.DU⌝ […]
16’	[…]	*a-na* 4 MU[L …]

Rev.

1’ […] x […]
2’ [*ina*] ⌜ITU⌝.DU$_6$ […]
3’ *ina* 5 UŠ […]
4’ *ina* ITU.APIN UD-10[+x …]
5’ *ina* ½ KASKAL-BU ⌜x⌝ […]
6’ *ina* ITU.GAN UD-15-K[AM …]
7’ ⌜*ina* ½⌝ KASKAL-BU x M[UL …]
8’ *ina* ITU.AB UD-15-KAM ^{d}UD […]
9’ *ina muḫ* MUL x […]
10’ [*ina* I]TU.ZÍZ UD-15-KAM […]
11’ […] x […]

Text C: U. Mich. 895-551
Copy: YOS 15, 7

1’ […] ⌜x⌝ *an-na* […] ⌜x⌝ […[
2’ [… U]Š *ana* MUL *na-ad-*[*dul-lum* …]
3’ [… U]Š *ana* MUL *kip-*[*pat*]
4’ [… KASKAL]-BU *ana* MUL *šá maš-šá-a-*[*ti*]
5’ […] *ana* MUL *tak-šá-a* […]
6’ […] *ana* MUL *e-d*[*u*]
7’ […] *ana* MUL *be-lit*
8’ […] *ana ku-ma-ri šá* MUL UD.KA.DUḪ.A
9’ […] *ana* MUL *ni-bu-ú šá* GABA-*šú*
10’ […] MUL ⌜*kin*⌝-*ṣi*
11’ […] *ana* MUL *a-si-du*
12’ […] 4 *šá* MUL LU.LIM
13’ […] *ana* MUL *um-mu-li-pu*
14’ […] ⌜MUL⌝ *ni-bu-ú šá* MUL.ŠU.GI
15’ [… MU]L *na-aṣ-pu*
16’ [… MU]L *gam-lum*

17’ […] *rit-na gam-lum*
18’ […]⸢x x⸣ […]

Text D: UET 924
Copy: UET 6/3 924

1’ […]⸢x⸣
2’ [… *a*]- ⸢*na*⸣ MUL […]
3’ [… *a*]-*na* MUL *be-lit* […]
4’ [… *a*]-*na* MUL *ku-ma*-⸢*ri*$^?$⸣
5’ [… *a*]- ⸢*na*⸣ MUL ⸢*ni*$^?$⸣ […]
6’ [… *a*]- ⸢*na*⸣ MUL *k*[*in* …]
7’ [… *a*]- ⸢*na*⸣ MUL ⸢*a*⸣-[…]
8’ [… *a*]-*na* 4 *sa* MUL […]
9’ [… *a*]-*na* MUL *u*[*m*- ...]
10’ [… *a-na*] MUL ⸢*ni*⸣-[…
11’ [… *a-na*] ⸢MUL⸣ […]

Text E: BM 34790 Obv. II
Copy: LBAT 1502 (collated)

Obv. II

1’	⸢x x⸣ […]	[*ana ziq-pi* ...]
2’	2 *šá* GIŠ.KUN-*šú*	*ana ziq-pi* […]
3’	DIL *šá* GIŠ.KUN-*šú*	*ana ziq-pi* […]
4’	MÚL *e*$_4$-*ru*$_6$	*ana ziq-pi* 10$^?$ […]
5’	½ KASKAL-BU *ár* MÚL *e*$_4$-*ru*$_6$	*ana ziq-pi* […]
6’	1 UŠ *ár* ŠUDUN ANŠE *ár*	*ana ziq-pi* 10$^?$ […]
7’	ŠUDUN	*ana ziq-pi* 10$^?$ […]
8’	ŠUDUN ANŠE IGI	*ana ziq-pi* 25$^?$ […]
9’	*kip*$^?$-*bat*$_5$	*ana ziq-pi* 30 […]
10’	*šá maš-a-tú*	*ana ziq-pi* 7 […]
11’	*tak-šá-a-tú*	*ana ziq-pi* 15$^?$ […]
12’	*e-du*	*ana ziq-pi* 30 […]
13’	^{d}*be-lit* TIN	*ana ziq-pi* […]
14’	*ku-mar šá* MÚL UD.KA.DUḪ.A	*ana ziq-pi* […]
15’	⸢*ni*⸣-[…] *šá* GABA-*šú*	*ana* [*ziq-pi* …]
16’	10 UŠ *ár* S[A$_4$] ⸢*šá*⸣ […]	[*ana ziq-pi* …]
17’	4$^?$ UŠ *ina* IGI ⸢x⸣ […]	[*ana ziq-pi* …]
18’	10 UŠ *ár* ⸢x⸣ […]	[*ana ziq-pi* …]

Text F: BM 41570 Obv.
Copy: LBAT 1507 (collated)

This text contains a list of *ziqpu* stars whose culminations correspond to the rising arcs of the zodiacal signs (the stars for each sign are prefaced by MUL-MEŠ ...).

Obv.

1’	x […]
2’	x […[
3’	⸢*a*⸣-[*si-du* …]
4’	4 *šá* LU.[LIM …]
5’	MÚL-MEŠ ⸢x⸣ […]
6’	*um-mu-l*[*u* ...]
7’	SA$_4$ *šá* ⸢x⸣ […]
8’	*na-ṣa-ra* […]
9’	MÚL-MEŠ *šú* […]
10’	GÀM […]
11’	KIŠIB GÀM […]
12’	MAŠ-MAŠ ⸢x⸣ […]
13’	MAŠ-MAŠ […]
14’	ALLA ⸢x⸣ […]
15’	SAG.[DU …]
16’	MÚL-⸢MEŠ⸣ […]
17’	4 *šá* […]
18’	2 *šá* […]
19’	⸢x⸣ […]

Abbreviations and references

AO = Museum siglum Louvre (Antiquités orientales).

BM = Museum siglum of the British Museum, London.

CT = *Cuneiform Texts from Babylonian Tablets in the British Museum*. London: The British Museum, 1896 ff.

K = Museum siglum of the British Museum in London (Kuyunjik).

LBAT = A. J. Sachs / J. Schaumberger (eds.) *Late Babylonian Astronomical and Related Texts Copied by T. J. Pinches and J. N. Strassmaier*. Providence: Brown University Press, 1955.

SAA = *State Archives of Assyria*. Helsinki: Helsinki University Press, 1987 ff.

STT II = O. R. Gurney / P. Hulin, *The Sultantepe Tablets* II. London: The British Institute of Archaeology at Ankara, 1964.

TCL = *Textes Cunéiformes du Louvre*. Paris: Paul Geuthner, 1910 ff.

U = Museum siglum of the Eski Şark Eslerleri Müzesi, Istanbul (Uruk).

UET = *Ur Excavations Texts*. London: The British Museum, 1928 ff.

U.Mich. = University of Michigan.

YOS = *Yale Oriental Series*. New Haven: Yale University Press, 1915 ff.

al-Rawi, F. N. H. / A. R. George, 2006. “Tablets from the Sippar Library XIII. *Enūma Anu Ellil* XX”, *Iraq* 68, 23–57.

Beaulieu, P.-A., 2010. “The Afterlife of Assyrian Scholarship in Hellenistic Babylonia”. In: J. Stackert / B. N. Porter / D. P. Wright (eds.) *Gazing on the Deep. Ancient Near Eastern Studies in Honor of Tzvi Abusch*. Bethesda: CDL Press, 1–19.

Britton, J. P. / C. Walker, 1996. "Astronomy and Astrology in Mesopotamia". In: C. Walker (ed.) *Astronomy Before the Telescope*. London: The British Museum, 42–67.

Brown, D., 2000. "The Cuneiform Conception of Celestial Space and Time", *Cambridge Archaeological Journal* 10, 103–122.

Brown, D., 2010. "What Shaped Our Corpuses of Astral and Mathematical Cuneiform Texts?". In: F. Bretelle-Establet (ed.) *Looking at it from Asia*: *The Processes that Shaped the Sources of History of Science*. Dordrecht: Springer, 277–303.

Dalley, S., 2013. "First millennium BC variation in *Gilgamesh*, *Atrahasis*, the Flood story and the *Epic of Creation*: What was available to Berossos?". In: J. Haubold / G. B. Lanfranchi / R. Rollinger / J. M. Steele (eds.) *The World of Berossos*. Wiesbaden: Harrassowitz, 165–176.

Van Driel, G., 1969. *The Cult of Aššur*. Ansen: van Gorcum.

Fincke, J., 2001. "Der Assur-Katalog der Serie *enuma anu enlil* (EAE)", *Orientalia* 70, 19–39.

Frahm, E., 2011. *Babylonian and Assyrian Text Commentaries*. Münster: Ugarit-Verlag.

Geller, M. J., 1990. "Astronomy and Authorship", *Bulletin of the School of Oriental and African Studies* 53, 209–213.

Horowitz, W., 1994. "Two New Ziqpu-Star Texts and Stellar Circles", *Journal of Cuneiform Studies* 46, 89–98.

— 1998, *Mesopotamian Cosmic Geography*. Winona Lake: Eisenbrauns.

Horowitz, W. / F. H. N. al-Rawi, 2001. "Tablets from the Sippar Library IX. A *Ziqpu*-Star Planisphere", *Iraq* 63, 171–181.

Hunger, H. / D. Pingree, 1989. *MUL.APIN. An Astronomical Compendium in Cuneiform* (Archiv für Orientforschung Beiheft 24). Horn: Berger & Söhne.

— 1999. *Astral Sciences in Mesopotamia*. Leiden: Brill.

Koch, J., 1997. "Kannte man in Mesopotamien das 364 Tage-Jahr wirklich seit dem 7. Jahrhundert v.Chr.?", *Nouvelles Assyriologiques Brèves et Utilitaires* 119.

Kugler, F. X., 1913–14, *Sternkunde und Sterndienst in Babel, Ergänzungen zum ersten und zweiten Buch*. Münster: Aschendorffsche Verlagsbuchhandlung.

Lambert, W. G., 1957. "Ancestors, Authors and Canonicity", *Journal of Cuneiform Studies* 11, 1–14.

— 1962. "A Catalogue of Texts and Authors", *Journal of Cuneiform Studies* 16, 59–77.

Lanfranchi, G. B. / S. Parpola, 1990. *The Correspondence of Sargon II, Part II*: *Letters from the Northern and Northeastern Provinces* (State Archives of Assyria 5). Helsinki: Helsinki University Press.

Neugebauer, O. / A. Sachs, 1967. "Some Atypical Astronomical Cuneiform Texts. I", *Journal of Cuneiform Studies* 21, 183–218.

Oppenheim, A. L., 1977. *Ancient Mesopotamia, Portrait of a Dead Civilization* (rev. ed. Erica Reiner). Chicago: The University of Chicago Press.

Parpola, S., 1993. *Letters from Assyrian and Babylonian Scholars* (State Archives of Assyria 10). Helsinki: Helsinki University Press.

Pingree, D. / C. B. F. Walker, 1988. "A Babylonian Star Catalogue: BM 78161". In: E. Leichty / M. de J. Ellis / P. Gerardi (eds.) *A Scientific Humanist*: *Studies in*

Memory of Abraham Sachs (Occasional Publications of the Samuel Noah Kramer Fund 9). Philadelphia: The University Museum, 313–322.

Robson, E., 2011. "The Production and Dissemination of Scholarly Knowledge". In: K. Radner / E. Robson (eds.), *The Oxford Handbook of Cuneiform Culture.* Oxford: Oxford University Press, 557–576.

Rochberg-Halton, F., 1984. "Canonicity in Cuneiform Texts", *Journal of Cuneiform Studies* 36, 127–144.

Rochberg, F., 2004. "A Babylonian Rising Time Scheme in Non-Tabular Astronomical Texts". In: C. Burnett / J. P. Hogendijk / K. Plofker / M. Yano (eds.) *Studies in the History of the Exact Sciences in Honour of David Pingree.* Leiden: Brill, 56–94.

Sachs, A., 1948. "A Classification of the Babylonian Astronomical Texts of the Seleucid Period", *Journal of Cuneiform Studies* 2, 271–290.

Schaumberger, J., 1952. "Die *Ziqpu*-Gestirne nach neuen Keilschrifttexten", *Zeitschrift für Assyriologie* 50, 214–229.

Schaumberger, J., 1955. "Anaphora und Aufgangskalender in neuen Ziqpu-Texten", *Zeitschrift für Assyriologie* 51, 237–251.

Steele, J. M., 2000, *Observations and Predictions of Eclipse Times by Early Astronomers*. Dordrecht: Kluwer.

— 2007. "Celestial Measurement in Babylonian Astronomy", *Annals of Science* 64, 293–325.

— 2008. *A Brief Introduction to Astronomy in the Middle East*. London: Saqi Books.

— 2012. "Remarks on the Sources for Atypical Astronomical Cuneiform Text E", *Nouvelles Assyriologiques Brèves et Utilitaires* 2012/3, no. 54, 71–72.

— forthcoming. "A Late Babylonian Compendium of Calendrical and Stellar Astrology".

Veldhuis, N., 1998. "TIN.TIR = Babylon, the Question of Canonization and the Production of Meaning", *Journal of Cuneiform Studies* 50, 77–85.

Walker, C. B. F., 2005. "Astronomical Texts". In: I. Spar / W. G. Lambert (eds.) *Cuneiform Texts in the Metropolitan Museum of Art II: Literary and Scholastic Texts of the First Millennium B.C.* New York: The Metropolitan Museum of Art, 315–345.

Weidner, E. F., 1915, *Handbuch der babylonischen Astronomie*. Leipzig: Hinrichs.

Text	Publication	Provenance	Category	*Ziqpu* list	Single-text or multi-text tablet	Other contents
K.9794	CT 26 50 (copy); Weidner (1915)	Niniveh	1	A′	Single	
AO 6478	TCL 6 21 (copy); Weidner (1915)	Uruk	1	A′	Single	
BM 34639	LBAT 1501 (copy); Appendix, text A		1	A	Multi	Normal stars and the path of the moon, lunar latitude
BM 38704	Appendix, text B		1	A	Unknown	
BM 61677	Horowitz and al-Rawi (2001)		1	A	Single	Blank space with crossed lines
MMA 86.11.337	Walker (2005), no. 78		1	A	Unknown	
VAT 16437	Schaumberger 1952	Babylon	1	A	Unknown	
U.Mich. 895-551	YOS 15, 7 (copy); Appendix, text C		1	A	Unknown	
UET 924	UET 6/3 924 (copy); Appendix, text D	Ur	1	A	Unknown	
Sippar Planisphere	Horowitz and al-Rawi (2001)	Sippar	1	A	Multi	Diagram of *ziqpu* stars?
BM 38369+38694	Horowitz (1994)		1	B	Multi	Unknown
BM 36609+	Roughton, Steele and Walker (2004)		1	C	Multi	Rising arcs of the ecliptic, Normal star catalogue, Normal stars and the path of the moon

Table 1 (beginning): *Ziqpu*-star lists.

Text	Publication	Provenance	Category	*Ziqpu* list	Single-text or multi-text tablet	Other contents
VAT 16436	Schaumberger (1952)	Uruk	2	A	Single	
BM 34790	LBAT 1502 (copy); Appendix, text E		2	A	Multi	Normal stars and the path of the moon, lunar latitude
BM 36628+	Steele (forthcoming)		2	A	N/A	Astrology
BM 41570	LBAT 1507 (copy); Appendix, text F		2	A	N/A	Rising arcs of the ecliptic
AO 6483	TCL 6 14 (copy); Sachs (1952)	Uruk	3	A	N/A	Astrology
U. 197	Sachs (1952)	Uruk	3	A	N/A	Astrology
BM 78161	Pingree and Walker (1988)		3	A′	N/A	Strings of stars

Table 1 (continued): *Ziqpu*-star lists.

Star (after Hunger-Pingree)	AO 6478 / K.9794	Sippar Planisphere
Rear Harness	9 MUL ŠUDUN.ANŠE EGIR-*ti*	9 […]
The Circle	12 MUL GAM-*ti*	12 […]
Star from the Doublets	15 MUL *šá maš-a-ti*	15 MUL *šá maš-a-ti*
Star from the Triplets	5 MUL *šá taš-ka-a-ti*	5 MUL *šá tak-ša-a-tum*
The Single Star	10 MUL DILI	10 MUL *e-du*
The Lady of Life	10 MUL GAŠAN TIN	10 MUL GAŠAN TIN
The Shoulder of the Panther	20 *ku-ma-ri šá* MUL UD.KA.DUH.A	20 *ku-mar šá* MUL UD.KA.DUH.A
The Bright Star of its Chest	10 MUL *ni-bi-i šá* GABA-*šú*	10 MUL *ni-bu-ú šá* GABA-*šú*
The Knee	20 *kin-ṣi*	20 *kin-ṣu*
The Heel	20 MUL *a-si-di*	20 MUL *a-si-di*
The Four Stars of the Stag	10 4 *šá* MUL LU.LIM	10 4 *šá* MUL LU.LIM
The Dusky Stars	15 MUL *um-mu-lu-ti*	15 MUL *um-mu-lu-ti*
The Bright Star of the Old Man	15 MUL *ni-bi-i šá* MUL ŠU.GI	15 MUL *ni-bu-ú šá* MUL ŠU.GI
Nasrapu	10 MUL *na-aṣ-ra-pi*	10 MUL *na-aṣ-ra-pi*
The Crook	15 MUL GÀM	15 MUL *gam-lu*
The Hand of the Crook	10 MUL KIŠIB GÀM	10 MUL KIŠIB *gam-lu*
The Twins	30 MUL MAŠ.TAB.BA	30 MUL *ma-a-šú*
The Rear Twin	5 *bi-rit* MUL MAŠ.TAB.BA	⇓
The Crab	20 MUL AL.LUL	20 MUL AL.LUL
2 stars from the Head of the Lion	20 2 MUL.MEŠ *šá* SAG.DU MUL UR.GU.LA	[…] 2 MUL.MEŠ *šá* SAG.DU UR.GU.LA
4 Stars from his Breast	10 MUL 4 *šá* GABA-*šú*	[…] 4 *šá* MUL GABA-*šú*
2 Stars from his Thigh	20 MUL 2 *šá* GIŠ.KUN-*šú*	[…] 2 *šá* MUL GIŠ.KUN-*šú*
Single Star from his Tail	10 MUL DILI *šá* KUN-*šú*	[…] *e-du šá* MUL KUN-*šú*
Frond	10 MUL e_4-ru_6	[…] MUL e_4-ru_6
Harness	25 MUL ŠUDUN.ANŠE	[…] MUL [ŠUDUN.ANŠ]E
Yoke	8 MUL ŠUDUN	8 MU[L ...]

Table 2 (beginning): Type 1 *ziqpu*-star lists.

Star (after Hunger-Pingree)	VAT 16437	BM 38704
Rear Harness		
The Circle		
Star from the Doublets		
Star from the Triplets		
The Single Star		
The Lady of Life	10 MUL […]	10 […]
The Shoulder of the Panther	20 MUL *ku-ma-r*[*u*]	20 MUL […]
The Bright Star of its Chest	10 MUL *ni-bu-u š*[*á* …]	10 MUL […]
The Knee	20 MUL *kin-*[*ṣu*]	20 MUL […]
The Heel	20 MUL *a-si-*[*du*]	20 MUL […]
The Four Stars of the Stag	10 4 *šá* MUL LU.L[LIM]	10 MUL […]
The Dusky Stars	15 MUL *um-mu-lu-tu*	15 MUL *u*[*m-mu-lu-ti*]
The Bright Star of the Old Man	15 MUL *ni-bu-u šá* MUL Š[Ú.GI]	15 MUL *n*[*i-bu-ú šá* MUL ŠU.GI]
Nasrapu	10 MUL *na-aṣ-ra-pi*	10 MUL *n*[*a-aṣ-ra-pi*]
The Crook	15 MUL *gam-l*[*u*]	15 MUL *gam-*[*lu*]
The Hand of the Crook	10 MUL *rit-tú gam-l*[*u*]	10 MUL KIŠIB *ga*[*m-lu*]
The Twins	[…] MUL *ma-a-*[*ši*]	[…] MUL *ma-a-*[*šú*]
The Rear Twin	⇓	⇓
The Crab	20 MUL AL.L[UL]	[…] MUL AL.LUL
2 stars from the Head of the Lion	20 2 MUL *šá* SAG.DU MUL UR.G[U.L]A	[…] 2 MUL *šá* SAG.DU [UR.GU.LA]
4 Stars from his Breast	10 4 *šá* MUL GABA-*šú*	[…] 4 MU[L GABA-*šú*]
2 Stars from his Thigh	20 2 *šá* MUL *ra-pa-a*[*š-ti*]	
Single Star from his Tail	10 MUL *e*-DIL *šá* KUN	
Frond	10 MUL ^{d}*Ze*[*r-pa-ni-tu*]	
Harness	25 MUL […]	
Yoke		

Table 2 (continued): Type 1 *ziqpu*-star lists.

Star (after Hunger-Pingree)	BM 61677	MMA 86.11.337
Rear Harness		
The Circle		
Star from the Doublets	[…]	
Star from the Triplets	5 *tak-*[*šá-a-tum*]	
The Single Star	10 *e-*[*du*]	
The Lady of Life	10 *be-l*[*et* ...]	
The Shoulder of the Panther	20 *ku-ma-ri* […]	
The Bright Star of its Chest	10 *ni-bi-i* […]	
The Knee	20 ⇓	
The Heel	⇓	
The Four Stars of the Stag	⇓	
The Dusky Stars	⇓	
The Bright Star of the Old Man	⇓	
Nasrapu	⇓ *na-aṣ-r*[*a-pi*]	[… MUL *n*]*a-a*[*ṣ-ra-pi*]
The Crook	15 *ga-a*[*m-lu*]	[…] MUL *gam-lum*
The Hand of the Crook	[…] *ri-it-t*[*i gamli*]	[…] *rit-ti gam-lum*
The Twins	[…] *ma-a-*[*šú*]	[…] *ma-a-šú*
The Rear Twin	⇓	⇓
The Crab	*Al-lu-*[*ut-tum*]	[…] MUL AL-LUL
2 stars from the Head of the Lion		[…] 2 MUL *šá ina* SAG.DU [MU]L UR.GU.LA
4 Stars from his Breast		[…] 4 *šá* GABA-*šú*
2 Stars from his Thigh		[…] 2 *šá ra-pa-áš-ti*
Single Star from his Tail		[…] *e-du šá* KUN
Frond		[…] MUL e_4-*r*[u_6]
Harness		[…] *na-a*[*d-dul-lum*]
Yoke		

Table 2 (continued): Type 1 *ziqpu*-star lists.

Star (after Hunger-Pingree)	U. Mich. 895-551	BM 34639
Rear Harness	[...] MUL *na-ad-*[*dul-lum* ...]	[...]
The Circle	[...] MUL *kip-pat*	[...]
Star from the Doublets	[...] MUL *šá maš-šá-a-*[*ti*]	[... *maš*]*-a-*[*tum*]
Star from the Triplets	[...] MUL *šá tak-šá-a*	[... *tak*]*-šá-a-tum*
The Single Star	[...] MUL *e-d*[*u*]	[...] *e-du*
The Lady of Life	[...] MUL *be-lit*	[...] MUL [d]*be-lit* TIN
The Shoulder of the Panther	[...] *ku-ma-ri šá* MUL UD.KA.DUH.A	[...] *ku-mar šá* MUL UD.KA.DUH.A
The Bright Star of its Chest	[...] MUL *ni-bu-ú šá* GABA-*šú*	[...] SA_4 *šá* GABA-*šú*
The Knee	[...] MUL *kin-ṣi*	[...] *kin-ṣa*
The Heel	[...] MUL *a-si-di*	[...] *a-si-di*
The Four Stars of the Stag	[...] 4 *šá* MUL LU.LIM	[...] 4 *šá* MUL LU.LIM
The Dusky Stars	[...] MUL *um-mu-lu-bu*	[...] *um-mu-lu-tú*
The Bright Star of the Old Man	[...] MUL *ni-bu-ú šá* MUL ŠU.GI	[...] SA_4 *šá* MUL ŠU.GI
Nasrapu	[... MU]L *na-aṣ-bu*	[...] *na-aṣ-ra-pu*
The Crook	[... MU]L *gam-lum*	[...] GÀM
The Hand of the Crook	[...] *rit-na gam-lum*	[...] KIŠIB GÀM
The Twins	[...]	[...] MAŠ-MAŠ
The Rear Twin		?
The Crab		
2 stars from the Head of the Lion		
4 Stars from his Breast		
2 Stars from his Thigh		
Single Star from his Tail		
Frond		
Harness		
Yoke	[...]	

Table 2 (continued): Type 1 *ziqpu*-star lists.

Star (after Hunger-Pingree)	UET 6/3 924
Rear Harness	
The Circle	
Star from the Doublets	
Star from the Triplets	[…] x […]
The Single Star	[…] MUL […]
The Lady of Life	[…] MUL *be-lit* […]
The Shoulder of the Panther	[…] MUL *ku-ma-*⸢*ri*$^{?}$⸣ […]
The Bright Star of its Chest	[…] MUL ⸢*ni*$^{?}$⸣-[…]
The Knee	[…] MUL *k*[*in* …]
The Heel	[…] MUL *a*-[…]
The Four Stars of the Stag	[…] 4 *sa* MUL […]
The Dusky Stars	[…] MUL *u*[*m*-…]
The Bright Star of the Old Man	[…] MUL ⸢*ni*⸣-[…]
Nasrapu	[…] MUL […]
The Crook	
The Hand of the Crook	
The Twins	
The Rear Twin	
The Crab	
2 stars from the Head of the Lion	
4 Stars from his Breast	
2 Stars from his Thigh	
Single Star from his Tail	
Frond	
Harness	
Yoke	

Table 2 (continued): Type 1 *ziqpu*-star lists.

Star (after Hunger-Pingree)	VAT 16436	BM 34790
Rear Harness	MÚL *na-dul-lum*	ŠUDUN ANŠE IGI
The Circle	MÚL *kip-pat*	*kip*$^{?}$*-bat*$_5$
Star from the Doublets	MÚL *šá maš-šá-a-tú*	*šá maš-a-tú*
Star from the Triplets	MÚL *tak-šá-a-tú*	*tak-šá-a-tú*
The Single Star	MÚL *e-du*	*e-du*
The Lady of Life	MÚL GAŠAN.TIN	^{d}*be-lit* TIN
The Shoulder of the Panther	MÚL *ku-mar šá* MÚL PI-RIG.KA.DUḪ.A	*ku-mar šá* MUL UD.KA.DUḪ.A
The Bright Star of its Chest	MÚL SA$_4$ *šá* GABA-*šú*	⌜*ni*⌝-[...] *šá* GABA-*šú*
The Knee	MÚL *kin-ṣi*	
The Heel	MÚL *a-si-du*	
The Four Stars of the Stag	MÚL 4 *šá* MÚL LU.LIM	
The Dusky Stars	MÚL *um-mu-lu-tú*	
The Bright Star of the Old Man	MÚL SA$_4$ *šá* MÚL ŠU.GI	
Nasrapu	MÚL *na-àṣ-ra-pu*	
The Crook	MÚL GÀM ^{d}BE	
The Hand of the Crook	MÚL KIŠIB GÀM ^{d}DAM.KI.NUN.KA	
The Twins	MÚL MAŠ.MAŠ ^{d}*nabu u* ^{d}*nergal*	
The Rear Twin	⇓	
The Crab	MÚL ALLA	
2 stars from the Head of the Lion	MÚL 2 *šá* SAG MÚL A	
4 Stars from his Breast	MÚL 4 *šá* GAB-*šú*	
2 Stars from his Thigh	MÚL 2 *šá* GIŠ.KUN-*šu*	2 *šá* GIŠ.KUN-*šú*
Single Star from his Tail	MÚL DIL *šá* KUN-*šú*	DIL *šá* GIŠ.KUN-*šú*
Frond	MÚL *e*$_4$*-ru*$_6$	MUL *e*$_4$*-ru*$_6$
Harness	MÚL *na-ad-dul-lum ár-ku-ú*	ŠUDUN ANŠE *ár*
Yoke	MÚL *ni-i-ri* ^{d}EN.LÍL	ŠUDUN

Table 3 (beginning): Type 2 *ziqpu*-star lists.

Star (after Hunger-Pingree)	BM 36628+	BM 41570
Rear Harness		
The Circle		
Star from the Doublets		
Star from the Triplets		
The Single Star		
The Lady of Life		
The Shoulder of the Panther		
The Bright Star of its Chest		[…]
The Knee		[…]
The Heel		*a*-[*si-du*]
The Four Stars of the Stag		4 *šá* MÚL LU.[LIM]
The Dusky Stars		*um-mu-l*[*u* …]
The Bright Star of the Old Man		SA_4 *šá* […]
Nasrapu	MÚL […]	*na-ṣa-ra*-[…]
The Crook	MÚL […]	GÀM
The Hand of the Crook	MÚL GÀM […]	KIŠIB GÀM
The Twins	MÚL MAŠ.TAB.BA	MAŠ.MAŠ […]
The Rear Twin	⇓	⇓
The Crab	MÚL ALLA	ALLA […]
2 stars from the Head of the Lion	MÚL 2 MUL.MEŠ *šá* SAG.DU UR.A	SAG.DU […]
4 Stars from his Breast	MÚL 4 *šá* GABA-*šú*	4 *šá* […]
2 Stars from his Thigh	MÚL 2 *šá* GIŠ.KUN-*šú*	2 *šá* […]
Single Star from his Tail	MÚL DILI *šá* KUN.ME-*šú*	[…]
Frond	MÚL e_4-ru_6	
Harness	MÚL *na-ad-dul-lum*	
Yoke		

Table 3 (continued): Type 2 *ziqpu*-star lists.

Star (after Hunger-Pingree)	AO 6483	U. 197
Rear Harness	MÚL *na-ad-dul.lu*	[…]
The Circle	[…]	MÚL *kip-pat*
Star from the Doublets	MÚL UTU-*a-ta*	[…]
Star from the Triplets	[…]	MÚL *tak-šá-a-tum*
The Single Star	MÚL *e-du*	[…]
The Lady of Life	[...]	MÚL GAŠAN.TIN
The Shoulder of the Panther	MÚL *ku-mar šá* MÚL U_4.KA.DUḪ.A	[…]
The Bright Star of its Chest	[…]	MÚL *ni-u-ú šá* G[ABA-*šú*]
The Knee	MÚL *kin-ṣi*	[…]
The Heel	[…]	MÚL *a*-[*ṣi-du*]
The Four Stars of the Stag	[MÚL L]U.LIM	[…]
The Dusky Stars		
The Bright Star of the Old Man	[MÚL *ni-bu-ú šá* MÚL ŠU].GI	
Nasrapu	[…]	
The Crook	[…]	
The Hand of the Crook	[…]	
The Twins		
The Rear Twin		
The Crab		
2 stars from the Head of the Lion		MUL.ME *šá* MUL UR.A
4 Stars from his Breast		[…]
2 Stars from his Thigh		2 *šá rap-pa-á*[*š*? …]
Single Star from his Tail		[…]
Frond		MÚL *e-ri*
Harness		ŠUDUN ANŠE *ár*
Yoke		ŠUDUN

Table 4 (beginning): Type 3 *ziqpu*-star lists.

Star (after Hunger-Pingree)	BM 78161
Rear Harness	MUL *na-at-tul-lum* 2-*ú*
The Circle	MUL *kip-pat*
Star from the Doublets	MUL [*šá maš*]-*a-ti*
Star from the Triplets	MUL *tak-ša-a-tú*
The Single Star	MUL *e-du*
The Lady of Life	MUL GÀM *šá* MUL ÙZ
The Shoulder of the Panther	
The Bright Star of its Chest	
The Knee	
The Heel	
The Four Stars of the Stag	
The Dusky Stars	
The Bright Star of the Old Man	
Nasrapu	
The Crook	
The Hand of the Crook	
The Twins	GÌR^{II}-MEŠ *ù* ŠU^{II}-MEŠ *šá* MUL MAŠ.TAB.BA
The Rear Twin	GÌR^{II} EGIR-*ú šá* MUL MAŠ.TAB.BA
The Crab	MUL AL.[LU]L
2 stars from the Head of the Lion	2 MUL *šá* SAG.DU MUL UR.A
4 Stars from his Breast	4 MUL-MEŠ *šá* GABA
2 Stars from his Thigh	2 MUL-MEŠ *šá* GIŠ.KUN MUL UR.A
Single Star from his Tail	MUL DILI *šá* KUN-*šú* MUL UR.A
Frond	MUL e_4-ru_6
Harness	[MUL *na*]-*at-tul-lum*
Yoke	MUL ŠU-PA

Table 4 (continued): Type 3 *ziqpu*-star lists.

Text Type	Text	*Ziqpu*-star
Neo-Assyrian Ritual Text	BM 121206	MUL *e-du šá* KUN-*šú*
Neo-Assyrian Ritual Text	BM 121206	MUL *e₄-ru₆*
Neo-Assyrian Ritual Text	BM 121206	ᵈ*na-dul-lu*
Neo-Assyrian Ritual Text	BM 121206	MUL *na-dul-lu* EGUR-*u*
Neo-Assyrian Ritual Text	BM 121206	MUL UR-*ka-ti*
Neo-Assyrian Ritual Text	BM 121206	MUL *Be-let*-TI.LA
Neo-Assyrian Letter	SAA 5 no. 249	MUL *kip-pi-te*
Neo-Assyrian Letter	SAA 5 no. 249	MUL *taš-ka-*[*a-ti*]
Neo-Assyrian Letter	SAA 10 no. 149	MUL *ku-ma-ru šá* MUL UD.KA.DUḪ.A
Astronomical Diary	Diary No. -225	SA₄ *šá* GABA-*šú*
Astronomical Diary	Diary No. -214	SA₄ *šá* MÚL ŠÚ.GU
Eclipse Observation Text	ADART V 16	4 *šá* GABA-*šú*
Astronomical Diary	Diary -184b	4 *šá* MÚL LU.LIM
Astronomical Diary	Diary -182	MÚL *rit* GÀM
Eclipse Observation Text	ADART V 17	*ku-mar šá* MÚL UD.KA.[DUḪ.A]
Astronomical Diary	Diary -163b	MÚL *na-ad-dul*
Astronomical Diary	Diary -149	MÚL *kin-ṣa*
Astronomical Diary	Diary -134	[*š*]*á* GAŠ[AN].TIN
Astronomical Diary	Diary -87	MÚL 2 *šá* GIŠ.KUN-*šú*
Eclipse Observation Text	ADART V 22	MÚL *tak-šat*
Eclipse Observation Text	ADART V 25	DELE
Goal-Year Text	ADART VI 69	*kip-pat*
Rising Arc Text	Rochberg (2003), Text A	2 MÚL.ME *šá* SAG MÚL.A
Rising Arc Text	Rochberg (2003), Text A	MÚL DELE *šá* KUN-*šú*
Rising Arc Text	Rochberg (2003), Text A	4 *šá* GABA-*šú*
Rising Arc Text	Rochberg (2003), Text A	2 *šá* GIŠ.K[UN-*šú*]
Rising Arc Text	Rochberg (2003), Text A	MÚL *na-at-tul-lum*
Rising Arc Text	Rochberg (2003), Text A	MÚL *e₄-ru₆*
Rising Arc Text	Rochberg (2003), Text B	MÚL *ku-mar šá* MÚL UD.KA.DUḪ.A
Rising Arc Text	Rochberg (2003), Text B	MÚL.ME *ár-tú šá* MÚL ALLA
Rising Arc Text	Rochberg (2003), Text B	MÚL SA₄ *šá* GABA-*šú*
Rising Arc Text	Rochberg (2003), Text B	MÚL *kin-ṣi*
Rising Arc Text	Rochberg (2003), Text C	MÚL GAŠAN.TIN
Rising Arc Text	Rochberg (2003), Text C	MÚL *ku-mar šá* MÚL UD.KA.DUḪ.A
Rising Arc Text	Rochberg (2003), Text C	MÚL.ME *ár*.ME *šá* MÚL.ALLA
Rising Arc Text	Rochberg (2003), Text C	MÚL 2 MÚL.ME *šá* SAG.DU [MÚL.UR.GU.LA]
Rising Arc Text	Schaumberger (1955)	GAŠAN.TIN
Rising Arc Text	Schaumberger (1955)	*kin-ṣi*
Rising Arc Text	Schaumberger (1955)	SA₄ *šá* GABA-*šú*
Rising Arc Text	Schaumberger (1955)	*e-du*
Rising Arc Text	Schaumberger (1955)	*um-mu-lu-tú*
Rising Arc Text	Schaumberger (1955)	GÀM
Uncertain	BM 36609+, Section 4	4 *šá* MÚL LU.LIM
Uncertain	BM 36609+, Section 4	*um-mu-lut*
Uncertain	BM 36609+, Section 4	SA₄ *šá* MÚL ŠU.GI
Rising Arc Text	BM 36609+, Section 7	MUL ÙZ?
Rising Arc Text	BM 36609+, Section 7	SA₄ [*šá* GA]BA-*šú*
Rising Arc Text	BM 36609+, Section 7	*kin-ṣa*
Rising Arc Text	BM 36609+, Section 7	*a-si-du*
Rising Arc Text	BM 36609+, Section 7	*um-mu-lut*
Rising Arc Text	BM 36609+, Section 7	GÀM

Table 5: References to *ziqpu* stars in other texts.

Normative structures in ancient Egyptian mathematical texts

Annette Imhausen, Goethe-University, Frankfurt/Main

Abstract

The article begins with a brief overview of the history of Egyptian mathematics starting with the invention of numeracy and literacy in the Pre-dynastic Period. Although mathematical texts are only extant from the Middle Kingdom and the Second Intermediate Period, other evidence can be used to obtain a basic idea of the character and socio-cultural context of mathematics in Ancient Egypt. The main section of the article focuses on the mathematical texts. Even with the small number of extant sources that are available, regularities in form and content can be traced. Within the mathematical texts, a specific technical vocabulary is used, which apparently was derived from everyday language. This mathematical vocabulary included the designations of objects that were calculated as well as the terminology for mathematical operations. For some operations there are several Egyptian expressions. At least for some terms, their usage is attested throughout the sources. The Egyptian problem texts consist of several differentiated sections. Again, while there are regularities that occur in several sources, there are also variations between them. The origins or motivations for these differences may, in selected exceptional cases, be guessed at.

1. Introduction

Anyone who has ever looked into ancient Egyptian mathematics must wonder about the content of an article with this title – given that the number of available sources for ancient Egyptian mathematical texts is very small indeed. If one counts the Lahun fragments (which once formed parts of several papyri) as one, then there are four hieratic mathematical papyri extant, dating from the Middle Kingdom to the Second Intermediate Period.[1] Except for one of them, the Lahun fragments, there is no known provenance.[2] A second group of seven papyri, known as demotic mathematical papyri, which date to the Graeco-Roman periods, is separated from this first group by over one thousand years. Again these texts mostly come without a documented provenance.[3] A first glance at the about one hundred mathematical problems that can be found within the corpus of the hieratic mathematical texts indicates that while it is straightforward to agree that the individual texts are mathematical texts (using the definition proposed some years ago by Eleanor Robson), they also show prominent individual features that display a certain variety in the style of this genre. Not enough material is extant to come up with a classification like the one that was established for the Mesopotamian corpus. In fact, given the obvious disparity of the individual sources, it seems difficult not to view them simply as four individual chance finds, that are of the same general species, but show very individual features. We have a shortage of source material for Egypt because the Egyptians used papyrus for writing and calculation in everyday life, and papyrus deteriorates (and eventually disintegrates) over time, particularly in the presence of moisture. Since Egyptian life centered around the Nile river, with relatively higher humidity in the air, daily life documents tended not to survive. What we have are largely funerary documents stored in tombs out in the desert, where the abiding dryness helped prolong the life of papyrus and other materials.

This lack of available source material quite obviously has consequences for our knowledge of Egyptian mathematics. However, despite the absence of a large corpus of mathematical texts, I would like to argue (after years of study of the available mathematical texts and other materials) that mathematics, or more generally numeracy, was probably created together with writing and always played a significant role in Egyptian culture. The ability to skillfully manage the available resources (most

---

[1] pMoscow (Struve, 1930), pLahun (Imhausen / Ritter, 2004), pBerlin6619 (Schack-Schackenburg, 1900 and 1902) and pRhind (Peet, 1923).

[2] The Rhind Papyrus was supposedly found "in the ruins of a small building close to the mortuary temple of Ramesses II at Thebes" (Robins / Shute, 1987, 9).

[3] pCairo JE 89127, pBM10399, pBM10520, pBM10794, pCarlsberg30, pGriffith I E.7, and pHeidelberg663 (published in Parker, 1972 and Parker, 1975).

fundamentally labor and grain) enabled Egypt to develop its highbrow cultural achievements, e. g. to execute its monumental buildings. As in Mesopotamia, the source material to gain information about mathematics also includes evidence beyond the corpus of the mathematical texts, which may be used to draw a slightly less sketchy picture of Egyptian mathematics.

Similar to the beginning of the contribution by Jens Høyrup in this volume, I will first give a very brief overview of the history of Egyptian mathematics before sketching the analysis that will be carried out with the Egyptian mathematical texts.

2. (Very) brief overview of the history of Egyptian mathematics

2.1 Pre-dynastic Period and Old Kingdom: The beginnings of numeracy and literacy

Our earliest evidence for written sources from Ancient Egypt originates from Abydos, more specifically from tomb U-j of the pre-dynastic cemetery U at Abydos.[4] Tomb U-j belongs to the elite burials of this cemetery and can be assigned to the pre-dynastic king Scorpion I (c. 3200 BC). The earliest written numerical sources are found on approximately one hundred tags from bone and ivory, into which specific signs were incised. These incisions were then filled with black color. The signs of these tags fall into two groups. There are figurative signs depicting an animal or a human being, and a second group of signs which has arrangements of abstract signs, almost all of which are in the form of horizontal or vertical dashes. Interpreters of these early written objects have argued that the objects of the second group represent quantities. Based on the parallels with notations for quantities of cloth, the horizontal dash is interpreted as the notation for 10; the vertical dash supposedly represented the 1. Tags found at tomb U-j only include groups of one type of these dashes, that is either a group of vertical dashes, or a group of horizontal dashes. In addition, few tags also include a sign of a curled rope, which in later times was used as the sign for 100. Similar tags, which combine numerical symbols of 1, 10, and 100 in the way numbers were written in later times were also recovered from nearby cemeteries, which are a little more recent than cemetery U.

The discovery of these early written objects indicates that in Egypt, like in Mesopotamia, numeracy and literacy were created and developed together, and, presumably like in Mesopotamia (cf. the section "Elementary numeracy and literacy" in the contribution of Jens Høyrup in this volume, p. 193 f.) they were needed for accounting purposes. Thus one might interpret the sources from U-j, which may have recorded quantities and ownership or provenance of grave goods as a mirror of accounting practices of the elite, which they used to carry out in their daily lives. Of these daily life practices – because those took place near the Nile, where evidence was not preserved – no traces are left.

However, the situation in Egypt seems to have been more complex than in Mesopotamia. Apart from the accounting needs of the elite, the rulers also used script and

[4] For a detailed discussion of this material cf. Baines, 2004 and Dreyer, 1998, 181–182.

numbers for representational purposes. Probably the most impressive object in this respect is the ceremonial mace-head of King Narmer, which was found at the site of the Horus cult center Hierakonpolis. On the mace-head, a tribute to king Narmer is recorded, which consists of 400,000 oxen, 1,422,000 goats and 120,000 prisoners. The large numbers make it plausible that this tribute was not "real", but that the mace-head records an imaginary tribute with huge numbers that were meant to impress.

Not enough early sources are extant from Egypt to trace the evolution, development, or even disappearance of numerical or metrological systems, as is possible for Mesopotamia (see below, p. 193 f.). However, the available sources suffice to demonstrate the existence of several metrological systems that were used for different commodities.[5] These early documents also prove the existence and use of the tabular format, and indicate that some ability to manipulate numbers probably existed. In addition, those who worked with numbers, i. e. the scribes, depicted themselves in various scenes of accounting in their tombs. Therefore, from the beginnings of literacy and numeracy to the Old Kingdom, a class of experts arose who worked for the king (in palace or temple administrations) and who developed mathematical practices and concepts that we find in later mathematical texts. At least some evidence for several of these concepts can be found in Old Kingdom sources, e. g. the mathematical concept of *seqed* to describe slanted surfaces.[6] If one assumes that the group of high ranking officials known to Egyptologists through their tombs were mostly identical with those people responsible for the development and practice of mathematical techniques, as their depictions of supervising scenes of accounting seem to indicate, it can also be inferred that the purpose of the mathematical experts and their achievements was to serve their king in his rule, and, moreover, that the mathematical experts derived their importance from their respective close relationship to their king.

2.2 First Intermediate Period: Securing basic needs

With the break-down of the central administration and governance, it fell to the local nomarchs to secure the provisions for their communities in – at least at the beginning – difficult times with low inundations that led to famines. Two dynasties fought for supremacy in ruling the land, one based at Heracleopolis in the North and the other from Thebes in the South. The nomarchs now used the mathematical knowledge that they gained in the service of the king to organize their local communities. New commodities, produced specifically for people below the elite members of society seem to indicate that this developed well. The nomarchs themselves boasted in the autobiographies of their tombs about their achievements to ensure that food was distributed so that nobody starved. Thus the official *Merer* from Edfu

---

[5] Cf. for example the archives of Gebelein and Abusir with their administrative documents and accounts (de Cenival / Posener-Kriéger, 1968; Posener-Kriéger, 1976; Posener-Kriéger / Demichelis, 2004).

[6] See Imhausen, 2006, 21 and Rossi, 2004, 185–192.

records that: "I buried the dead and nourished the living, wherever I went in this drought which had occurred. I closed off all their fields and mounds in town and countryside, not letting their water inundate for someone else, as does a worthy citizen so that his family may swim. When it happened that Upper Egyptian barley was given to the town, I transported it many times. I gave a heap of white Upper Egyptian barley and a heap of *ḫmi*-barley, and measured out for every man according to his wish."[7]. The letters of *Heqanakht*, a priest who wrote to his family while he was away on business, also include detailed instructions on work issues and provisioning for the family.[8] Thus, the ideal of an administrator ("a working mathematician") was now oriented towards his achievements in terms of provisioning for his subordinates, and his mathematical abilities (which were supposedly still mostly used in order to administer food and work) were necessary in order to ensure the well-being of his community.

2.3 Middle Kingdom: Egyptian mathematical papyri

The Middle Kingdom is the earliest period from which at least a small number of mathematical papyri has survived. After the re-unification of the land under Mentuhotep II the pharaohs re-organized the administrative structures of the land to ensure that power was securely kept by the king and his closest associates. This came with a relocation of the capital from Memphis in the north to *Ỉṯj-tꜣ.wj* further south. The appearance of mathematical texts from this period may not only be the result of the hazards of preservation, but may also reflect a conscious re-organization of the education of future administrators, which led to the increased production of school-texts, like the mathematical texts. While the provenance of the Moscow Papyrus may remain unclear, the Lahun Mathematical Fragments are one of the few examples with a secured provenance, namely the pyramid-town of Senusret II. The town was inhabited by workers and staff for the pyramid and its associated temple. The scientific texts found at Lahun provide information about expertise that was taught to these people. Apart from the mathematical texts, gynecological and veterinary papyri have also been found pointing to education or expertise in these areas.[9]

2.4 Second Intermediate Period

Not much is known about mathematical achievements during the Second Intermediate Period. Some of Egypt was ruled by a dynasty of foreign rulers known as the Hyksos (15th dynasty), who resided in Avaris in the Delta. However, the Hyksos never managed to gain control over all of Egypt, and were finally defeated by the Egyptian 17th dynasty of kings residing in Thebes. Due to the disparity of individual regions and rulers, and the scattered evidence of this period, much is still unknown. However, it is noteworthy that the "best" mathematical papyrus that is still extant and today known as the Rhind (Mathematical) Papyrus was written, or rather cop-

---

[7] Translation from Lichtheim, 1975, 87.

[8] For a translation of the letters see Allen, 2002.

[9] For an edition of the scientific texts see Collier / Quirke, 2004.

ied, during this period. The scribe who wrote the text indicates in the title the date of copying the text and the information that he copied from an earlier (supposedly Middle Kingdom) manuscript. Based on the units of measure used in the papyrus, it is assumed that some parts of the papyrus may be of later than Middle Kingdom origin. Compared to earlier papyri, the Rhind Papyrus is a more systematic collection of mathematical problems and tables of various kinds, possibly reflecting the wish to compile a comprehensive survey.

2.5 New Kingdom: Evidence for the continued estimation of mathematical knowledge

Only very few mathematical texts are extant from this period, which may indicate a systematic difference in the handling of mathematical practices at this time compared to the Middle Kingdom; however, given the scarcities of Egyptian mathematical texts (resulting from the choice of papyrus as writing material and the fact that mathematics happened near water, which in turn is deadly for the preservation of papyrus), this may simply be a chance outcome. At least two (though very small) mathematical texts have been identified. However, written evidence from another type of text is extant, which reflects if not the actual mathematical practices then at least the reputation that mathematics had during this time. If these texts, which also originate from the context of the scribal milieu if not also scribal education, can be trusted, mathematics always held a key place within the education of a scribe, and, the ability to handle mathematical problems was one of the elements that served as an attribute of a member of the scribal class.

2.6 Graeco-Roman periods: Demotic mathematical papyri

There is no textual evidence for mathematics from the Third Intermediate or the Late Periods. However, the Graeco-Roman periods again provide us with some mathematical texts, all of them presumably originating from temples, where the indigenous knowledge was being preserved. While some of the key features of the earlier mathematical texts are still present, some noteworthy changes can also be observed. The types of problems are significantly different from the earlier texts. In addition, some problems can be shown to have a Mesopotamian origin and thus demonstrate an influence from Mesopotamia or even a mathematical exchange between the two cultures.

3. Methodological framework for the analysis of Egyptian mathematical texts

Within the history of Egyptian mathematics as outlined above, the Middle Kingdom holds a special place. It is the first time that we have written evidence for the mathematical practices of Ancient Egypt that provides us with detailed insights on the type of mathematical problems that were tackled and the solutions that were found to handle them. The Egyptian mathematical papyri (both hieratic and demotic) are most generally collections of problem texts and tables; the hieratic mathematical papyri contain approximately 100 problems as well as several tables.[10] The demotic mathematical texts from the Graeco-Roman periods constitute a corpus of approximately the same extent. The general form of the problems is consistent: concrete problems are described rhetorically with specific numeric values and are then solved in the form of step-by-step procedures. Thus, the mathematical problem texts have generally been characterized by Jim Ritter as *rhetoric*, *numeric* and *algorithmic*.[11] Within the texts of the individual problems, some further information is sometimes written down, most notably drawings in problems with geometrical content.[12]

Despite the obvious limitations caused by the scarcity of the available source material, a comparison of the individual papyri within each group, but also the two groups against each other, might yield information about the form and content of collecting, preserving and teaching mathematical knowledge. This article will first look at the available evidence of the hieratic mathematical papyri. Subsequently (i. e. *not* in this article), the demotic material will be analyzed to then also provide a basis for a comparison of hieratic and demotic mathematics.[13]

Four aspects will be used to establish a framework for the comparison:

- content,
- formal structure,
- technical language and
- grammar.

The examination of the *content* compares the types of tables (for the hieratic mathematical texts these are metrological tables and tables used in fraction reckoning) and problems (e. g. bread-and-beer-problems, calculations of granaries, area calculations). For some problem groups the title or introductory section includes a specific key word that may help to identify problem groups. The *ꜥḥꜥ*-problems, for example, ask to determine an unknown quantity (*ꜥḥꜥ*) from a given operation carried out with

---

[10] Note that the editions that are usually referred to (that of Wasili Struve for pMoscow and that of Thomas Eric Peet for pRhind) number individual items of the papyri consecutively, not differentiating between problems and tables. In some instances, not enough text is preserved to make a clear distinction.

Further hieratic mathematical texts are: The Mathematical Leather Roll in the British Museum (BM 10250) which comprises two versions of a table for fraction reckoning, two wooden boards (Cairo CG 25367 and 25368) which hold calculations concerning the *hekat* and two ostraca which hold several incomplete lines of text. Not enough text is preserved on the ostraca to be included here; as for the leather roll, the table preserved on it also stands isolated within the corpus.

[11] Cf. Ritter, 1995, 49.

[12] In these examples two types of drawings can be differentiated, on the one hand, larger sketches that serve to illustrate the problem, and on the other hand in-line-drawings, usually a little bit taller than a hieratic sign, which are used within the text of the problem to refer to the geometric object. It must be stressed that neither type of drawing is to scale, and therefore the larger drawings must always be read with their numeric annotations.

[13] At present the procedures of the demotic mathematical papyri are studied by me in the ALGO project, which looks at mathematical procedures of various pre-modern cultures.

this quantity and the result of this operation. For example, the beginning of the ꜥḥꜥ-problem found in problem 26 of the Rhind Papyrus reads: "A quantity (ꜥḥꜥ), its fourth has been added to it, it has become 15". Likewise the text of thirteen other problems of the same kind (nine from the Rhind Papyrus, two from the Moscow Papyrus and one from the Papyrus Berlin 6619 fragment), that ask to determine an unkown quantity from a given operation carried out with this quantity and its result, includes the word ꜥḥꜥ, mostly in the opening section of the text. However, it must be noted that at least three problems from the Rhind Papyrus, which also belong to this group, do not explicitly mention the term ꜥḥꜥ. Hence the occurrence of a key word may help to identify a problem as an example of a certain problem group, but the presence of this key word is not a necessary feature.

The analysis of the *formal structure* looks at individual sections of problem texts (e. g. the separation of individual problems and the marking of individual sections of problems or tables). Despite being (mostly) written in the form of a prose text, some problems show a specific spatial arrangement. In addition, the use of red ink allows further differentiation of individual parts of a problem.

The formal structure is further expressed through the use of a specific *technical language*. A number of key phrases is used to indicate the beginning of a problem or a subsection within that problem. Specific words are used to indicate mathematical operations and the objects of individual problems. Furthermore, Egyptian mathematical texts (and also Egyptian medical texts) use specific grammatical forms, e. g. the *sḏm.ḫr=f*. The individual forms are used for specific purposes (e. g. imperatives in the instructions and nominal phrases to announce specific situations).

3.1 The content of the hieratic mathematical papyri

3.1.1 Problem texts

According to their content (or maybe better their setting), the individual problems can be assigned to a number of groups. Some of these groups have a good number of problems with parallels or variations. The group of the calculation of volumes of granaries, for example, has examples that calculate the volume of a granary with a circular base (problems 41–43 of the Rhind Papyrus) or with a square base (problem 44 of the Rhind Papyrus), but also examples of problems that calculate the dimensions of a granary from a given volume (problems 45 and 46 of the Rhind Papyrus). From a mathematical point of view, the problems of one group therefore may display several different procedures, depending on the mathematical features that belong to the setting of a given problem – thus the calculation of the volume of a granary with circular base includes the calculation of the area of a circle, and that of the volume of a granary with square base the calculation of the area of a square. Likewise, the problems that teach the calculation of work-produce are mathematically dependent on the type of product with its respective mathematical implications. Maybe due to the few mathematical sources that are available, there is also a number of problems that remain one of a kind.

Some problems can be identified as members of a specific problem group through specific designations used in the titles or the text of their problems (e. g. *ꜣḥ.t* in the titles of area calculations). Often, this key word or key expression refers to the object of the calculation.[14] The key word may be used within the title of the problem, however, there are some examples where the key word only appears within the text of the problem. Other examples do not have the explicit mentioning of the key word at all, but include numbers that indicate the specific value of the quantity designated by the key word. This is attested most notably in the bread-and-beer-problems with their key word *pzw*. Of the 21 bread-and-beer-problems the text of five does not involve the word *pzw*, but in each of these problems, a numeric value for a *pzw* is indicated.

Table 1 indicates the various problem types and their occurrences among the hieratic mathematical papyri. Not included in this table were problems 1 and 18 from the Moscow Papyrus, problems 2–4 from Papyrus Berlin 6619, and two problems from the Lahun fragments, namely UC32118B-1 and UC32118B-2, because their texts are too fragmentary to assign them to a specific group. Likewise, the reference for a ration problem from the Lahun Papyri is indicated in square brackets, because problem UC32160-1 is likely to be an example for this problem group; however, the text is too fragmentary to assign this definitely. As regards the counts of the key word, it was counted equally, if the key word appears in the title of the problem or elsewhere in the problem text. However, if the key word is not spelled out, but only the respective numeric value is indicated in the text of a problem, it was not counted within table 1.

[14] Only those instances have been included in the table where a key word is attested in more than one problem.

topic	*key word or phrase*	*pRhind*	*pMoscow*	*pLahun*	*pBerlin*
abstract quantities	*ꜥḥꜥ* (12 + [1])	11	2	[1]	1
quantities in hekat	*jw=j hꜣꜣ.kwj…* *jw=j mḥ.kwj* (4)	4	-	-	-
completion of a number	*skm* (3)	3	-	-	-
area	*ꜣḥ.t* (9)	8	5	[1]	-
fractional part	not enough problems extant	1	-	-	-
volume (building)	not enough problems extant	-	1	-	-
number 7	not enough problems extant	1	-	-	-
rations	*pzš* (2)/*jr.t tꜣ.w* (6)/ *tꜣ n zj* (2)/*ꜥq.w* (3)	15	-	[1]*	-
bread-and-beer	*psw* (16)	10	11	-	-
volume (granary)	*šꜣꜥ* (6)	6	-	1	-
work produce	*bꜣkw* (5)	2	2	1	-
value of metals	not enough problems extant	1	-	-	-
pyramid properties	*sqd* (6)	6	-	-	-
(parts of) boats	heterogeneous[15]	-	2	-	-

Table 1: Mathematical problems according to content
(Numbers in columns of papyri indicate the respective number of problems of this type within this papyrus; the numbers in round brackets in the key word column indicate how many problems of the group use this key word).

As can be seen from table 1, there are four problem groups that have at least ten representatives among the problems of the extant mathematical papyri:

- problems concerning abstract quantities (generally known as *ꜥḥꜥ*-problems)
- problems concerning the calculation of areas

[15] The two problems from the Moscow Papyrus seem to use the designation of the specific ship part that is calculated (problem 2: *ḥmw* "rudder", problem 3: *ḥt-ṯꜣw* "mast") in their titles. Both problems are very fragmentary, therefore it is impossible to determine if another common term was used in the texts.

- ration-problems
- bread-and-beer-problems

The following discussion will focus on these four groups, which are well suited to represent the similarities and differences of the individual problems belonging to them. The groups themselves vary insofar that the fifteen *ꜥḥꜥ*-problems have representatives from all of the mathematical papyri (similarly, the fourteen area-problems come from three of the four mathematical papyri), but the twenty-one bread-and-beer-problems are distributed (almost equally) between only two papyri (Rhind Papyrus and Moscow Papyrus), and of the sixteen ration-problems fifteen come from the Rhind Papyrus and the only other from Lahun (which also happens to be an example that is too fragmentary to assign it with certainty to this group).

The *ꜥḥꜥ*-problems within the Rhind Papyrus can be found as one block covering problems 24–34. Within the Rhind Papyrus, this also indicates their assocation. Of these eleven problems the text of nine problems includes the key word *ꜥḥꜥ*. The two *ꜥḥꜥ*-problems, which do not have the term *ꜥḥꜥ* in their text, are problems 28 and 29, which are written in two columns in one section of the papyrus;[16] furthermore, problem 29 is solely a sequence of calculations without any written instructions. Thus one could argue that the lack of the term *ꜥḥꜥ* in the text of problem 29 is due to the missing text in that problem. Problem 28, however, does not follow the formulation chosen uniformly in the preceding problems 24–27, but instead has a playful variant, that does not include the term *ꜥḥꜥ*. In addition, its solution, which is obtained at the end of the second line (of the five lines of text that belong to this problem), is not marked as such. The following problem 30 of the Rhind Papyrus also uses a formulation of the problem that does not include the term *ꜥḥꜥ*, but this problem has the term within the statement of solution. The following problems 31–34 of the Rhind Papyrus all include *ꜥḥꜥ* in the beginning of the problem text, as do the two examples from the Moscow Papyrus (problems 19 and 25). The example from the Lahun Papyri (UC32134A) is fragmentary at its beginning. From what remains, however, at best a writing of *ꜥḥꜥ* that only consisted of the hieroglyph P6 without its usual phonetic complement and determinative would be possible, but it is probably not very likely.[17] The problem of the Berlin 6619 Papyrus fragment is also fragmentary at the beginning but has clear attestations of the use of *ꜥḥꜥ* in the opening section. To sum up the evidence so far, the usage of the technical term *ꜥḥꜥ* within the title of this

[16] The scribe of the Rhind Papyrus used seven horizontal lines to subdivide the papyrus into smaller stripes. The problems are usually written within one of these stripes, often in two columns.

[17] The edition of Griffith, 1898, pl. 8, however, has neither the sign P6 nor the suffix pronoun *-f*. The hieroglyphic transcription given in Imhausen, 2003 includes the writing of *ꜥḥꜥ* with the sign P6 only, based on the assumption of a following suffix pronoun 3rd pers. Sg. m., which is at best fragmentary as well. The edition Imhausen / Ritter 2004, in which the hieroglyphic text was provided by Mark Collier and Stephen Quirke, suggests the reading of an *ꜣ* and a *q* before the sign for the bird, which is probably the best guess for the fragmentary signs but for which it is difficult to propose a transcription and translation. Thus, the assumption of *ꜥḥꜥ* in this problem is rather unlikely.

problem group is common (as is indicated by the majority of the problems from the Rhind Papyrus and the two examples of the Moscow Papyrus), but apparently not absolutely formally required, as especially the problems 28 and 30 of the Rhind Papyrus seem to indicate.

A problem group that is similar to the *ꜥḥꜥ*-problems, with four representatives that are all found in the Rhind Papyrus, calculates unknown quantities indicated in the unit *hekat*. The examples of this problem group are placed directly after the *ꜥḥꜥ*-problems. While the examples of this problem group are uniformly characterized by the phrase *jw=j hꜣꜣ.kwj …jw=j mḥ.kwj* "I have gone into… and I am filled" used in the opening in all examples, the use of *ꜥḥꜥ* as a designation for the quantity that is sought after is also attested in the question of problem 36.

Based on the evidence from this admittedly small corpus of problems, it seems that a problem group had a basic formulation, within which the given quantities were introduced and the sought-after quantity was asked for. However, in specific instances, as for example in problem 28 of the Rhind Papyrus, the scribe deviated from the standard wording.

The second group of problems is the calculation of areas. This has examples from all but one of the mathematical papyri. These mostly involve areas of two-dimensional objects: Triangles, circles, and others. However, at least one of the areas was supposedly that of a three-dimensional object – exactly which three-dimensional object is unfortunately still disputed.

Of the eight problems concerned with areas in the Rhind Papyrus (problems 48–55), six include the technical term *ꜣḥ.t*.[18] Problem 48, the supposed first area problem, does not include *ꜣḥ.t*. However, problem 48 only consists of a sketch and two calculations without further explanatory text. In addition, it is found at the bottom of the column preceding the column with all other area calculations and may therefore be a later addition to the text by the scribe. The only other problem of this type from the Rhind Papyrus that does not use the term *ꜣḥ.t* is problem 53, which again only consists of a drawing, several calculations, and one line of text and is, therefore, difficult to understand. In all of the other problems, *ꜣḥ.t* is used within the title of the problem. The areas that are calculated within the Rhind Papyrus are of various geometrical shapes (rectangle, circle, triangle, trapezium). The titles of these problems also indicate which shapes these are either with *ꜣḥ.t* followed by the indication of the shape, e. g. *ꜣḥ.t dbn* in the calculation of a circle in problem 50, or by mentioning the geometric shape first followed by *ꜣḥ.t*, e. g. *spd.t m ꜣḥ.t* in problem 51. In addition, problems 54 and 55 calculate the subdivision of an area into a number of equal-sized areas (problem 54: division of an area into 10 areas, problem 55: division of an area into 5 areas). There is no information about the geometric shape of the areas involved. Mathematically, the solution of these two problems is achieved through division and does not involve the knowledge of any geometric properties as in the other examples. However, the location of these problems and the usage of *ꜣḥ.t* in

[18] On the use of *ꜣḥ.t* to designate a mathematical area, cf. Imhausen, 2003, 67.

their titles seem to indicate that they were perceived as belonging to this group of problems.

Of the five problems from the Moscow Papyrus, problem 4 is a duplicate of problem 51 from the Rhind Papyrus. Unfortunately, the text of the Moscow version of the problem is rather fragmentary, with about 50% of the problem text destroyed. The title of the problem (which is preserved almost completely) does not include the term *ꜣḥ.t*; if it was used to indicate the result cannot be said; the extant text does not include *ꜣḥ.t*. Problem 10 of the Moscow Papyrus (dealing with a three-dimensional object) includes *ꜣḥ.t* in the question for the quantity, that is the area, that should be determined and in the indication of the solution. The other three area-problems from the Moscow Papyrus, problems 6, 7 and 17 are not calculations of areas, but rather calculations in which areas and the ratio of two sides of geometric objects (rectangle, right triangle) are given and the length of the respective sides is sought. Problems 7 and 17 include *ꜣḥ.t* with the indication of the area of the geometric object as one of the data. Problem 6, 7, and 17, however, all include the indication of the ratio of length to width (*ꜣw n wsḫ*) and in problem 7, this ratio is designated by the term *jdb*.

The single problem of this type from the Lahun Papyri (UC32162-1) is very fragmentary in the first three lines of its text, and therefore it cannot be determined if it used the word *ꜣḥ.t* in its title. The problem also includes the indication of a ratio (however, without explicitly indicating *ꜣw, wsḫ* or *jdb*), the result being indicated as "10 rectangles of 4 to 3 cubits".[19]

Thus, the evidence for the area-problems is not as straightforward as for the previous group. Within the Rhind Papyrus, the technical term *ꜣḥ.t* seems to have been the term that also designated the basic idea of the problem group: calculations that involved an area of some kind. That this included various geometric shapes, which would require distinct algorithms was not predominant in placing the examples for this group together. The Moscow Papyrus, however, seems to have put the emphasis on the geometric shape involved, and therefore the titles of the problems indicate only the geometric object ("*tp n jr.t spd.t*" in problems 4, 7, and 17, "*tp n jr.t ꜥ.t*" in problem 6, "*tp n jr.t nb.t*" in problem 10). Only problems 4 and 10 calculate the area, and in problem 10, the word *ꜣḥ.t* is explicitly written in the question for the quantity to be determined. In problem 4, the section of the papyrus that once held this question is not extant. The problem from the Lahun Papyri likewise is too fragmentary in the beginning to determine if the term *ꜣḥ.t* was used.

We can see from this that there is a difference in the usage of the supposed key term *ꜣḥ.t* for this problem between the Rhind and Moscow Papyri; while the Rhind Papyrus uses it like *ꜥḥꜥ* to indicate a certain type of problem, the Moscow Papyrus does not seem to use a term to group the area problems together. The same might be assumed for the sub-group that involves the ratio of sides of a geometric object. While there is a specific term that indicates the ratio of two sides, *jdb*, this was not used as a key word in the title of the respective problems.

---

[19] The translation given in Imhausen, 2003, 355 therefore must be "Das, was resultiert, sind 10 Rechtecke von 4 auf 3 Ellen."

In the Rhind Papyrus, the group with the most problems are the ration problems, which is – at least at first glance – not surprising, since determining rations must have played a prominent role in the work lives of many scribes, of which some evidence survived.[20] It is even included in the literary description of scribal skills of Papyrus Anastasi I of the New Kingdom. However, the number of ration problems from the Rhind Papyrus may be misleading, as they are placed in smaller groups throughout the papyrus: there are six ration problems at the very beginning (problems 1–6) which basically seem intended to provide training in the use of a table. Likewise, three problems at the end of the Rhind Papyrus (problems 82–84) represent rather "model documents" than mathematical problems. Even the remaining five ration problems are found in two sections of the Rhind papyrus (problems 39 and 40 and problems 63–65), with the sections of calculating the volume of granaries, area calculations and calculation of pyramid properties between them. In terms of a key word that might signal a ration problem, not one but several can be found that are distributed interestingly through the group of ration problems. Problem 1 uses the term *pzš* "division" in its title, which is also attested in problem 64. Problems 2–6, however, are simply headed by the expression *jr.t tꜣ.w* "calculation of bread loaves", which is also found as the title of problem 65. Hence, if we take the arrangement of problems within the Rhind Papyrus as a further indication of problems that belong together, the terms *pzš* and *jr.t tꜣ.w* are interchangeable. The same may also hold for the term *tꜣ n zj*, which is attested in problems 40 and 63. Problems 39 and 66 do not use any of these expressions, but may have *ṯwnw* ("difference") and *ẖr.t-hrw* ("daily amount"). Problems 82–84 uniformly use *ꜥq.w* ("rations"), a term that is well known from the respective administrative papyri. Thus, one might postulate here a terminological differentiation between the mathematical teaching of handling rations, as is found in problems 1–6, 39–40 and 63–66 and the teaching of the administrative handling of rations in problems 82–84, which involves mathematical techniques.

Within the other sources, only the Lahun Papyri contain a possible ration problem. However, the text of that problem consists of calculations only, from which a procedure can be reconstructed that is similar to other ration problems; therefore no certain attribution is possible.

The bread-and-beer-problems are the other problem group, which stands out because of the number of its problems. The 21 problems constitute about a fifth of all extant problems; the problems are almost equally divided between the Rhind and Moscow Papyri. The technical term that is the key word for the problems of this group is *psw*, a term that designates how much produce (bread loaves or beer jugs) was obtained from one *hekat* of grain. This term is attested in 16 of the 21 problems; however, as mentioned above, even in those instances where it is not present as a word, numeric values occur in the text of the problem that represent the *psw* of the commodities involved. Or, to put it more clearly, a bread-and-beer-problem must involve at least one *psw* value (often there are in fact two or more).

---

[20] Cf. Janssen, 1991, 1992, 2005.

The examples of the four groups of problems discussed above are well suited to represent the kind of common features that can be found within the problems of the hieratic mathematical texts and their deviations. While some formal features, e. g. the use of a key word, can be found in several (or even all) problems of one group, there may also be variants of key words that are used, or individual problems, that from their content clearly belong to the problem group but do not have the respective key word.

The complexity of the situation becomes even more apparent if not only the types of problems are taken into account but the procedures to their solution as well. Looking at the bread-and-beer-problems, for example, the problems can be divided into three groups, each with its own basic procedure and its variations.[21] Likewise, the *ꜥḥꜥ*-problems seem to fall into several groups according to their procedure; however, in this case, some groups may be interpreted as variations of a single procedure (using the strategy of false position). As was apparent in the group of the area-problems, examples with quite different mathematical procedures can also be grouped together.

The occurrence of problems of some groups in all or at least several of the mathematical papyri may indicate that there was a group of problems that constituted the core of the mathematical problems texts, that we find combined with other, less frequently used texts (e. g. the calculation using the number 7 of pRhind, problem 79). The four problem groups discussed above may all be likely candidates for this core. It must be kept in mind, however, that the extant sources do not allow us to make definite statements; some other problem groups are also attested in two or even three of the sources, whereas there is a surprising lack of some other problems that one would expect, e. g. the calculation of volumes of building materials.

3.1.2 Table texts

Generally, not many tables are extant from the Egyptian sources, especially if seen in comparison with the Mesopotamian mathematical texts, where table texts may constitute the majority of sources. The reason for this may be (apart from the vagaries of preservation) the Egyptian method for executing multiplication and division in written form, thereby obliterating the need for multiplication and division tables. Egyptian tables are tables for fraction reckoning and for the conversion of measures (often also involving fractions).

The Rhind Papyrus contains several tables. The best-known of them is the so-called $2 \div N$ table which indicates the result of divisions $2 \div N$ (N being an odd number) in the form of ancient Egyptian fractions. This table is extant in two of the sources. In the Rhind Papyrus, it comprises almost half of the recto of the text[22] and lists results of $2 \div N$ for $N=3$ to 101. A smaller, and less elaborately written version of the table can be found in one of the Lahun Papyri (UC32159), giving results of $2 \div N$ for $N=3$ to 21. While the Rhind Papyrus uses red and black ink to differentiate individual

---

[21] See Imhausen, 2003, 136–137.

[22] Robins / Shute, 1987, pl. 1–8.

types of numbers, the Lahun fragment only uses black ink, and juxtaposes different kinds of numbers without any marking. Most striking, in the extant two copies of the $2 \div N$ table, however, is the fact that the resolutions of $2 \div N$ in Egyptian fractions are identical in both sources. Hence, although there are several possible resolutions, there was a canonical form of the entries of the $2 \div N$ table.

Apart from the $2 \div N$ table, some further tables can be found within the Rhind Papyrus. These are concerned with metrological conversions and have no match in any of the other sources.

3.2 The layout of hieratic mathematical texts

Within a collection of problem texts (and tables), as is extant in the Rhind and Moscow Papyri, and possibly in one of the Lahun Fragments, the separation of individual problems (and tables) and the arrangement of problems in groups can be analyzed. The Rhind and Moscow Papyri render different results, which are also caused by the different formats that their scribes used. The Rhind Papyrus was written on a full-sized roll of 32 cm in height, which was the standard full-sized roll of the Middle Kingdom and the Hyksos Periods.[23] The Moscow Papyrus roll is only of quarter height (approximately 8 cm), which presumably resulted from cutting a full-sized roll into four parts.[24] The beginning of the Moscow Papyrus is badly fragmented, the end has enough of empty papyrus to indicate that the text as it was written by the scribe ended with what is known as problem 25.[25] A third text, that might be taken into account in this comparison is the Lahun Fragment UC32162, which only holds two problems, but also includes a title for the composition before the first problem and the not *jw.f pw* after the second problem, which is a regular element of the colophon of Egyptian texts and serves to indicate the end of a composition with the statement that the scribe provided a faithful copy.[26] This fragment has a height of 14,2 cm and a width of 41 cm.

Of the three texts, the Rhind and Lahun Papyri include a title for the composition. In both cases, the title appears vertically before the text of the papyrus. The title of the Lahun Fragment UC32162 is in comparison with the title of the Rhind Papyrus short and considerably more modest: "Method of calculating matters of account". In contrast, the title of the Rhind Papyrus holds several columns of vertically written text, which is separated from the remainder of the text through two vertical lines. The title begins (also written in red ink): "Rules for inquiring into nature, and for knowing all that exists, [every] mystery, ...every secret." This is followed by a note indi-

[23] Černý, 1952, 15.

[24] Černý, 1952, 15.

[25] Struve, 1930, 1.

[26] For the full form of the colophon "This is its completion, from beginning to end as found in writing" see Parkinson, 1991, 94–96. This colophon is also attested in copies of various literary texts like the *Teaching of Kagemni*, the *Teaching of Ptahhotep*, *Sinuhe*, *The Shipwrecked Sailor*, and others. Cf. also Fischer-Elfert, 1996, 501.

cating the name of the scribe, the fact that he copied from an earlier scroll, and the date when he copied the text.

The Rhind Papyrus was then structured by its scribe with seven horizontal lines that run the whole length of the papyrus (recto and verso). The text of the individual problems and tables was written in columns, with the text of one problem (and its calculations, drawings etc.) usually placed within one or sometimes two sections created by the horizontal lines using the width of approximately one papyrus sheet. This can be seen for example from the text of problem 26 in figure 1. The Moscow Papyrus with its much smaller height did not use any further explicitly marked sub-structuring of the papyrus sheet. The individual problems were written in subsequent columns with one problem occupying from one to three columns. Except for one problem (problem 13), the beginning of a new problem coincides with the beginning of a new column. The Lahun Fragment has two problems, each written in a single column, which follow the title of the composition. The papyrus fragment also shows traces of two horizontal lines, which, however, have no significance – the text of the two problems is written over all three areas that are created by these two lines. After the indication of the solution of the second problem, the phrase "This is its completion" is written in red ink, which supposedly (based on the usage of this phrase in other documents) marked the end of the whole composition and not only the end of the second problem.

Thus, the general structure of the mathematical papyri has some similar elements, like the use of a title to begin a composition and the spatial arrangement to indicate individual problems. However, there is also some variation between the individual sources in terms of how this structure is actually achieved.

The Rhind, Moscow, and Lahun Papyri all make use of red ink to highlight certain numbers or passages.[27] Again, while there is a general conformity that red ink is used as a means to highlight some text, the actual usage varies. All three papyri use red ink to highlight the beginning of a problem. In Papyrus Moscow, the title is indicated in red up to problem 16 of the 25 problems, either the scribe ran out of red ink or he forgot to use red ink afterwards; the consistency of the use of red ink for the title up to problem 16 seems to indicate that this is what it was meant to be like. The rest of the text of the Moscow Papyrus is written in black. The Rhind Papyrus usually marks the first words of a problem in red. In addition, red ink is used within the Rhind Papyrus to highlight some subheadings, statements, and some of the numbers, while the majority of the text is written in black. The Lahun Fragment UC32162 uses red ink to highlight the beginning of the problem, the solution, and, all of the numerical values that appear throughout the text.

[27] On the use of red ink on papyrus cf. Leach / Tait, 2000, 238–239 and Posener, 1951.

3.2.1 Problem texts

Within the text of an individual problem, there are several sections that are formally distinctive. The text of problem 26 of the Rhind Papyrus may serve as an illustration (figure 1 shows a photo of the source text with a translation imitating the spatial arrangement of the source). The text of problem 26 directly begins by indicating the data of the problem, the key word *ꜥḥꜥ* at the beginning is used to mark this problem as one of the *ꜥḥꜥ*-problems. Other problems begin with a separate title, which is then followed by the indication of the data.[28] The introduction of the data may be followed by an explicit question asking for the quantity that should be determined.[29] In problem 26, however, the indication of the data is directly followed by the sequence of instructions. The sequence of instructions and their intermediate results form the procedure or algorithm of the problem. The instructions may be followed by working out the respective calculation, hence after the instruction to divide 15 by 5 ("calculate starting from 5 to find 15") a scheme of numbers is found that is the Egyptian way to perform a division. After the next instruction to multiply 3 by 4 ("calculate, starting from 3, 4 times") a similar numerical scheme is found that is written over several columns. With this result (=12), the problem is solved. Some problems indicate the final solution with an explicit statement.[30] In problem 26, the result is then verified in a numerical scheme similar to the previous ones, which is followed by a second verification, this time in part rhetorical:

> **The quantity 12.**
> Its $\overline{4}$: 3.
> **Total 15.**

Parts of this second verification are again highlighted by the use of red ink (indicated in bold above and in figure 1).

---

[28] Problem 51 of the Rhind Papyrus opens with *tp n jr.t spd.t m ꜣḥ.t* "Method of calculating a triangle as an area". The introduction of the data then follows as *mj ḏd n.k spd.t n.t ẖt 10 ḥr mrj.t ẖt 4 m tp-rꜣ.s* "If you are told: A triangle of 10 *ẖt* as height and 4 *ẖt* as its base."

[29] In problem 51 this is *ptj ꜣḥ.t.s* "What is its area"?

[30] Once again, problem 51 may serve to illustrate this. The final solution is indicated by the sentence *ꜣḥ.t.s pw* "It is its area".

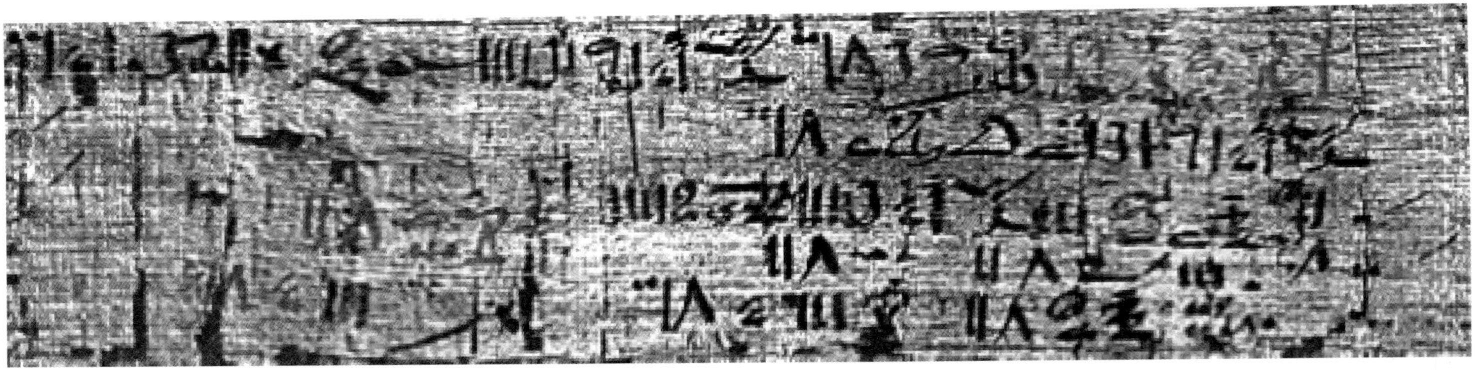

A quantity, its ¼ has been added to it. 15 has resulted. Calculate starting from 4. You will make its ¼: 1. Total: 5. Calculate starting from 5, to find 15.

\1	5									
\2	10	3 will result. Calculate, starting from 3, 4 times.								
1	3	\4	12	1	12			**The quantity: 12**		
2	6	12 will result.		¼	3	Total	15	Its ¼:	3.	**Total: 15.**

Figure 1: Layout of hieratic mathematical texts: Rhind mathematical papyrus, problem 26 (© Trustees of the British Museum)
(Translation imitating the arrangement of text in the original source)

Re-arranging the text of the problem according to the separate sections of the text, the translation would look as follows:

Title/Introduction of data
A quantity, its $\overline{4}$ has been added to it. 15 has resulted.

Procedure (with calculations)
Calculate starting from 4. You will make its $\overline{4}$: 1. Total: 5.
Calculate starting from 5, to find 15.

\ 1	5
\ 2	10

3 will result.
Calculate, starting from 3, 4 times.

1	3
2	6
\ 4	12

12 will result.

Verification (numerical)

1	12
$\overline{4}$	3

Total 15.

Verification (rhetorical)
The quantity: 12
Its $\overline{4}$: 3.
Total: 15.

This rewriting may help to make the individual sections of the problem more distinct. The Egyptian mathematical problem texts consist of several sections, that can also be formally distinguished. The formal layout uses red ink to mark the beginning of the problem and the verification. Otherwise, the text of the problem is usually fitted economically within the available space. The numerical schemes (without the use of words) and the individual grammatical forms that are used may also serve to distinguish between the individual sections of the problem text.

The example given above is a "typical" example of a hieratic mathematical problem text. However, comparing the four extant papyri, or even the text of the problem above with others from the Rhind Papyrus (as for example that of problem 51, which was mentioned in the footnotes), some variations can be noted.

The beginning of a problem may be a title without indicating any data (e. g. Rhind Papyrus, problem 49: "Method of calculating an area"), or a title announcing the data (e. g. Rhind Papyrus, problem 50: "Method of calculating a circular area of 9 *ḫt*"), or simply the statement of the data of the problem (e. g. Rhind Papyrus, problem 57: "A pyramid: 140 is the base and 5 palms 1 finger is its *sqd*."). The data may also be introduced within a separate section following the title of the problem (e. g.

Rhind Papyrus, problem 49: "If you are told: the area of half a rectangle of 19 *ḫt* by 2 *ḫt*...“). In comparison to these variations of the Rhind Papyrus, the Moscow Papyrus is strikingly uniform. Almost all problems begin with the title ("Method of calculating...") which is then followed by introducing the specific data of the problem ("If you are told...") followed by the procedure. There is also a difference in the occurence/non-occurence of certain sections between the Rhind and Moscow Papyri. The Rhind Papyrus often includes the workings of multiplications and divisions (as seen in the example above); the Moscow Papyrus only includes these in very few examples. Some of the fragments from the Lahun Papyri show further variations in the layout of the problems. pUC32118B (only four incomplete lines are preserved) is written in columns of vertical text.

Thus, while there are several elements that occur throughout the corpus of hieratic mathematical texts, their combination, or even the use of individual elements to form the text of a mathematical problem may vary. The two largest extant sources are well suited to demonstrate these variations, as was sketched above. The Rhind Papyrus also demonstrates that variations may well occur within one source, whereas the Moscow Papyrus is a good example of a collection of problems that follow certain rigid structural rules. The differences between the two sources may also reflect different levels of scribes - but given the poor source situations, this will remain a speculation.

3.2.2 Table texts

The issue of tabular formatting in Egyptian mathematical texts is complicated. While there are attestations of tabular format with lines indicating rows and columns from administrative sources, e. g. the Abusir Papyri of the Old Kingdom and the Reisner Papyri of the Middle Kingdom, the mathematical tables are all without explicit indication of rows and columns through lines, nor do they display headers for any of the columns. The only table that is attested in more than one (i. e. two) source is the $2 \div N$ table, that indicates the results of divisions 2 divided by odd N in form of Egyptian fractions (i. e. series of different unit fractions in descending order). This table was immensely useful in fraction reckoning, when fractions with odd numerators had to be doubled (and with doubling being one of the main computation techniques, this happened on a regular basis). The more elaborate and extensive (for N from 3 to 101) version of the table is found at the beginning of the Rhind Papyrus, where it is found directly after the title and occupies almost half of the recto. Figure 2 shows a photo of the beginning of the first column of the $2 \div N$ table from the Rhind Papyrus.

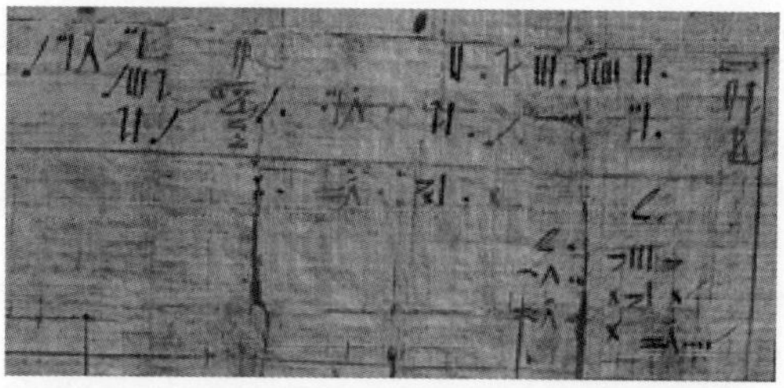

Figure 2: First entries of the first column of the 2÷*N* table from the Rhind Papyrus (© Trustees of the British Museum)

A translation, which mimics some of the spatial arrangement and indicates red ink as bold face would look as follows:[31]

Divide	. 2 by . 3	$\bar{\bar{\mathbf{3}}}$. 2		**Calculation**	. 5 $\bar{\bar{3}}$ 3 $\bar{3}$ \ $\bar{3}$ 1 $\bar{\bar{3}}$	\ $\overline{15}$ $\bar{3}$
	. 5	. $\bar{\mathbf{3}}$. 1 $\bar{\bar{3}}$	. $\overline{\mathbf{15}}$. $\bar{3}$			
	. 7	. $\bar{\mathbf{4}}$. 1 $\bar{2}$ $\bar{4}$	. $\overline{\mathbf{28}}$. $\bar{4}$			
	$\bar{2}$ 3 $\bar{2}$	. 7				
	\ $\bar{4}$ 1 $\bar{2}$ $\bar{4}$	2 14				
\ 4	$\overline{28}$ $\bar{4}$	4 28				

The same translation, with correction and spatial arrangement slightly modified to suit its content (according to the first two entries):

Divide	. 2 by	. 3	$\bar{\bar{\mathbf{3}}}$. 2		**Calculation**	. 5 $\bar{\bar{3}}$ 3 $\bar{3}$ \ $\bar{3}$ 1 $\bar{\bar{3}}$	\ $\overline{15}$ $\bar{3}$
		. 5	. $\bar{\mathbf{3}}$. 1 $\bar{\bar{3}}$	. $\overline{\mathbf{15}}$. $\bar{3}$			
		. 7	. $\bar{\mathbf{4}}$. 1 $\bar{2}$ $\bar{4}$	. $\overline{\mathbf{28}}$. $\bar{4}$		$\bar{2}$ 3 $\bar{2}$ \ $\bar{4}$ 1 $\bar{2}$ $\bar{4}$ \ $\overline{28}$ $\bar{4}$	. 7 2 14 4 28

The text consists of two main parts, the entries of the 2÷*N* table and their verifications. The section with the entries of the 2÷*N* table has the indication of the dividend

[31] For a hieroglyphic transcription of the 2÷*N* table see Peet, 1923, plate A-D; note, however, that the spatial arrangement of the hieratic text is not mirrored.

and divisors for the divisions of which the solutions are given, i. e. 2 as a dividend and the respective odd number as divisor. In the first line (i. e. for 2÷3) the instruction for the division is indicated "divide 2 by 3". "Divide" is written vertically and in red and was meant to be read for the following entries as well, as it is not repeated. The same is true for the dividend 2, which is only indicated in the first line of this column. This is followed by the solution, which consists of a series of Egyptian fractions indicated in red. After each part of the solution written in red there is another number, written in black. In the first entry of the 2÷N table, the solution is the Egyptian fraction 2/3. This is followed by the number 2 written in black. In the second entry, the solution for 2÷5, the red numbers are 1/3 and 1/15. The respective black numbers are 1 2/3 and 1/3. Thus, the numbers in red indicate the parts of the solution of 2÷N, while the black numbers indicate the result of the product of the respective red numbers and the divisor. E. g. in the second entry 1/3 is followed by 1 2/3 (= 1/3 × 5) and 1/15 is followed by 1/3 (= 1/15 × 5). Likewise, for the first entry 2/3 was followed by 2 (= 2/3 × 3). As a consequence, the black numbers can be used as a test for the correctness of the solution. If the sum of the red numbers is the correct result of the division 2÷N, the black numbers must add up to 2. E. g. for $N = 5$: 1/3 1/15 is correct because 1 2/3 + 1/3 = 2.

In addition to the test with the black numbers, the 2÷N table of the Rhind Papyrus has a separate section that is headed in red with the word *sšm.t* "calculation". For the first entry, no such calculation is necessary (as 2/3 was a regular fraction in the Egyptian system). For the second entry, the calculation is placed to the left (in the hieratic text) of the entries, following the heading "calculations". It consists of the written calculation of the division 2 ÷ 5. The lines with the fractions 1/3 and 1/15 are marked with a dash as the solution – the respective entries in the other column add up to the dividend 2.[32]

For the third entry of the table (2÷7), the solution is placed directly under the previous lines, thus keeping the spatial arrangement that was created with the first two lines. The "calculation"-section, however, is not placed to the left, but directly below (see first translation for actual spatial arrangement; second translation for the spatial arrangement (imposed by me) that follows the structure of the "meaning" of the table). This entry has another set of calculations that is due to the intrinsic difficulties of calculating (especially dividing) with the number 7, listing the multiples of 7 that were used to find suitable fractional parts (like 1/28).

For the following entries, the spatial arrangement follows that of the entry 2÷7, that is, the calculation section is placed underneath the line with the solution and control numbers. The entry of one line of the table, i. e. divisor, solution, control numbers and respective calculations is usually fitted within one section confined by two horizontal lines. The divisor, always written in black, is found at the beginning of such a section; the solution (i. e. the representation of the result of 2÷N in Egyptian fractions) is written in the same line in red, with control numbers in black following.

---

[32] For an explanation of the Egyptian technique to carry out multiplications or divisions in writing see Imhausen, 2007, 14–16.

From the second column this is also apparent in the spatial position of the words "divide" and "calculation", as shown for the entry of $N = 17$, which is found at the beginning of the second text column in the Rhind Papyrus, that holds the $2 \div N$ table:

Divide 2	by 17	. $\mathbf{\overline{12}}$. 1 $\overline{3}$ $\overline{12}$. $\mathbf{\overline{51}}$. $\overline{3}$ $\mathbf{\overline{68}}$. $\overline{4}$				
Calculation	. 17	$\overline{3}$ 5 $\overline{\overline{3}}$	\ $\overline{12}$ 1 $\overline{4}$ $\overline{6}$	.	17	4 68 $\overline{4}$
	$\overline{\overline{3}}$ 11 $\overline{3}$	$\overline{6}$ 2 $\overline{2}$ $\overline{3}$	remainder $\overline{3}$ $\overline{4}$	2	34	
				3	51 $\overline{3}$	

Thus, while the format of the $2 \div N$ table obviously follows a specific spatial structure (albeit one that was decided on during its first entries), the formatting is somewhat more elaborate to what one is used from a table consisting of rows and columns, in which one can trace a mathematical regularity from row to row and/or column to column.

The other version of the $2 \div N$ table, which is found in the Lahun Fragment UC32159 is much less elaborate.[33] It includes entries for $N = 3$ to 21. The numbers are arranged in two columns. In the first column the divisor N is noted (in the first line dividend 2 and divisor 3 are written). The second column then holds the respective representation of the division $2 \div N$ and the reference numbers, both written in black and not separated through specific spatial arrangement.

Thus, while the mathematical content (as far as the two tables can be compared, since the table found in the Fragment UC32159 only provides representations up to $N = 21$) of the two tables is identical, and one therefore might assume that there was a specific set of representations that was the canonical form, the formal representation of the table allowed varying degrees of detail.

3.3 Technical language

A similar result concerning formalism and variation is obtained through the analysis of the technical language. Three aspects may be differentiated:

(1) A number of key phrases can be determined that are used to mark the beginning or end of individual sections of a problem text (cf. table 2).

(2) There is a specific mathematical vocabulary used for individual mathematical operations (cf. table 3).

(3) There is also a specific vocabulary used to indicate the (mathematical) objects that appear within the problems (cf. table 1 above).

[33] For a recent edition see Imhausen / Ritter, 2004, 92-93.

Egyptian expression	*translation*
tp n (jr.t)	method of (calculating)
kjj	another
mj/jr ḏd n.k	if you are told
jr.t mj ḫpr	calculation how it results
tp n sšm.t	(method of) calculation
tp n sjtj	method of verification
gmj.k nfr	found by you correctly

Table 2: Key phrases used to mark individual sections

The analysis of these three aspects yields a result similar to the earlier features – some regularities appear throughout the corpus of the mathematical papyri with several variations.

Among the key phrases, that with the most attestations in the corpus is *tp n jr.t* "method of calculating".[34] It is found at the beginning of every single (as far as the quantity of the extant text permits us to verify) problem of the Moscow Papyrus; however, only five of the 63 problems of the Rhind Papyrus open with this expression, another 12 problems of the Rhind Papyrus begin with *tp n* "method of" followed by another verb. *kjj* "another" may be used if a second or further problem of the same type follows. This occurs three times in the Rhind Papyrus in subsequent bread-and-beer-problems. It is not used in the problems of the Moscow Papyrus, which unanimously begin with *tp n jr.t*, however, one might argue in this case that the Rhind Papyrus is a collection of mathematical problems which are sorted according to their problem type whereas the Moscow Papyrus is an unsorted collection of mathematical problems (e. g. the bread-and-beer-problems of the Moscow papyrus are found as problems number 5, 8, 9, 13, 15, 16, 21, and 24). The same use of *kjj* to introduce another example of the same general kind is also found within the medical papyri (cf. Papyrus Edwin Smith).

mj ḏd n.k "If you are told" serves to introduce the data of a problem. Again, this is found almost always within the problems of the Moscow Papyrus (19 out of 24 possible occurrences) and somewhat less frequently within the Rhind Papyrus (10).

---

34 The basic meaning of *tp* is "head", from which its next meaning, "first", "beginning" is derived. The translation of *tp n…* as "method of" is based on the usage in the title and subheadings of mathematical problems, which obviously contain the method to calculate something. However, one might also consider to translate *tp* here as "beginning", which would work well in its usage for the title of problems (because a title is the beginning of a problem) and in the usage within the subheadings, because they, too, mark the beginning of specific sections.

jr.t mj ḫpr "calculation how it results" is often used to either introduce the verification or to separate the rhetoric procedure from a section of written execution of calculations, however, in some instances it also appears to introduce the rhetoric procedure; it is attested 25 times within the Rhind Papyrus and twice in the Moscow Papyrus.

The following two phrases, *tp n sšm.t* "method of calculation" and *tp n sjtj* "method of verification" are somewhat less popular. All of their attestations come from the Rhind Papyrus, and they are mostly used to introduce the section of verification.

The last phrase in table 2, *gmj.k.nfr* "what has been found by you is correct"[35] is attested 16 times at the end of problems in the Moscow Papyrus and once in one of the Lahun Fragments. In all attestations, this phrase concludes the text of the problem.

Looking at the table as a whole, it becomes apparent that there is not a consistent strict use of these key phrases. Out of the 94 possible attestations, "*tp n*" is used in almost 50% of the problems, which leaves over 50 % where it is not used. At first glance, the difference between the Rhind and Moscow Papyri is striking, however, a second glance at the occurrences within the Rhind Papyrus reveals that the lack of "*tp n*" may be due to a finer structure achieved in this text: Problems 41 to 43 of the Rhind Papyrus are calculations of round granaries. Problem 41 is the first of its kind within the Rhind Papyrus. It begins *tp n jr.t šꜣꜥ dbn* "method for calculating a round granary". Problems 42 and 43, the two following problems of the same kind only have *šꜣꜥ dbn* "a round granary". These are followed by problems 44–46, calculations of rectangular granaries. Again, problem 44, the first problem of its kind, begins by *tp n njs šꜣꜥ jfd* "method of calculating a rectangular granary", whereas the two following problems have the abbreviated *šꜣꜥ* "a granary".

Problems 49 to 52 then are calculations of the areas of various geometrical shapes (half a rectangle, circle, triangle, trapezium). Each of them begins with the full formula *tp n*. Problems 56–60, which are about three-dimensional objects with slanting sides (pyramids in problems 56–59 and an object designated as *jwn*, most likely a pillar, in problem 60). As expected, *tp n* is used in the first problem and then followed in the other problems only by the designation of the object that is the topic of the problem. Interestingly in this case, problem 60, the calculation of a pillar (*jwn*) is not introduced by *tp n* even though not only the object differs from that of the preceding problems but also the procedure. It may also be noteworthy that problems 41, 44 and 56, beginning with *tp n* and followed by problems without *tp n*, are placed at the beginning of a new column.

In conclusion of this evidence, it can be stated that the beginning or end of a section (e. g. title, procedure, verification and others) within the Egyptian mathematical problem texts were sometimes indicated by the use of specific phrases (most notably *jr.t mj ḫpr, tp n sjtj* and *gmj.k nfr*). However, the use of these phrases is not rigidly applied throughout any of the sources.

---

[35] On the grammatical structure cf. Imhausen, 1999, 48, note 17.

Egyptian expression	*translation*	*attestations*
w3ḥ ḥr	add	R(6), M(1)
rdj ḥr	add	R(2)
ḫbj	subtract	R(8), L(1)
jrj r zp	multiply	R(17), M(16), L(6), B(1)
w3ḥ-tp r zp	multiply	R(20)
jrj r gm.t	divide	R(5), M(17), L(2), B(1)
w3ḥ-tp r gm.t	divide	R(15), L(1)
njs ḫnt/ḫft	divide	R(7), M(3)
ḫpr	result	R(70), M(84), L(11), B(6)

Table 3: Vocabulary of mathematical operations

Table 3 presents basic terms for mathematical operations and their attestations in the individual papyri. The terms listed in this table are those most frequently used. However, there are some variations that occur in individual situations that were not included in this table.[36] The terms listed in the table serve to indicate parallels and variations among the various sources. A first observation can immediately be made, namely, that there are words designating the major mathematical operations, which, at first glance, occur throughout the corpus of mathematical texts. Absences within individual papyri may be as likely to originate from the vagaries of preservation as from the specific use of individual terms within one source.

A special role within the mathematical texts is held by the verb *jrj* (basic meaning in Egyptian "to make, to do"). It is used on the one hand (either absolutely or in combination with other words) to express mathematical operations and on the other hand in the periphrastic construction of the *sḏm.ḫr.f*, a grammatical form that is typical for the mathematical texts (see the following section). Similarly, *jrj* is also prominently used within the mathematical expressions of the Moscow Papyrus (cf. table 4). It is found either absolutely in the meaning of "to calculate" (i. e. the basic action of what one does within the mathematical texts) or in combination with other words to express specific mathematical operations. Again, this usage is not restricted to the Moscow Papyrus, but it is much more prominent there than in the other mathematical texts.

The expression *jrj r gm.t* ("to divide") for example is attested five times in the Rhind Papyrus, but 17 times in the Moscow Papyrus. The Lahun Papyri contribute two attestations, and the Berlin Papyrus one. The alternative expression for divisions,

[36] E. g. subtractions that are presented as the calculation of a remainder *jrj ḏ3.t* x *r-s3* y or the calculation of a difference *jrj* *ˁ3.w* x *r* y.

w3h-tp r gm.t, is not attested in the Moscow Papyrus, but 15 times in the Rhind Papyrus and at least once within the Lahun Fragments.

expression	*translation*	*attestations*
jrj	calculate	M-05-04, M-05-08, M-07-05, M-08-05, M-09-07, M-09-16, M-09-17, M-09-18, M-10-05, M-10-08, M-11-05, M-11-06, M-13-07, M-14-09, M-16-05, M-16-08, M-17-07, M-18-03(?), M-19-05, M-20-04, M-20-05, M-21-03, M-21-04, M-22-06, M-22-09, M-23-05, M-24-09
jrj zp	multiply	M-05-11, M-06-04, M-07-03, M-08-09, M-09-20, M-10-12, M-11-08, M-13-11, M-14-11, M-15-05, M-16-06, M-17-06, M-18-05, M-19-01, M-24-05, M-25-01
jrj qnb.t	calculate the root	M-06-05, M-17-06
jrj m znn	square	M-14-04, M-14-06
jrj gs	halve	M-08-08
jrj ḏ3.t	calculate the remainder	M-09-08, M-10-07, M-10-10, M-13-08, M-22-07
jrj ꜥ3	calculate the difference	M-19-03
jrj dmḏ	calculate the sum	M-21-05, M-21-06, M-25-02
jrj r gm.t	divide	(M-05-06), M-06-03, M-08-06, M-09-24, M-11-07, M-12-06, M-12-09, M-13-13, M-16-07, M-17-05, M-19-04, M-20-03, M-22-08, M-23-06, M-24-04, M-24-07, M-25-03

Table 4: Expressions with *jrj* in the Moscow Papyrus

The parallel expressions for multiplication yield a similar result (cf. table 3) – the Moscow Papyrus only has *jrj r gm.t*, whereas the Rhind Papyrus uses both expressions. Looking at the individual attestations of the Rhind Papyrus, it seems that initially *w3h-tp r zp* is more prominent with few occurrences of *jrj r zp*; however, this is reversed from problem 60 on, so that the ratio of total occurrences of both expressions is 20 to 17.

All sources are very similar in announcing the result of mathematical operations – *ḫpr* "to become" is the verb of choice in all of the mathematical papyri.

3.4 Grammatical aspects

The individual sections of a mathematical problem text can also be differentiated by the grammatical structures that are used within them. As in the usage of technical terms, some variation is attested within this aspect of the formal structure of a problem as well. However, at the same time, there is a significant difference in the grammar of the individual sections (title, indication of data, procedure, indication of the solution).

3.4.1 Title and indication of data

The title of a problem is indicated by a noun or a noun construction. If given explicitly in its full form, this may be a genitive construction (indirect genitive) with *tp* "method" as first noun, followed by the genitive adjective *n*, followed by an infinitive that serves as second noun.[37] Alternatively, the infinitive *jr.t* used as a noun followed by some specification (in the construction of a direct genitive) may be used.[38] If the problem is not the first of its kind in a group of problems, the title might be abbreviated to *kjj* "another" used as a noun.[39] Thus, one might conclude that generally, the title/beginning of the problem is characterized grammatically by the use of a noun or a noun construction.

However, this separate title may also be missing, and the beginning of the problem is then immediately the indication of its data. In this case, either a noun stands at the beginning that refers to the characteristic quantity of the problem, e. g. *ꜥḥꜥ* "quantity" in the *ꜥḥꜥ*-problems and *šꜣꜥ* "granary" in the problems dealing with volumes of granaries, or the problem begins with the standard phrase to indicate the data of a problem *mj dd n.k* "if you are told".[40] One group of problems in the Rhind Papyrus (problems 35–38), which also begins with the indication of its data, uniformly starts with *jw hꜣꜣ.kwj* ..."I have gone...", i. e. with a statement in form of a grammatically complete sentence.

---

[37] E. g. in problem 77 of the Rhind Papyrus: *tp n ḏbꜣ ḥnq.t m tꜣ.w* "method to replace beer with bread".

[38] E. g. in problems 2–6 of the Rhind Papyrus *jr.t tꜣ.w* "calculation of (loaves of) bread".

[39] Thus, problem 72 of the Rhind Papyrus has the full title *tp n ḏbꜣ tꜣ.w m tꜣ.w* "method to replace bread with bread", problem 73, which is of the same type, begins without an explicit title with the indication of the data, and problems 74–76, which are also of the same type, begin with *kjj* "another".

[40] E. g. problem 73 of the Rhind Papyrus. The three *skm*-problems (Rhind Papyrus, problems 21–23) use three individual beginnings: problem 22: *ḏd.n.k* "you are told" followed by a question that also includes the data of the problem, problem 23 begins with the question found in problem 22 after *ḏd.n.k*, problem 23 indicates the data, and then gives an instruction what to do with it in form of an imperative. In one of the Lahun Fragments (UC32118B) the particle *ir* "if" is used instead of *mj* to indicate the conditional.

grammatical construction	Rhind	Moscow	Lahun	Berlin
direct genitive (*jr.t* ...)	6	24	1	
indirect genitive (*tp n*...)	16		1	
simple noun (*kjj*)	3			1
combination of beginning of problem with indication of data	37		2	

Table 5: Constructions used in the beginning of the text of a problem

The distribution of the individual possibilities of the beginning of the text of a problem over the individual sources can be found in table 5. This distribution confirms the impression that was already apparent in the comparison of the terminology. The Moscow Papyrus has a strict formal framework, that is kept throughout the papyrus, whereas the other sources, most notably the Rhind Papyrus, display some variations between a set of possibilities.

3.4.2 Procedure

Two types of situations occur within the procedures: Instructions for mathematical operations, followed by their respective results. The instructions are given either in the form of an imperative or by the *sḏm.ḫr=f.* (see table 6). Results of individual steps are indicated using *ḫpr* either in the form of a *sḏm.ḫr=f* or in the phrase *ḫpr.t jm pw* or with a *sḏm=f.*

The most striking grammatical feature of the Egyptian mathematical texts is the frequent use of the *sḏm.ḫr=f*, a verbal form that is an expression of "necessary or normative action".[41] Within the mathematical texts, as stated above, it is used in the instructions as well as in announcing the result. In the case of the results, the use of this form seems natural; executing a mathematical operation does not leave choices for varying results; in the case of the instructions, one might interpret its use as an expression of the binding force of the procedure.

Looking at the section of the instructions and intermediate results in the procedure texts, and focusing on the verb form that is used to express the instructions to perform a calculation, the attestations listed in table 6 indicate that while imperative and *sḏm.ḫr=f* are both used throughout the mathematical texts (the lack of imperatives within the Lahun texts is probably due to their fragmentary state), the *sḏm.ḫr=f* appears more frequently than the imperative (in the Moscow Papyrus the ratio of imperative : *sḏm.ḫr=f* is 5:73 i. e. approximately 1:15, and even in the Rhind Papyrus, which also has few further forms, the ratio of imperative : *sḏm.ḫr=f* is 32:87, i. e. approximately 1:3). Again, it is apparent that the scribe of the Moscow Papyrus followed more limited formal standards than the scribe of the Rhind Papyrus.

41 Allen, 2010, § 22.1.

In addition, it is striking that especially among the first third of problems of the Rhind Papyrus, a good number do not use verbal instructions at all, but only have the respective calculations written down.[42]

	imperative	*sḏm.ḫr=f*	other
Rhind	Rh-21 (1), Rh-22 (1), Rh-26 (3), Rh-27 (1), Rh-37 (2), Rh-38 (1), Rh-41 (2), Rh-42 (2), Rh-43 (2), Rh-44 (2), Rh-57 (2), Rh-58 (2), Rh-60 (2), Rh-64 (2), Rh-65 (1), Rh-67 (1), Rh-68 (1), Rh-75 (1), Rh-76 (2), Rh-78 (1)	Rh-01 (1), Rh-02 (1), Rh-03 (1), Rh-04 (1), Rh-05 (1), Rh-06 (1), Rh-23 (1), Rh-26 (1), Rh-30 (1), Rh-35 (1), Rh-40 (1), Rh-41 (3), Rh-42 (3), Rh-43 (4), Rh-44 (2), Rh-45 (3), Rh-46 (3), Rh-50 (2), Rh-51 (2), Rh-52 (3), Rh-55 (2), Rh-56 (3), Rh-57 (3), Rh-58 (4), Rh-59 (2), Rh-59b (2), Rh-61b (1), Rh-62 (2), Rh-63 (4), Rh-64 (1), Rh-65 (1), Rh-66 (3), Rh-67 (1), Rh-68 (1), Rh-69 (2), Rh-70 (2), Rh-71 (3), Rh-72 (4), Rh-73 (2), Rh-74 (4), Rh-75 (1), Rh-76 (1), Rh-77 (2), Rh-78 (1)	infinitive: Rh-50 (1), Rh-64 (1), Rh-70 (1) nominal construction (infinitive *pw*): Rh-62 (1) *ḫr sḏm=f* u.ä.: Rh-21 (2), Rh-22 (1)
Moscow	M-06 (1), M-07 (4)	M-06 (2), M-07 (1), M-08 (4), M-09 (8), M-10 (5), M-11 (4), M-12 (2), M-13 (5), M-14 (6), M-15 (1), M-16 (4), M-17 (5), M-18 (2), M-19 (3), M-20 (3), M-21 (5), M-22 (4), M-23 (2), M-24 (5), M-25 (2)	
Lahun		UC32134A (3), UC32162 (8), UC32118B (1 + [2])	infinitive: UC32162 (1)
Berlin	B-03 (1)	B-01 (4), B-03 (2)	infinitive: B-01 (2)

Table 6: Grammatical forms used in instructions to perform calculations

[42] Rh-24, Rh-25, Rh-27, Rh-29, Rh-31, Rh-32, Rh-33, Rh-34, Rh-36, Rh-39, Rh-48, Rh-49, Rh-53, Rh-54, Rh-79.

The *sḏm.ḫr=f* of a verb can be formed either directly using the stem of the verb and adding the infix *ḫr*, or, in a periphrastic construction using the verb *jrj* to build the *sḏm.ḫr=f* followed by a *sḏm=f* of a verb indicating the lexical meaning. The latter use of *jrj* is especially prominent within the Moscow Papyrus, however, it is also well attested in the Rhind Papyrus and at least once within the Lahun Fragments (cf. table 7).

source	*individual attestation*	*total*
pRhind	Rh-01-02, Rh-02-01, Rh-03-01, Rh-05-01, Rh-06-02, Rh-40-12, Rh-41-02, Rh-42-02, Rh-42-03, Rh-43-02, Rh-45-01, Rh-45-02, Rh-46-01, Rh-46-02, Rh-50-03, Rh-51-07, Rh-52-04, Rh-55-01, Rh-56-02, Rh-56-03, Rh-57-02, Rh-57-04, Rh-58-02, Rh-59-02, Rh-59b-02, Rh-59b-04, Rh-68-07, Rh-69-03, Rh-69-12, Rh-70-03, Rh-70-20, Rh-76-11	32
pMoscow	M-05-08, M-05-10, M-06-03, M-06-05, M-07-03, M-08-05, M-08-06, M-08-08, M-08-09, M-09-07, M-09-08, M-09-20, M-10-04, M-10-07, M-10-09, M-10-12, M-11-05, M-11-06, M-11-07, M-11-08, M-11-09, M-12-06, M-12-09, M-13-07, M-13-08, M-13-09, M-13-11, M-13-13, M-14-04, M-14-05, M-14-06, M-14-07, M-14-09, M-14-10, M-15-05, M-16-04, M-16-06, M-16-07, M-16-08, M-17-04, M-17-05, M-17-06, M-17-06, M-17-07, M-18-03, M-18-05, M-19-03, M-19-04, M-20-03, M-20-05, M-21-03, M-21-04, M-21-05, M-21-06, M-21-07, M-22-06, M-22-07, M-22-08, M-22-09, M-24-04, M-24-05, M-24-06, M-24-07, M-24-09, M-25-02, M-25-03	66
pLahun	UC32162-02-10	1
pBerlin		-

Table 7: Periphrastic constructions with *jrj* within the mathematical texts

The 66 attestations of a periphrastic construction with *jrj* in the Moscow Papyrus, which holds less than half of the number of problems of the Rhind Papyrus, can be read as approximately four times as many as those of the Rhind Papyrus.

3.5 Conclusions

Despite the scarcity of the source material, some observations can be made by assessing and comparing the evidence from the available mathematical texts. In Ancient Egypt (and in various other cultures as well) mathematical knowledge was collected and taught in the form of problems and the procedures to solve them (problem texts) and in tables that were used to aid cumbersome operations which were frequently used.[43] Within the mathematical texts, a specific technical vocabulary is used, which apparently was derived from everyday language, e. g. the word for field *3ḥ.t* became the mathematical term for area, that was used even if the area could not be a field as in the example of the area of a circle or the surface of an object. This mathematical vocabulary included the designations of objects that were calculated as well as the terminology for mathematical operations, like adding, subtracting and others. For some operations there are several possibilities in the respective Egyptian expression. If these are synonyms, like the English 'to add' and 'to sum' or if they indicate in fact conceptually different operations (that only look to our modern eyes like identical operations), I cannot say at this point. The scarcity of the source material may prohibit to find an answer to this question. Generally, at least for some terms, the usage of the mathematical vocabulary is attested throughout the sources.

The Egyptian problem texts consist of several parts, which can be distinguished by their grammar and the use of specific phrases. These features enable modern researchers to determine if a text was a mathematical problem text even if it is sometimes badly fragmented.[44] The comparison of extant sources, especially the two largest ones, the Rhind and Moscow Papyri, indicates the types of variations that may occur within the genre. Thus, the Moscow Papyrus seems to follow a very restricted formulaic appearance, with the title for example following a specific wording (*tp n jr.t…*) throughout the text. The Rhind Papyrus, in comparison, displays a variation that is presumably founded on the expert knowledge of stylistic means in the genre of mathematical texts. Thus, the variation in the wording of the titles of the individual problems may be due to the exploitation of means to structure a mathematical composition.

To pinpoint the origins or motivations for these differences with any certainty may not be possible due to the lack of sufficient source material, but it may, in selected exceptional cases, be guessed at. It seems that the Rhind Papyrus is more elaborate; it uses the key phrases in a sophisticated way, it has more variations in terms of its mathematical terminology, and in terms of its grammar (cf. table 6). If this is the result of it being written down later in time than the Moscow Papyrus, or a reflection of the level of skills of the respective scribes, I cannot decide. My preference, however, would be for the latter - based on the individual features that are also apparent in some of the Lahun Fragments, that were written during the Middle Kingdom like the Moscow Papyrus.

---

[43] See Ritter, 1995, 58.

[44] Thus the Ostracon Turin 57170 has been assigned to the corpus of mathematical texts based on the occurrence of the *sḏm.ḫr=f* cf. Imhausen, 2003, 363.

Abbreviations and references

BM = Museum siglum of the British Museum, London.

Allen, J. P., 2002. *The Heqanakht Papyri*. New York: Metropolitan Museum.

— 2010. *Middle Egyptian. An Introduction to the Language and Culture of Hieroglyphs*. 2nd edition. Cambridge: Cambridge University Press.

Baines, J., 2004. "The earliest Egyptian writing: development, context, purpose". In: S.D. Houston (ed.) *The First Writing. Script Invention as History and Process*. Cambridge: Cambridge University Press: 150–189.

de Cenival, J. L. / P. Posener-Kriéger, 1968. *The Abu Sir papyri* (Hieratic papyri in the British Museum 5). London: British Museum.

Černý, J., 1952. *Paper and books in ancient Egypt. An inaugural lecture delivered at University College, London, 29. May, 1947*. London: H. K. Lewis.

Collier, M. / S. Quirke, 2004. *The UCL Lahun Papyri. Vol. 2: Religious, literary, legal, mathematical, and medical*. Oxford: Archaeopress.

Dreyer, G., 1998. *Umm el-Qaab I. Das prädynastische Königsgrab U-j und seine frühen Schriftzeugnisse*. Mainz: von Zabern.

Fischer-Elfert, H.-W., 1996. "Die Arbeit am Text: Altägyptische Literaturwerke aus philologischer Perspektive". In: A. Loprieno (ed.) *Ancient Egyptian Literature: History and Forms*. Leiden: Brill, 499–513.

Griffith, F. Ll., 1898. *The Petrie Papyri: Hieratic Papyri from Kahun and Gurob*. London: Quaritch. (2 volumes)

Imhausen, A., 1999. "Aufgabe 16 des mathematischen Papyrus Moskau – Rechenfehler oder Ligatur?". *Göttinger Miszellen* 168, 45–48.

— 2003. *Ägyptische Algorithmen. Eine Untersuchung zu den mittelägyptischen mathematischen Aufgabentexten* (Ägyptologische Abhandlungen 65). Wiesbaden: Harrassowitz.

— 2006. "Ancient Egyptian Mathematics: New Perspectives on Old Sources". *Mathematical Intelligencer* 28, 19–27.

— 2007. "Egyptian Mathematics". In: V. J. Katz (ed.): *The Mathematics of Egypt, Mesopotamia, China, India, and Islam. A Sourcebook*. Princeton: Princeton University Press: 7–56.

Imhausen, A. / J. Ritter, 2004. "Mathematical fragments: UC 32114, UC 32118, UC 32134, UC 32159 UC32162". In: M. Collier / S. Quirke (eds.) *The UCL Lahun Papyri. Vol. 2: Religious, literary, legal, mathematical, and medical*. Oxford: Archaeopress, 71–96.

Janssen, J. J., 1991. "Rations with Riddles". *Göttinger Miszellen* 124, 91–97.

— 1992. "Rations with Riddles II". *Göttinger Miszellen* 128, 81–94.

— 2005. "Accountancy at Deir el-Medîna: How accurate are the administrative ostraca?". *Studien zur altägyptischen Kultur* 33, 147–157.

Lichtheim, M., 1975. *Ancient Egyptian Literature. Volume 1: The Old and Middle Kingdoms*. Berkeley: University of California Press.

Parker, R. A., 1972. *Demotic Mathematical Papyri*. Providence, R.I.: Brown University Press.

— 1975. "A mathematical exercise - P. Dem. Heidelberg 663". *Journal of Egyptian Archaeology* 61, 189–196.

Parkinson, R. B., 1991. "Teachings, Discourses and Tales from the Middle Kingdom". In: S. Quirke (ed.) *Middle Kingdom Studies*. New Malden: SIA Publishing, 91–122.

Peet T. E., 1923. *The Rhind mathematical papyrus: British Museum 10057 and 10058 / introduction, transcription, translation and commentary by T. Eric Peet.* London: Hodder & Stoughton.

Posener-Kriéger, P., 1976. *Les archives du temple funéraire de Néferirkarê-Kakaï: (Les papyrus d'Abousir). Traduction et commentaire* (Bibliothèque d'étude 65). Cairo: Institut français d'archéologie orientale du Caire.

Posener-Kriéger, P. / S. Demichelis, 2004. *I Papiri di Gebelein, Scavi G. Farina 1935.* Turin: Ministero per I Beni e le Attività Culturali – Soprintendenza al Museo delle Antichità Egizie.

Ritter, J., 1995. "Measure for measure: mathematics in Egypt and Mesopotamia". In: M. Serres (ed.) *A history of scientific thought: elements of a history of science*, London: Blackwell: 44–72 (engl. translation of Ritter, J., 1989. "Chacun sa vérité: les mathématiques en Égypte et en Mésopotamie." In: M. Serres (ed.) *Éléments d'histoire des sciences*. Paris: Bordas: 39–61.)

Robins, G. / C. Shute, 1987. *The Rhind Mathematical Papyrus. An Ancient Egyptian Text*. London: British Museum.

Rossi, C., 2004. *Architecture and Mathematics in Ancient Egypt*. Cambridge: Cambridge University Press.

Schack-Schackenburg, H., 1900. "Der Berliner Papyrus 6619". *Zeitschrift für Ägyptische Sprache und Altertumskunde* 38, 135–140.

— 1900."Das kleinere Fragment des Berliner Papyrus 6619". *Zeitschrift für Ägyptische Sprache und Altertumskunde* 40, 65–66.

Struve, W. W., 1930.*Mathematischer Papyrus des Staatlichen Museums der Schönen Künste in Moskau. Herausgegeben und kommentiert von W. W. Struve unter Benutzung einer hieroglyphischen Transkription von B. A. Turajeff* (Quellen und Studien zur Geschichte der Mathematik, Abteilung A. Quellen 1). Berlin: Springer.

Written mathematical traditions in Ancient Mesopotamia

Knowledge, ignorance, and reasonable guesses

Jens Høyrup, Roskilde University

Peter Damerow in memoriam
1939–2011

Abstract

Writing, as well as various mathematical techniques, were created in proto-literate Uruk in order to serve accounting, and Mesopotamian mathematics as we know it was always expressed in writing. In so far, *mathematics generically regarded* was always part of the *generic written tradition*.

However, once we move away from the generic perspective, things become much less easy. If we look at basic numeracy from Uruk IV until Ur III, it *is* possible to point to continuity and thus to a "tradition", and also if we look at place-value practical computation from Ur III onward – but already the relation of the latter tradition to the type of writing after the Old Babylonian Period is not well elucidated by the sources.

Much worse, however, is the situation if we consider the sophisticated mathematics created during the Old Babylonian Period. Its connection to the school institution and the new literate style of the period is indubitable; but we find no continuation similar to that descending from Old Babylonian beginnings in fields like medicine and extispicy. Still worse, if we look closer at the Old Babylonian material, we seem to be confronted with a small swarm of attempts to *create* traditions, but all rather short-lived. The few mathematical texts from the Late Babylonian (including the Seleucid) Period also seem to illustrate attempts to *establish* norms rather than to be witnesses of a survival lasting sufficiently long to allow us to speak of "traditions".

1. On ignorance and limited knowledge

In Neugebauer's *Vorgriechische Mathematik* (1934, 204) we find this warning:

> Unser Textmaterial der babylonischen Mathematik ist im ganzen noch viel zu lückenhaft. Es ist gewiß methodisch nicht richtig, die Texte, die wir besitzen, kurzerhand als etwas Einheitliches zu betrachten. Jeder Text (oder jede Textgruppe) hat seine bestimmte Absicht. Wenn der eine sich mit gewissen geometrischen Dingen beschäftigt, so darf man daraus nicht unmittelbar auf die allgemeine Methode schließen, die für gewisse numerische Fragen, etwa Wurzelapproximationen, angewandt worden ist. So kann also die Voraussetzung, die gewissen Textgruppen zugrunde liegt, ganz anders sein als die von anderen Typen.
> Man darf bei allen diesen Fragen nicht vergessen, daß wir über die ganze Stellung der babylonischen Mathematik im Rahmen der Gesamtkultur praktisch noch gar nichts wissen.

When this was written, practically nothing was known about anything but the mathematics of the Old Babylonian and the Seleucid Periods. Since then we have learned much about the mathematics of the late fourth and the third millennium BCE, and also something about that of pre-Seleucid Late Babylonian times. We have also come to know four geographically localized text groups from the Old Babylonian Period, and are now able to distinguish text groups from this time in a way which Neugebauer could only adumbrate.[1]

Sadly (for a discussion about *traditions*), this has only provided us with a larger number of islands in a vast ocean. At times they seem to form a chain, and as in the case of the Aleutian Islands we may assume that they are connected by a submersed mountain ridge; but others stand out in isolation, and even when connections can be suspected, their precise nature (oral/written/...) and geographic location (transmission within Mesopotamia or through peripheral areas) remains hypothetical.

Unless we accept indirect evidence, Neugebauer's second paragraph remains almost as true today as when it was written. I shall therefore *not* restrict myself to written traditions, since we often do not know whether a particular document class is really an expression of a generally written practice or only an accidentally written reflection of a non-literate though certainly numerate culture – and in the former case, whether this practice belonged to an environment of scholar-scribes or less educated people. Of course, I shall try when possible to decide in each case what is the situation – but hopefully not be illuded and go much beyond that.

[1] What Neugebauer, 1932, 6–7 did was to propose a division of the Old Babylonian material known by then into two groups, represented respectively by the Strasbourg texts and the CT IX-texts (Louvre). He further suggested the former to be slightly older and the latter slightly younger, and even that the Strasbourg texts are from Uruk, and that AO 8862, though not properly a member of the Strasbourg group, is still likely to be related to it. Everything agrees with the best knowledge of today!

2. Elementary numeracy and literacy

During Uruk IV, around 3200 BCE[2], writing was created as a means for accounting, and for no other purpose. Accounting needs also gave rise to the development of metrologies with fixed numerical proportions between units and – in the case of length and area metrologies – geared to each other. From the beginning, basic mathematics – numeration, metrologies, and fundamental calculation – was thus not only part but an essential constituent of the Mesopotamian written tradition.[3]

Part of this tradition did not survive the proto-literate period – or at least did not make it into Early Dynastic III (2600–2350 BCE), the next period from which we possess numerate documents. The bisexagesimal system disappeared – it had served for counting bread or grain rations, perhaps also for portions of dairy products, so changes in bureaucratic procedures are a likely explanation; the "grain system" was reshaped, different city states having different factor sequences; and with some exceptions, the markings that indicate the kind of good being measured (barley, malted barley, etc.) vanished. Other systems survived – the area system and its underlying length metrology, and an administrative calendar where each month is counted as 30 days and each 12 months as a year, serving in the distribution of fodder (it was to be used again in Ur III, now also for distribution of rations and calculation of labor obligations, see Englund, 1988); most important of all, the absolute-value sexagesimal counting system persisted – gradually, the curviform shapes were replaced by cuneiform versions, but for a long time the two were used side by side, and there is no doubt about its continuous existence. Hypothetically, even the proto-literate notion of fractions can be supposed to have been transformed, not replaced – the phrase used from Early Dynastic III onward when fractional notations turn up again, igi *n* ĝál, might mean something like "*n* (dots) placed in eye (i. e., circle)", which would be a description of the proto-literate notation.[4] All in all, basic mathematics survived as part of the same tradition as the lexical lists, with a similar amount of transformation in continuity.

Where Sumerian was not or no longer the administrative language – for instance, in the Old Babylonian Period and later Babylonia and Assyria – we still find the system, but now coupled with Akkadian number words for one hundred (*mē*) and one thousand (*līmum*). The mathematical tradition – as could be expected – could

[2] Here and in the following I use the "middle chronology".

[3] A convenient summary can be found in Nissen / Damerow / Englund, 1993, which also deals with important aspects of the development until Ur III.

[4] This connection – the only plausible one ever advanced – was first proposed as a possibility by Jöran Friberg, 1978, 45, though with an erroneous (and less adequate) interpretation of ĝál as "to open".

The occasional Old Babylonian interpretation (igi~*pani*, "in front of", namely in the table of reciprocals), found for instance in Haddad 104 (al-Rawi / Roaf, 1984, 22) (also proposed by Bruins, 1971, 240) is certainly a mistaken folk etymology. The phrase was used in Lagaš around 2400 BCE (Bauer, 1967, 508–511; Lambert, 1953, 60, 105–106, 108, 110; Allotte de la Fuÿe, 1915, 132), preceding the creation of tables of reciprocals by more than 300 years.

not be totally stable when the habits of the environment where it served were different or changing.[5]

3. The place-value system and complex

During Ur III, probably in the wake of Shulgi's administrative reform (2075 BCE),[6] the place-value notation for intermediate calculation was introduced together with the whole spectrum of tools without which it would be useless: Tables for metrological conversion (and the "metrological lists", didactical preliminaries to the metrological tables); tables of technical constants; tables of reciprocals; and multiplication tables. And, not least, a training system which was also a *sine qua non* for the functioning of the techniques.[7]

Our evidence that the whole complex goes back to Ur III is indirect but compelling: As Eleanor Robson (1999, 182) has shown, some of the technical constants taught in the Old Babylonian school had gone out of use after Ur III. But from Old Babylonian Nippur we have direct indications of how the complex was taught as a coherent curriculum (Robson, 2002a; Proust, 2008).

We also have evidence – though not in detail – that the complex spread (at least in part) as a constituent of the scribal curriculum to regions that had only been subjected for a shorter period (Ešnunna) or not at all (Mari) to Ur III.[8] Even after the Old Babylonian Period, we find traces outside the Babylonian area. Of particular interest is Ashurbanipal's assertion (Ungnad, 1917, 41-42, revised interpretation) that he is able to 'find reciprocals and make difficult multiplications', which shows

---

[5] The numerate culture of Assyria being already in the Old Assyrian period on the whole rather different from what we know from central and southern Mesopotamia, I shall only refer in the following to Assyrian material on a single occasion.

[6] Since the system was used for intermediate calculation, never surviving, and since texts containing only numbers are difficult to date paleographically, the Ur III date was only indirectly attested until recently; some years ago, however, Eleanor Robson (personal communication) discovered tables of reciprocals found in dated contexts, which definitively settles the matter.

Long before that, small stylistic differences allowed us to distinguish older (presumably Ur III) from normal Old Babylonian specimens, see Oelsner, 2001 and Steinkeller, 1979.

[7] We are thus confronted with a whole *technical system*, like those created in recent centuries (Mayntz / Hughes, 1988) but rarely before, social as well as technological.

[8] Ešnunna broke loose in 2025 BCE; interestingly, texts from Ešnunna (to be dated c. 1775 BCE) often use deviant ("unorthographic", that is, phonetic) spellings of íb.si$_8$. They also often use ba.si referring to a square; this (though written ba.si$_8$) is also found in texts from nineteenth century Ur, while other Old Babylonian texts only use it about a cube, see Høyrup, 2002a, 253.

Mari had never been directly subjugated, though certainly for a while under Ur III influence; this, however, is a type of political bond which would not automatically entail adoption of administrative or scribal techniques; that tables of reciprocals belonging to the earlier decades of the eighteenth century are none the less found in the palace archives from Mari is thus evidence of a deliberate adoption of the system – parallel to, but not necessarily concomitant with Samsî-Addu's adoption of Ešnunna orthography and syntax in the kingdom of Upper Mesopotamia (Durand, 1997, II, 109; Michel 2008, 255).

that the scholar-scribes of his times (these, indeed, must be the ones who had inspired his literate pretensions) kept the tradition alive – whether in genuine continuity or as part of the same antiquarian interest which sometimes made them emulate the script of the mid-third millennium, which the king claims to understand in the same text (Fincke, 2003, 111).

Late Babylonian (fifth century as well as Seleucid) mathematical texts produced within the environment of scholar-scribes, though insufficient in number to let us know much about traditions at a higher mathematical level (see below), also show that the place-value system and the use of reciprocals were still alive there; it is also shown by their use in mathematical astronomy.

What Marvin Powell (1990, 458) calls the "standard (scientific) system" of metrology was largely present already in Šuruppak, to some extent already in proto-literate Uruk; during the Sargonic epoch it underwent some regularization, to be ultimately stabilized by becoming part of the place-value complex during Ur III. The very purpose of that complex was indeed to harmonize the metrological system with the principle of sexagesimal place-value computation; integration of a change in the factor structure of a metrology would only be possible if new metrological lists and tables were created. During the Kassite Period new measures arose, but these were never integrated systematically – Jöran Friberg's survey (1993) of known texts from the later period somehow related to metrological tables shows this. Some of them refer to the traditional system, which was thus still, to an extent that cannot be precisely determined, part of the tradition that carried sexagesimal computation; others include some of the new sequences, in a format which reflects the idea of a metrological table but is hardly thought of as an aid to intermediate calculation (at least not place-value computation) – one (Friberg, 1993, 391), probably of Late Babylonian date, for instance, expresses 'the successive units of length [...] as multiples of one or two of the nearest smaller unit'. As Powell (1990, 469) argues from scattered occurrences in non-mathematical contexts, the new units were probably 'more widely used than our sparse evidence indicates'.[9] The Late Babylonian scholar-scribes, when taking up interest in basic (and sometimes less basic) mathematics, probably combined whatever was still handed down from the "scientific" system with what was actually used in the world around them, producing something which was neither really the tradition nor a faithful representation of what was done by those who measured and counted professionally.

Since later periods did not resuscitate the centralized meticulous Ur III accounting structure, there was of course no motive for refashioning a system that had been created as a tool for this structure.

[9] Some fifth century BCE "sophisticated" texts to which we shall return, which combine "scientific" length metrology with seed measure also show that no genuine integration has been achieved – instead of using the methods connected to the place-value complex they translate by means of a technical constant (Friberg, 1997, 260).

4. Area computation

As mentioned, the proto-literate area metrology was geared to the length system, and rectangular areas were determined correspondingly, as product of length and width (where we have no indication of the conceptualization of "multiplication" as an arithmetical operation before Ur III). One model document (that is, a teaching text shaped as a real administrative document) shows that approximately rectangular areas were determined by the "surveyors' formula", as average length times average width (Damerow / Englund, 1987, 155 note 73).

This latter tablet must have served teaching, and we can thus safely presume that the very restricted circle of manager-priests was caring for such matters, which in consequence were part of the incipient written tradition (whether there was any specialization we cannot know); already in Šuruppak, however, surveying and scribal management were no longer fully coincidental, and specialization within the scribal profession appears to have taken place – one contract about the sale of a house (Visicato / Westenholz, 2002, 2), for instance, refers to the um.mi.a lú.é. eš.gar, "the schoolmaster who measured the house"; this professional figure is also present in many other contracts, as is the dub.sar.aša$_5$, "surveyor-scribe" (Visicato, 2000, 22–25 and *passim*).

At least in Old Babylonian times, surveying appears to have been to some extent incumbent on a "lay", that is, non-scribal profession. However, surveying also remained part of the scribal curriculum for a long time. Firstly, the Sargonic school-texts that have been identified all deal with (mostly rectangular) areas and their sides (Foster / Robson, 2004); like a grain distribution problem from Šuruppak,[10] their question is invariably marked by the possessive suffix .bi – "its area", etc. Secondly, the same mark (completed however now with the pseudo-Sumerogram en.nam) is sometimes found in Old Babylonian school tablets from Nippur in which square areas are determined – examples in Proust (2008, 181, 183).[11] It seems reasonable to assume continuity within the scribal educational tradition.

But the school tradition cannot have been the only carrier of agrimensorial calculation between the Sargonic and the Old Babylonian Period. This follows *inter alia* from other aspects of the way to ask or answer the question. In many of the Sargonic texts, results are either *seen* or *to be seen* (using pàd or the unorthographic pad) (Foster / Robson, 2004, 6). The same term is used in many of the texts from nineteenth century Ur (Friberg 2000), cf. below, but never afterwards in any Old Babylonian text we know about. Instead, the texts from early eighteenth century Ešnunna (and later texts from the periphery, not least Sippar and Susa) use Akkadian *tammar*, "you see", when announcing results. A few Old Babylonian texts from the periphery use a new (and not very adequate) Sumerographic writing;[12] texts from the southern former Sumerian core avoid the expression consistently, but a slip in

[10] A granary of 40·60 gur.maḫ, each of 8·60 sila, of which "each man" receives 7 sila. The question is formulated "Its men", see Høyrup, 1982.

[11] On page 194, the same phrase is used in a problem about the weight of a brick.

[12] IM 55357, the earliest text from Ešnunna, uses igi.dù, an unorthographic writing of igi.du$_8$. The latter spelling is used in the probably late Old Babylonian "series texts" YBC 4669 and YBC 4673.

the text YBC 4608, probably from Uruk, shows it to have been known.[13] This suggests (and other evidence corroborates the suspicion) that a lay environment of Akkadian-speaking surveyors was also engaged in area computation (conceivably only in the Akkadian part of "Sumer and Akkad"); that it used the idiom of "seeing" results; and that this was adopted by the school tradition in the periphery while being known but mostly avoided in the south. Since the texts from nineteenth century Ur never use .bi to indicate questions we may presume that its use of pàd was also no intra-school heritage from the Sargonic Period but a translation from Akkadian (after all, it is the regular Sumerian translation, better indeed than igi.du$_8$ – not to speak of igi.dù).

As already hinted at in the discussion of metrologies, the end of the Old Babylonian Period probably deepened the split between the scholar-scribes taught in scribal families and those who "measured and counted professionally"; those of the latter who measured land were probably responsible for the area metrologies created in Neo-Babylonian times (Powell, 1990, 482–483): The "reed measure" based on "broad lines" and thus allowing the measurement of areas in length units[14], and the two slightly different "seed measures", measuring land in terms of the amount of seed needed to plant it and to feed the plough oxen; the modes of thought inherent in broad lines as well as seed measures are those of people engaged in real surveying and agricultural management, not of scholars producing the counterpart of the "rational mechanics" of more recent times.[15]

5. The sophisticated level: "Babylonian mathematics"

What is spoken of in general histories of mathematics as "Babylonian mathematics", and what together with the arithmetical tables belonging together with the place-value system occupies almost all space in the famous source editions on which general histories are ultimately based – MKT, TMB, MCT, TMS – is the sophisticated mathematics of the Old Babylonian Period, together with a few texts of a similar kind from the Seleucid era.

In the general histories, all of this is treated as one homogeneous body; the text editions, on their part, seem to suggest that at least the Old Babylonian material is homogeneous (apart from Evert M. Bruins' unfounded claim that the Susa texts distinguish between the Susian and the Akkadian methods, see Høyrup, 2002a, 98 note 128).

Actually, MKT and MCT are more perceptive. As pointed out in note 1, Neugebauer had already suggested a separation of the material into two groups in 1932 (corresponding to my preceding distinction between texts from the periphery and

---

[13] It asks what to do *aš-šu* X *a-ma-ri-i-ka*, "in order to see [i. e., find] *X*". The preceding discussion draws on Høyrup, 2002a, 319–361, *passim*.

[14] On the notion of "broad lines" and its widespread occurrence in pre-modern practical metrologies, see Høyrup, 1995.

[15] The "scientific system" measures volumes in terms of "thick surfaces" provided with a default height of 1 cubit, but "broad lines" are only visible in certain substructures of Old Babylonian mathematics – in particular the use of *našûm*, "to raise", for the multiplication involved in area calculation, suggesting an operation of proportionality.

from the core), and this was carried over to MKT. MCT contains a whole chapter written by Albrecht Goetze (1945), in which he divides the Old Babylonian corpus as known by then into six groups, purportedly on the basis of Akkadian orthography but in fact also from considerations of vocabulary.

More systematic investigation of the terminology and phraseology has confirmed Goetze's classification, moving only a few dubious texts from one group to another one (and dividing a group which even Goetze had difficulty in seeing as being really a group). Beyond that, several groups of texts found *in situ* (though sometimes badly excavated) and not on the antiquity or black market have been added. The situation as it looks now is described in Høyrup (2002a, 319–361), on which I shall draw heavily in the following.

In an introduction to a discussion of the shaping of extispicy as a literary form Seth Richardson (2010, 225) writes that

> The Old Babylonian Period [...] was a time in which many third-millennium cultural forms were being transformed by programmatic revision and political appropriation in the contest to restore geopolitical equilibrium.

This appears to be also relevant for mathematics. The small lot of mathematical texts from (probably) nineteenth century Ur mentioned above looks as evidence of the beginnings of the process. Most of the texts are elementary number exercises – four of them, as Friberg (2000, 147–148) observes, seemingly coming from a small private school teaching only part of the classical curriculum. But there are a few genuine problems. None of them correspond to the favorite types from the mature Old Babylonian Period,[16] but they are interesting because they are in a rudimentary problem *format*, which appears to have been absent from the mathematical curriculum of the Ur III Period.[17] The question may be made explicit (depending on grammatical case by the regular Sumerian a.na.àm or by the pseudo-Sumerogram en.nam); a few times results are "seen" (pàd or pad).[18]

[16] Particularly striking is a problem about the bisection of a trapezium by a parallel transversal (UET 5, 858, see Friberg, 2000, 142), a problem whose correct solution goes back to Sargonic times (Friberg, 1990, 541), and which has a certain family connection with the "algebra" of the following centuries. In the present case, the ratio in which the sides have to be divided is taken to be given, for which reason the solution becomes trivial.

This is not the place to take up the discussion whether Old Babylonian "algebra" was "an algebra" or not, the answer to which will anyhow depend on definitions; see, for instance, Høyrup, 2002a, 278–282 or Høyrup, 2010, 103–106. For the sake of simplicity, I shall refer in the remainder of the present article to the technique dealing with square and rectangular areas and their sides (as well as its extensions) as "algebra", retaining the quotes.

[17] The evidence for this is complex, coming mostly from the presence / absence of Sumerographic writings for terms for operations and terms structuring the format in Old Babylonian mathematical texts, see Høyrup, 2002c.

[18] Except for the appearance of a few Akkadian loan words, the texts are written in grammatical Sumerian – but so grammatical that they seem to be written "grammar book in hand": grammatical elements are not always contracted as they would be in regular Sumerian writing (thus ù.ub. instead of ub., cf. Thomsen, 1984, 208).

In a general sense, these texts seem to inaugurate a "tradition" of mathematical problems. However, everything specific is so different from what turns up elsewhere in the Old Babylonian record that it is preferable to see them as an early expression of a "mood" or "culture" characterizing Old Babylonian school mathematics; it appears that the nineteenth century Ur expression of this mood left no traces in the later record, and thus did not give rise to (or participate in) a genuine tradition. Its interest lies in its way to show how the general mood could express itself in a re-shaping of Ur III mathematics.

Another lot of mathematical texts, published by Denis Soubeyran (1984), is from the palace archive of early eighteenth century Mari. It mainly consists of arithmetical tables, but one text (pp. 30–35; seen as an exponential table by Soubeyran) is of a different kind:[19] An early version of the "chess-board problem" about continued doublings of a grain of barley. There is no hint of a problem format, only the mere calculation; but there is no doubt that the text deals with the well-known and widely circulating problem; it has 30 steps, as was the standard until the spread of familiarity with the chess-board game (after which 30 and 64 were competing).[20] The appearance of this problem is thus another expression of a new mood in the school, and an example of how this mood led to the adoption of circulating mathematical riddles and "recreational" problems.

The mathematical texts from Ešnunna (Tell Ḥarmal, Tell edh-Dhiba'i, Tell Ḥaddad) are much more informative. With the possible but unlikely exception of the undated "Tell Harmal compendium" (Goetze, 1951), the earliest mathematical text from the region is IM 55357 (Baqir, 1950a) from c. 1790 BCE. It deals with the subdivision of a triangle with sides 45′, 1 and 1°15′ into triangles that are similar to it. The choice of parameters is strong evidence that the author was aware of the "Pythagorean rule", at least for these proportions, but the rule is not used in the solution. For our purpose, it is perhaps more interesting that we have a rudimentary indication of format: After the presentation of the data follows an explicit question, and the prescription is introduced by the phrase za.e ak.ta.zu.un.dè, "You, to know the proceeding". The writing makes heavy use of logograms, and shares one peculiarity with one of the texts from Ur – namely the use of a.na.àm for the accusative of the question "what" (the nominative is a syllabic *minûm*, whereas the texts from Ur have en.nam). The outcome of calculations are "seen", but the term employed is igi.dù, not pàd. The use of a.na.àm, though not present in other mathematical texts I remember, is therefore not necessarily evidence of any specific link to the Ur

---

[19] Some of Soubeyran's texts seem not to be mathematical at all. One, for instance (pp. 41–45), deals with the loss of weight of various amounts of precious metal during refinement, not according to expectation but apparently in material processes – the amounts do not form an ordered list, and the relative loss changes from case to case.

[20] A papyrus from Roman Egypt (Boyaval, 1971) thus has 30 steps; the *Propositiones ad acuendos iuvenes*, a Carolingian problem collection, also has 30 (Folkerts, 1978, 51–52); al-Uqlīdisī, Damascus, CE 952/53 (Saidan, 1978, 337), states that 'many people ask [...] about doubling one 30 times, and others ask about doubling it 64 times'.

group. Because of the predominance of logograms, we cannot ascertain to which extent the later change of grammatical person[21] was intended.

The remaining Ešnunna texts (Baqir, 1950b; Baqir, 1951; Baqir 1962; al-Rawi / Roaf, 1984) date from c. 1775 BCE. They cover much of the thematic spectrum known from later Old Babylonian mathematics, and are characterized by more elaborate problem formats than the text just discussed.

With minor variations depending on exact context, the majority – the ten texts published in Baqir (1951) and the one in Baqir (1962) – starts 'If somebody asks you thus', after which follows the statement in the first person singular, 'I have done so and so'. This is not the format known from later texts (see note 21) but that of a riddle. This connection to non-school riddle traditions is confirmed by one of the problems, namely IM 53957 (Baqir, 1951, 37; corrections and interpretation von Soden, 1952, 52):

> If [somebody] asks (you) thus: To 2/3 of my 2/3 I have appended 100 silà and my 2/3, 1 gur was completed. The *tallum*-vessel of my grain corresponding to what?

Problem 37 of the Rhind Mathematical Papyrus (translation Chace / Ludlow / Manning, 1929, Plate 59) instead runs as follows:

> Go down I [a jug of unknown capacity – JH] times 3 into the *ḥeḳat*-measure, 1/3 of me is added to me, 1/3 of 1/3 of me is added to me, 1/9 of me is added to me; return I, filled am I [actually the *ḥeḳat*-measure, not the jug – JH]. Then what says it?

The affinities are too numerous to be accidental. Firstly, we notice the shared use of an ascending continued fraction; in the rich Egyptian record of texts using fractions, Rhind Mathematical Papyrus problem 37 appears to contain the only ascending continued fraction (1/3 and 1/3 of 1/3) occurring at all.[22] Secondly, there are the details of the topic: An unknown measure which is to be found from the process, the reference to a standard unit of capacity, and the notion of filling.

The Rhind Mathematical Papyrus *solution* proceeds in agreement with the normal ways of Egyptian arithmetic, making elaborate use of the system of aliquot parts and the appurtenant "red auxiliary numbers". The Ešnunna solution, on the contrary, is a mock solution, a sequence of operations which only yield the correct result because the solution has been presupposed. It is nothing but a challenge meant to impress and make fools of the non-initiate and teaches no useful mathematical procedure. In other words, it is a genuine riddle posing as a mathematical riddle – a type

---

[21] That is: Statement in the first person singular, past tense; prescription in the imperative or the second person singular, present tense, occasionally with references to the statement as what "he" has said. The implied voices are thus those of the teacher and the instructor – the šeš.gal, "big brother", of edubba texts (Kramer, 1949, 209 note 187 and *passim*).

[22] In Semitic languages, Akkadian as well as Arabic, it is instead a standard way to express difficult fractions, see Høyrup, 1990.

which also turns up in other sources drawing on oral or semi-oral practitioners' traditions.[23]

We thus have good evidence that the creators of the Old Babylonian school tradition did in mathematics as the diviners had done in their field (according to Richardson): Borrowing from oral practices, and putting into order. The similarity with divination is also (though only superficially) reflected in the language. Taha Baqir (1951, 29) explains that

> In a preliminary classification, these tablets and some others which will be dealt with in coming issues of "Sumer", were wrongly labeled as, "probably religious or omen texts", probably because they start with the phrase, "shumma ishalka" etc.[24]

The filling problem and the continued doublings from Mari may have been adopted from a merchants' environment – the presence of the same problem structure in Ešnunna and Pharaonic Egypt suggests travelling merchants. Much more important than these, however, are problems that refer to surveyors' practice: Problems dealing with rectangles, trapezia, and measuring reeds that break.

Not all the Ešnunna texts are derived from riddles or formulated as riddles (not the same thing, formats may be borrowed). The long text Haddad 104 published in al-Rawi / Roaf (1984) mostly contains rules and problems falling within the range of Ur III scribal calculation (capacity of containers, quantity of labor needed for a specified piece of work, etc.). The format here is similar to that of the early triangle division IM 55357, but in syllabic Akkadian and more elaborate: Grammatically neutral explanation of the situation (though at times preceded by *nēpeš*, "procedure of", or, if a variant is concerned, by *šumma*, meaning "if [instead]"); and prescription preceded by *atta ina epēšika*, "you, by your making". Mostly, the prescription closes by *kīam nēpešum*, "thus the procedure".

The effort to develop the problem format can also be seen in the texts published in Baqir (1951). Nine of these ten texts were found in the same room in a private house,[25] and the tenth in the immediate vicinity; one of them is the mock filling calculation mentioned above, and all are in riddle format "if somebody ...". Prescriptions open with the phrase *atta ina epēšika*; closing phrases are absent.

The ten texts have other characteristics in common, several of which are not even shared with other texts from Ešnunna. Results may either be "seen" or "come

---

[23] One example, contained in the Carolingian *Propositiones ad acuendos iuvenes* (edited by Folkerts, 1978, 47–48), explains how two merchants selling swines at the same price as they bought them for make a profit all the same.

[24] It should be observed, however, that the opening *šumma*, standard in legal, divinatory and medical texts, only characterizes a subset of the mathematical problems. The similarity concerns a style which in mathematics was neither compulsory nor connected by necessity to substance; it is not evidence of properly parallel intellectual endeavors.

[25] A complete list of the texts found in this room (and of whatever else may have been found) could be our first hint of the social setting of Old Babylonian sophisticated mathematics – which, though written in "school format", appears not to have been part of the normal scribal curriculum as we know it from Nippur and as analyzed by Christine Proust (2008).

up" (*elûm*); in the latter case, they are invariably asked for by the word *minûm*, in the former always with the phrase *kī maṣi*, "corresponding to what"; only the tablet not found in the same room as the other nine uses both. Length and width of rectangles occurring in "algebraic" problems are invariably written with the logograms uš and sag, never with grammatical or phonetic complements;[26] if real distances are meant (including the dimensions of a field measured by a reed which breaks), the writing is phonetic, as *šiddum* and *pūtum*. The "logical particles" *aššum* "since", *inūma* "as" and *šumma* "if" are absent (except for the appearance of the latter word in "if somebody"). The plane[27] "equalside" (the square parametrized by its side) is always treated as a verb ("what is equal"), and always appears in unorthographic (or rather, phonetic) writing as ib.si or ib.se.e. The cubic equalside, on the other hand, is ib.si$_8$ (still a verb) the only time it appears. Subtraction by removal is usually *ḫarāṣum*, "to cut off", a term apparently without Sumerographic equivalent in the mathematical texts.[28]

The text Db$_2$-146 (Baqir, 1962) has much in common with these ten texts, not least the riddle introduction.

Looking at the whole Ešnunna corpus we find, firstly, outspoken efforts to create terminological and structural uniformity; secondly, that authors even a few kilometres and at most a decade apart did not agree on *how* this uniformity should look.

Ešnunna was conquered by Hammurapi in 1761 BCE, after which we know about no more mathematical texts from the area. The beginning of sophisticated mathematics in the south may perhaps be dated shortly *after* this event. In any case, the prism AO 8862, according to internal criteria probably an early exponent of this development[29] is almost certainly from the same place and approximately the same time as a prism carrying tables of squares, inverse squares and inverse cubes which was written in Larsa in 1749 BCE (Robson, 2002b).[30]

---

[26] This was to be the general norm. However, precisely in the early Ešnunna texts we see that it was a *choice*. The "Tell Harmal compendium" (Goetze, 1951) – a catalogue of problem types, undated because it was found on the ground (left behind after an illegal digging) but probably contemporary with the other texts – sometimes writes uš with a phonetic complement (the possessive suffix *-ia*), and sometimes uses Akkadian phonetic writing (*ši-di-i*). This alternation corresponds to the pattern we find with terms where no strict technicalization is attempted; its virtual absence from the "algebraic" texts is thus evidence of precise awareness of the particular technical role of uš and sag as "algebraic variables".

[27] "plane", namely two-dimensional, as opposite to "cubic" whence three-dimensional

[28] Lexical lists give kud, which to my knowledge appears only with this possible meaning in the atypical mathematical Susa text TMS XXVI (TMS, 124–125) – but the intention there might just as well be *nasāḫum*, as supposed by Bruins in his transcription and commentary, even though this would also be singular. Normally, kud when used in Old Babylonian mathematical texts stands for *nakāsum* or *ḫasābum*.

[29] See the analysis in Høyrup, 2002a, 162–174.

[30] As Robson points out, we have a mathematical text from Larsa from the late nineteenth century BCE – but a multiplication table (YBC 11924, in MCT, 23). Edubba texts from Larsa on prisms similar to AO 8862 and reflecting the ideology of the school are dated 1739 BCE.

If this dating (of the prism, and of the beginning of sophisticated mathematics in the south) is correct, it leaves a short time span only for its development. From around 1720 BCE, that is, from the successful secession of the Sealand, we have very few dated documents, and the main cities appear to have been depopulated; there is no reason to assume that this is not evidence of a general decline of high literate culture in the area. Already twenty years before that, after an earlier rebellion, the emigration of scholar-priests toward the north seems to have begun.

The sophisticated mathematical texts produced in the south thus represent something like snapshots of local "styles" or "schools".[31] Most of them belong to four more or less well-defined text groups, two of which are likely to come from Uruk and one from Larsa. They are described in Høyrup (2002a, 333–349). Beyond certain orthographic characteristics, they all have in common the avoidance of the idea of "seeing" the outcome of calculations.[32] Other conspicuous features, however, allow us to differentiate.

We may look first at the two Uruk groups – labeled "group 3" and "group 4" by Goetze (1945). The mathematical language is characterized by multiple possibilities to express the same operation or process – we have already encountered some of them. The "equalside" (the side of a square area or cubic volume) may be treated as a verb or as a noun; in group 3, it is consistently a verb, in group 4 a noun. Bisection (*ḫēpum*/g a z , literally "breaking") may be explained to be "into two"; so it is consistently in group 4, but never in group 3. The prescription may open with an elaborate formula "you, by your making", and always does so in group 3; or this may be reduced to a mere "you" or be totally absent, which are the two possibilities used in group 4. Similarly concerning a number of other features of the terminology as well as of the way to structure problems by means of logical operators.

[31] This discussion concerns *formats*, which best characterize particular written traditions. Similar *problems*, *problem types*, and *methods*, on the other hand, are found in all groups, in the south as well as the northern periphery; they can thus be seen to have traveled, and to have provided that shared cultural framework of which we speak as "Old Babylonian mathematics".

[32] This apparently highly deliberate avoidance of what seems to be a characteristic of an Akkadian tradition allows us to formulate a working hypothesis concerning the relation between the Ešnunna and the Larsa-Uruk texts. Ešnunna was, and was apparently recognized as, the cultural center of "Akkad" (consisting in the early eighteenth century of Ešnunna, Babylonia and Sippar: Ešnunna's scribal culture was emulated by Samsî-Addu, Ešnunna produced the first Akkadian law code we know about (apparently at the same time as the mathematical texts we have just discussed). If Hammurapi, recognizing this, carried Ešnunna scholars and scholarship with him, he will rather have brought them to Babylon than to the former Sumerian and newly conquered south. What we find in Larsa and Uruk may thus have been inspired by new activities known from the Babylonian schools, but it will have differentiated itself by that part of the vocabulary which had obvious political connotations, that is, avoiding *tammar* and *ḫarāṣum* as well as the riddle introduction, "If somebody ...". Mesopotamian rulers, as we know, were no less confident in the power of words than those of the last century – and the technicians of such words, the scholar-scribes, probably no less. Tanret (2010, 247) points to a similar symbolic act of resistance against the Babylonian ruler on the part of a Šamaš *sanga* in Sippar.

Each group is so internally consistent that its texts are likely to come from the same school (and perhaps school room), and thus also to have been produced within a rather short time span. On the other hand, the formats of the two groups differ so clearly from each other that none of them can have descended from the other, neither by reduction nor by elaboration. They represent two different ideas of how a mathematical problem should look, and two different attempts at norm-setting. Maybe they even express mutual deliberate rejection (Uruk being a large city this is not certain).

Group 1 is probably from Larsa. AO 8862, just discussed, belongs to this group. The group is less uniform than groups 3 and 4, and even on the same tablet different problems may use different formats, see Høyrup (2002a, 337–345). Sometimes these differences may point to differences in inspiration – in AO 8862, "algebraic" problems about rectangles and their sides differ from those that deal with bricks, a traditional scribal concern; but even the "algebraic" problems do not fully agree on the choice of terminology. Similarly, four "algebraic" problems about the same geometric configuration in YBC 6504 do not agree with each other in this respect. The texts from the group are likely to have been produced within a single environment, but perhaps over some time; in general the group appears to offer evidence of experimentation rather than codification.

Group 2 (Høyrup, 2002a, 345–349), not even hypothetically located better than "in the south", presents us with a new phenomenon – extensive "theme texts". Since it is a theme text (containing 24 "algebraic" problems about one or more squares), Goetze also included the text BM 13901 in the group with some doubts, but the inclusion can now be seen to be ill-founded. The theme texts that remain, and which are almost certainly made within the same environment though not by the same author, deal with excavations (ki.lá) and small canals (pa$_5$.sig). They are characterized by combining geometric or "algebraic" calculation with determination of the labor costs of producing the objects. Beyond the theme texts, the group encompasses a number of statement catalogues, in part corresponding to known theme texts – an extraordinary luck, and a strong indication that the texts really come from the same find spot.[33] Some slips indicate that the texts were inspired by material of northern

[33] The catalogue YBC 4612 (MCT, 103–104), dealing with simple rectangle problems, is written in a coarser ductus than the catalogues that with certainty belong to the group; otherwise it is similar to them, but not sufficiently similar to eliminate all doubts concerning its appurtenance.

In any case, this simple text may be of singular interest, as it seems to provide the missing link between the area computations that represent the culmination of the normal mathematical syllabus and the sophisticated "algebra" problems. It contains 15 problem statements about rectangles, with answers. As in the catalogues certainly belonging to group 2, the format is rudimentary: a grammatically neutral and almost purely logographic presentation of the situation, the question marked by .bi en.nam, and answer – precisely as in the Nippur area problems solved by students that were discussed above, before note 11. Everything is stated in specified length and area metrology, whereas the "algebra" texts usually leave units implicit (or, said in another way, remain within the domain of place value calculation, where all units have been transformed into tacitly assumed basic units). The problems fall into three groups, the last of which varies the two sides and asks for the area; they correspond precisely to the student exercises. The former two groups both: (1) start by stating the sides, asking for

origin, and that the authors attempted to reformulate this material in a way prescribed by their own norm.

The creation of theme texts and of corresponding catalogues is evidently a parallel to what happened in other domains of Old Babylonian scholarship like extispicy, astrological divination and medicine (Maul, 2005, 71; Rochberg, 2004, 63; Rochberg, 2006, 347; Glassner, 2009, 3; Geller, 2010, 42). The affinity is enhanced by the fact that the catalogue texts indicate the number of sections they contain (normally on the edge, which would allow this number to be read when the tablet was on the shelf).

Among the northern texts, Goetze's group 5 (Høyrup, 2002a, 332) is too small to say much – it consists of one complete and fairly well-preserved text, a fragment and a heavily damaged text. It exhibits some similarities to Haddad 104 (al-Rawi / Roaf, 1984), referred to above as containing 'rules and problems falling within the range of Ur III scribal calculation', that is, of the Ur III tradition as digested in Ešnunna. It cannot be decided whether the similarities between the three texts that constitute the group reflect a deliberate attempt to adjust to or develop a norm or merely reflect loose local habits.

Goetze's group 6 (as augmented with texts belonging to the same family and published or identified as such in the meantime) is much more extensive (Høyrup, 2002a, 329–332). One of its members mentions a name in the colophon which is likely to be from Sippar (Robson, 1999, 240 note 26), which agrees well with the shared orthographic habits of the group.

A subgroup (labeled 6A in Høyrup, 2002a) is so uniform that it certainly comes from a single school with a particular norm. A few more texts differ from this subgroup on several accounts but are still sufficiently close to allow us to distinguish a local style.

6A encompasses both theme texts (including BM 85200+VAT 6599, famous for treating irreducible cubic problems about "excavations" but indeed also problems of the first and second degree about this configuration) and a catalogue (BM 80209), see Friberg (1981); the theme texts indicate the number of sections, as did the catalogues from group 2, but they are much less orderly than these (bordering upon the class of "anthology texts") and in so far less related to the omen and medical series emerging at the time.

Certain features of the texts show a still living contact with the lay surveyors' environment. Some of these features (and a number of others) also indicate affinity with the texts from Ešnunna – not least the use of *tammar*, "you see", for the results of calculations. Goetze's claim (MCT, 151), advanced before the Ešnunna texts were known, that the "6th group comprises northern modernizations of southern (Larsa) originals" can be put safely to rest.

---

the area, and then go on with four problems where the area is given together with (2) the length, (3) the width, (4) the sum of length and width, or (5) the difference between them. (1), (2) and (3) are already present in the Sargonic school texts. (4) and (5) are not, but they are the basic "algebra" problems.

In other Old Babylonian texts – e. g., YBC 6504 – we see that the types (2)–(5) were regarded as a closed group, but too elementary to be presented directly; therefore they had to be embedded in more complicated situations, or submitted to variation.

The mathematical texts from Susa,[34] presumably from the outgoing Old Babylonian Period, are also in "northern" style and with a single exception coherent enough to be regarded as expressions of a particular normative ideal. Their being found together already shows them to have belonged to the same archive; the explicit didactic character of several of the texts (explaining concepts, not solving problems, see Høyrup, 2002a, 85–95) confirms that this must have been some kind of school archive. It contains some of the most intricate problems ever dealt with in Old Babylonian mathematics – not least TMS XIX, which solves a bi-biquadratic problem. It also confronts us with the first known experiments with intermediate zeroes (in text XII).[35] The sign is sufficiently close to what is used in Seleucid texts to make us suspect a link; but since it is nothing but the separation sign, reinvention is not to be excluded.

We shall close the discussion of Old Babylonian mathematical text groups by the "series texts", which certainly constitute the closest parallel to the scholarly series produced in domains like divination and medicine. The texts were given the name by Neugebauer (MKT I, 383–384) because the tablets are indeed numbered as members of series.[36]

The texts are written in an utterly compact logographic style; often the single statement can only be understood in the context of those that precede it, as it just indicates the variation with respect to what comes before and not the complete set of data. The variation is highly systematic, organizing the variation of up to four parameters in Cartesian product.[37] Similar aims can be found in other fields where series were produced – but their subject-matter did not permit a similar unfolding of the principle, as illustrated by this excerpt from the "Diagnostic Handbook" going back to c. 1700 BCE (Geller, 2010, 90, cf. page 42):

---

[34] Published and (often badly) translated and commented upon in TMS – and also badly excavated by an expedition that was not interested in mud-brick structures or the provenience of tablets, see Robson, 1999, 19 and MCT, 6 note 28.

[35] In order to understand that these are intermediate zeroes one should realize that the place-value system was not really sexagesimal but seximal-decimal, as the Roman number system is dual-quintal. So, it stands (three times) where a 1-place is empty between two 10-places: 1.30 ▲▲ 16.40, 5.7.30 ▲▲ 41.40, 1.30 ▲▲ 16.40. The "zeroes" are there not in order to eliminate (non-existent) ambiguity but as a matter of principle.

[36] Since such serialization was a widespread phenomenon in late Old Babylonian scribal culture, it is not to be excluded that serialization of mathematical texts was initiated in several places. Friberg, 2000, 164 suggests moving VAT 7528, YBC 4669, YBC 4698 and YBC 4673 (all classified as series texts in MKT) to a "group 2b", related to the expurgated group 2 (which he calls "2a", following Høyrup, 2000, and which already Neugebauer, MKT I, 506 has regarded as a separate "Gruppe C"). He could be right – apart from the absence of serial numbering from the group-2a catalogues there are outspoken similarities.

[37] Proust, who is undertaking a new profound study of the text group, speaks of "tree-structured lists" (2010) or "schéma arborescent à 4 niveaux" (Proust 2009), which is adequate if (and only if) we think of all branches at the same level splitting up in the same way.

> [If] his urine is like ass urine, that man suffers from "discharge".
> [If] his urine is like beer dregs, that man [...]
> [If] his urine is like wine dregs, [...]
> [If] his urine is like clear paint, [...]
> If his urine is like *kašu*-juice, [...]
> If his urine is yellow-green, [...]
> If his urine is white and thick, [...]
> If his urine is like *dušû*-stone, [...]
> If his urine is as normal, but his groin and epigastrium cause [him] pain, [...].

It is difficult to determine with precision the geographical origin of the series texts. Neugebauer in MKT suggested Kiš, with arguments that he himself and Sachs eliminated in MCT, 95, together with the whole category (MCT, 37).[38] In Høyrup (2002a, 351–352) I conclude from a sequence of arguments of which none are fully coercive when taken in isolation

> that the series texts are less closely related to group 6A than believed by Neugebauer; that they will have been produced somewhere in the peripheral orbit – that is, outside the ancient Ur III core area. If we look at the problem types where nu.zu and a.na uš ugu saĝ dirig and their syllabic equivalents turn up in groups 1 and 3 (broken-reed and stone riddles, etc.) we may also infer that the series texts, in spite of their sophistication and highly technical language, were produced in a place where the riddle tradition was closer to the surface than in the school where (e. g.) group 6A was produced and used.

Friberg (2000, 172) concludes from analysis of the use of Sumerograms that

> the general impression one gets is that the Sumerian terminology of the mentioned [main] group of series texts, Group Sa, is closest to that of Group 3, the one assumed to be from Uruk (in spite of what Hoyrup claims, op. cit.)

while Proust (2010, 3) suggests

> that the structure of the colophons might speak in favor of a connection between the mathematical series texts and a tradition which developed in Sippar at the end of the dynasty of Hammurabi

[38] Neugebauer and Sachs argue that the same number might be given to different texts (which however only shows that no single canonical series similar to *Enūma Anu Enlil* existed in mathematics), and that therefore 'the numbering of these texts implies nothing more than an arrangement of tablets of various groups by a scribe to keep them in order'. However, as it has turned out, even the mature *Enūma Anu Enlil* exists in several variants, and in general the attempt to create standardized ("canonical") series seems to belong to the Kassite period (Rochberg-Halton, 1984, 127–128). The extispicy texts ki + *n* (Glassner, 2009, 24–29) would fit Neugebauer's and Sachs's discussion no less well than the mathematical texts.

more precisely, during Ammiṣaduqa's reign – cf. also Proust (2009, 195).

As to the time when the mathematical series texts were produced, we also have to rely on indirect arguments. Proust's observation of the similarity with dated colophons from the late 17th century is supported by the observation that the utterly intricate elaboration of the texts shows them to be the end product of a long development. This, on the other hand, can be combined with our general knowledge of history: Mathematical texts written at that moment can hardly have been made in the Sealand, and thus not in the former Sumerian core (Ur, Larsa, Uruk); they may, on the other hand, have been produced by scholarly emigrants from the south or their professional descendants, which would explain the features shared with texts from groups 1 and 3.

In the end, there turned out to be a fundamental difference between the genre of mathematical series texts and other incipient serializations like ki + *n*. The latter were adopted by the scholar-scribes of the Kassite and later times, giving rise to the large series we know from the Assyrian libraries. The former, like the whole fabulous enterprise of Old Babylonian sophisticated mathematics, did not survive the breakdown of the Old Babylonian cultural complex. Mathematics may serve for warfare and already did so in the Bronze Age,[39] but it appears to be better served itself by peace. At the conquest of Ešnunna, it could follow the victors to the south and flourish in the *pax babyloniaca* (relative as it was), even though the choices of format indicate that it was a general idea and not a precise written tradition nor a well-defined professional carrier group that made the transfer to Larsa and Uruk. When the southern cities fell to the Sealand, some carriers of the tradition might still go north – but at the Kassite take-over, there was nowhere left to go. Divination and magic could survive in "inner emigration" within the scribal families and eventually re-emerge; mathematics, if admitted, withered away.

6. Late Babylonian sophistication

One seemingly sophisticated – but actually pseudo-sophisticated – text does seem to come from the Kassite Period: AO 17264. It deals with a topic dear to Old Babylonian calculators: A trapezoidal field divided by parallel transversals into strips – here six strips that are pairwise equal in area. As Lis Brack-Bernsen and Olaf Schmidt conclude after analyzing the text and the mathematics of the problem, it

> is beyond the capability of Babylonian mathematicians, and it looks as if they have given up in despair in their attempt at solving this problem and just given some meaningless computations that lead to a correct result.

The solution is indeed another mock solution, not mathematics but just mystifying calculations. The Kassite date, originally suggested by Thureau-Dangin (1934, 61) for paleographic reasons, is supported by the terminology and format (Høyrup, 2002a, 387–388). It is of vaguely northern type, but not similar in details to anything known to be Old Babylonian. It suggests (nothing more!) conservation within a

[39] The "siege calculations" of mathematical texts are certainly artificial, but they are none the less witness of a kind of practice where volume calculation (etc.) was applied.

scribal family of some memory of the high level of Old Babylonian mathematics and a rather vane ambition to show that the author was still at that level. In any case, we have to wait until the fifth century BCE before we find a few texts which are somehow akin to Old Babylonian "algebra".

The texts in question have been published in Friberg / Hunger / al-Rawi (1990), and Friberg (1997). According to Friberg (2000, 175–176)

> these texts contain what must be Late Babylonian reformulations of Old Babylonian mathematical problems, with the ninda as the basic unit of length and the square ninda as the basic unit of area, as well as obviously Late Babylonian mathematical problems, with the cubit as the basic unit of length and surface extent measured in terms of either seed measure or reed measure.

However, the texts that combine the "standard" length metrology (still present in lists, we remember) with the new area metrology show in other respects that they are *not* mere reformulations of Old Babylonian texts except in a very vague sense. They deal with rectangles for which the area is known together with one of the sides; the sum of the sides; or the difference between them. As we remember from note 32, these are the simple problems that so to speak hide below Old Babylonian algebra but were too simple to be presented directly; half of them, we also remember, were already taught in the Sargonic school. More decisively, they belong to that small set of surveyors' riddles that was borrowed by the Old Babylonian mathematics teachers and developed by them into the "algebraic" discipline.[40]

As can be read in a colophon, the texts in question belonged to a scholar-scribe from the fifth century BCE.[41] It is therefore informative that one of the Sumerian terms occurring in the texts (nim, "lift up") is used differently than in the Old Babylonian Period. In Old Babylonian mathematics it had been one of the logograms that could designate the "multiplication by proportionality" (Akkadian *našûm*), by now it meant "subtract" (namely, by lifting up from the counting board[42]). In corroboration of what was said above, it appears that the Late Babylonian scholar-scribes, when taking up interest in mathematics, probably combined whatever was still handed down from the "scientific" system with what was actually used by "those who measured and counted professionally" and with substance borrowed from these. What these people did was probably already carried out in Aramaic, and written not on clay but on wax tablets or on papyrus; the colophon just mentioned states indeed that the text is copied from a wax tablet (Friberg / Hunger / al-Rawi, 1990, 545). It is therefore not possible to claim that these texts are really part of a written tradition belonging to the scholar-scribes, they may as well represent an attempt to *re-estab-*

---

[40] This set of riddles, together with its widespread influence and duration until the Sanskrit, Islamic and even Latin/Italian Middle Ages, is discussed in Høyrup, 2001.

[41] See Friberg / Hunger / al-Rawi, 1990, 545; dating from Robson, 2008, 227–237.

[42] This was also the original (Ur III) sense of zi, in Old Babylonian times used as a logogram for *nasāḫum*, "to tear out", the concrete, "identity-conserving" subtraction. Irrespective of language change and interruption of textual traditions, material calculational practice had remained the same. Not all traditions in Mesopotamian mathematics were written.

lish a tradition which was known to have been lost – in the way twelfth century (CE) Latin scholars struggled to reconquer a Greek scientific and philosophical heritage whose existence they only knew about from late ancient Latin encyclopediae. Perhaps they represent a temporarily successful attempt, whose continuation we only have not been fortunate enough to find, perhaps they are nothing but the remains left over after a failure.

In any case, the next small group of sophisticated texts we know about, written some 200 years later, is again quite different in character. Apart from a particular kind of second-degree "algebra" asking for the value of a pair of reciprocal numbers (*igûm* and *igibûm*) whose sum or difference is given (an application of the simple rectangle problem structure), already popular in the Old Babylonian Period and probably handed down together with the place-value system, what we find in the Seleucid texts are again geometrical riddles – now in pure numbers, as in the Old Babylonian Period, but involving for instance the sum of the sides and the diagonal of a rectangle and using new (but still geometric) techniques. Since the same problems turn up at approximately the same time in sources from Demotic Egypt (Høyrup, 2002b), they cannot have been developed and kept within a closed environment of scholar-scribes, as supposed by Robson (2008, 261–262). One problem in a text which otherwise contains "algebraic" rectangle diagonal problems (BM 34568 problem 16, in MKT III, 16), moreover, deals with a cup consisting of an alloy of gold and copper – a type which was to become very popular in medieval merchants' arithmetic. Once again, what we see is a reflection of the impact of external traditions (literate, semi-literate or oral, we do not know) on the cuneiform-scholarly environment, in an interesting replay of the influence of similar traditions on Old Babylonian (and, to a much more restricted extent, Pharaonic) mathematics – but with the difference that this time no lasting tradition or mathematical culture resulted within the cuneiform literate world (which by then was reduced to a tiny though stubborn *arrière-garde*); Marx's adage about history being played twice, first as tragedy and then as farce, comes to mind.

7. Summing up

As we have seen, basic mathematical techniques were handed down within the cuneiform literate tradition over very long periods, some of them (part of the metrology) over a time span longer than the one which separates us from Homer. We may suspect but often cannot specify interactions between this literate and other less literate ("lay") traditions.

When looking instead at what is mostly thought of as "Babylonian mathematics", namely the sophisticated level, it is much more difficult to distinguish true traditions. The Old Babylonian Period presents us with a mathematical culture of high level, and when we look at details we find attempts to *establish* standards and traditions – but all of them apparently short-lived, for internal or external reasons. Parallels to the omen or grammar traditions beginning in Old Babylonian times and still alive in the later first millennium cannot be found.

Abbreviations and references

AO = Museum siglum Louvre (Antiquités orientales).
BM = Museum siglum of the British Museum, London.
IM = Museum siglum of the Iraq Museum in Baghdad.
MCT = O. Neugebauer / A. Sachs, *Mathematical Cuneiform Texts* (American Oriental Series 29). New Haven, Connecticut: American Oriental Society, 1945.
MKT = O. Neugebauer, *Mathematische Keilschrift-Texte* I–III (Quellen und Studien zur Geschichte der Mathematik, Astronomie und Physik. Abteilung A: Quellen. 3. Band, erster–dritter Teil). Berlin: Julius Springer, 1935–1937.
TMB = F. Thureau-Dangin, *Textes mathématiques babyloniens* (Ex Oriente Lux 1). Leiden: Brill, 1938.
TMS = E. M. Bruins / M. Rutten, *Textes mathématiques de Suse* (Mémoires de la Mission Archéologique en Iran XXXIV). Paris: Paul Geuthner, 1961.
UET = *Ur Excavations. Texts.* London: The British Museum 1928 ff.
VAT = Museum siglum of the Vorderasiatisches Museum, Berlin (Vorderasiatische Abteilung. Tontafeln).
YBC = Tablet siglum, Yale Babylonian Collection (New Haven).

al-Rawi, F. N. H. / M. Roaf, 1984. "Ten Old Babylonian Mathematical Problem Texts from Tell Haddad, Himrin". *Sumer* 43, 195–218.

Allotte de la Fuÿe, F.-M., 1915. "Mesures agraires et formules d'arpentage à l'époque présargonique". *Revue d'Assyriologie* 12, 117–146.

Baqir, T., 1950a. "An Important Mathematical Problem Text from Tell Harmal". *Sumer* 6, 39–54.

– 1950b. "Another Important Mathematical Text from Tell Harmal". *Sumer* 6, 130–148.

– 1951. "Some More Mathematical Texts from Tell Harmal". *Sumer* 7, 28–45.

– 1962. "Tell Dhiba'i: New Mathematical Texts". *Sumer* 18, 11–14, pl. 1–3.

Bauer, J., 1967. *Altsumerische Wirtschaftstexte aus Lagasch.* Inauguraldissertation, Philosophische Fakultät der Julius-Maximilian-Universität, Würzburg.

– 1975. "Darlehensurkunden aus Girsu". *Journal of the Economic and Social History of the Orient* 18, 189–217.

Boyaval, B., 1971. "Le P. Ifao 88: Problèmes de conversion monétaire". *Zeitschrift für Papyrologie und Epigraphik* 7, 165–168, Tafel VI.

Bruins, E. M., 1971. "Computation in the Old Babylonian Period". *Janus* 58, 222–267.

Chace, A. B. / B. Ludlow / H. P. Manning, 1929. *The Rhind Mathematical Papyrus. II. Photographs, Transcription, Transliteration, Literal Translation. Bibliography of Egyptian and Babylonian Mathematics* (supplement) by R. C. Archibald. *The mathematical leather Roll in the British Museum* by S. R. K. Glanville. Oberlin, Ohio: Mathematical Association of America.

Damerow, P. / R. K. Englund, 1987. "Die Zahlzeichensysteme der Archaischen Texte aus Uruk". In: M. W. Green / H. J. Nissen, *Zeichenliste der Archaischen Texte aus Uruk* (Archaische Texte aus Uruk 2). Berlin: Gebr. Mann, 117–166.

Englund, R. K., 1988. "Administrative Timekeeping in Ancient Mesopotamia". *Journal of the Economic and Social History of the Orient* 31, 121–185.

Fincke, J. C., 2003. "The Babylonian Texts of Nineveh: Report on the British Museum's Ashurbanipal Library Project". *Archiv für Orientforschung* 50, 111–149.

Folkerts, M., 1978. *Die älteste mathematische Aufgabensammlung in lateinischer Sprache: Die Alkuin zugeschriebenen Propositiones ad acuendos iuvenes. Überlieferung, Inhalt, Kritische Edition* (Denkschriften. Österreichische Akademie der Wissenschaften, Mathematisch-Naturwissenschaftliche Klasse. 116. Band, 6. Abhandlung). Wien / New York.

Foster, B. / E. Robson, 2004. "A New Look at the Sargonic Mathematical Corpus". *Zeitschrift für Assyriologie und Vorderasiatische Archäologie* 94, 1–15.

Friberg, J., 1978. *The Third Millennium Roots of Babylonian Mathematics*. I. *A Method for the Decipherment, through Mathematical and Metrological Analysis, of Proto-Sumerian and proto-Elamite Semi-Pictographic Inscriptions*. Göteborg.

– 1981. "Methods and Traditions of Babylonian Mathematics, II: An Old Babylonian Catalogue Text with Equations for Squares and Circles". *Journal of Cuneiform Studies* 33, 57–64.

– 1990. "Mathematik". In: D. O. Edzard et al. (eds.) *Reallexikon der Assyriologie und Vorderasiatischen Archäologie* 7. Berlin / New York: De Gruyter, 1987–1990, 531–585.

– 1993. "On the Structure of Cuneiform Metrological Table Texts from the -1st Millennium". *Grazer Morgenländische Studien* 3, 383–405.

– 1997. "'Seed and Reeds Continued'. Another Metro-Mathematical Topic Text from Late Babylonian Uruk". *Baghdader Mitteilungen* 28, 251–365, pl. 45–46.

– 2000. "Mathematics at Ur in the Old Babylonian Period". *Revue d'Assyriologie et d'Archéologie Orientale* 94, 97–188.

Friberg, J. / H. Hunger, / F. N. H. al-Rawi, 1990. "'Seeds and Reeds': A Metro-Mathematical Topic Text from Late Babylonian Uruk". *Baghdader Mitteilungen* 21, 483–557, Tf. 46–48.

Geller, M. J., 2010. *Ancient Babylonian Medicine: Theory and Practice*. Malden, Mass. / Oxford: Wiley-Blackwell.

Glassner, J.-J., 2009. "Écrire des livres à l'époque paléo-babylonienne: le traité d'extispicine". *Zeitschrift für Assyriologie und Vorderasiatische Archäologie* 99, 1–81.

Goetze, A., 1945. "The Akkadian Dialects of the Old Babylonian Mathematical Texts". In: O. Neugebauer / A. Sachs, *Mathematical Cuneiform Texts* (American Oriental Series 29). New Haven, Connecticut: American Oriental Society, 146–151.

– 1951. "A Mathematical Compendium from Tell Harmal". *Sumer* 7, 126–155.

Høyrup, Jens, 1982. "Investigations of an Early Sumerian Division Problem, c. 2500 B.C.". *Historia Mathematica* 9, 19–36.

– 1990. "On Parts of Parts and Ascending Continued Fractions". *Centaurus* 33, 293–324.

– 1995. "Linee larghe. Un'ambiguità geometrica dimenticata". *Bollettino di Storia delle Scienze Matematiche* 15, 3–14. (English translation: http://www.akira.ruc.dk/~jensh/Publications/2010{K}03_Broad%20lines.PDF.)

– 2000, "The Finer Structure of the Old Babylonian Mathematical Corpus. Elements of Classification, with some Results". In: J. Marzahn / H. Neumann (eds.) *Assyriologica et Semitica. Festschrift für Joachim Oelsner anläßlich seines 65.*

Geburtstages am 18. Februar 1997 (Alter Orient und Altes Testament 252). Münster: Ugarit-Verlag, 117–177.

– 2001. "On a Collection of Geometrical Riddles and Their Role in the Shaping of Four to Six 'Algebras'". *Science in Context* 14, 85–131.

– 2002a. *Lengths, Widths, Surfaces: A Portrait of Old Babylonian Algebra and Its Kin* (Studies and Sources in the History of Mathematics and Physical Sciences). New York: Springer.

– 2002b. "Seleucid Innovations in the Babylonian 'Algebraic' Tradition and Their Kin Abroad". In: Y. Dold-Samplonius et al. (eds.) *From China to Paris: 2000 Years Transmission of Mathematical Ideas* (Boethius 46). Stuttgart: Steiner, 9–29.

– 2002c. "How to Educate a Kapo, or, Reflections on the Absence of a Culture of Mathematical Problems in Ur III". In: J. M. Steele / A. Imhausen (eds.) *Under One Sky. Astronomy and Mathematics in the Ancient Near East* (Alter Orient und Altes Testament 297). Münster: Ugarit-Verlag, 121–145.

– 2010. *L'algèbre au temps de Babylone: Quand les mathématiques s'écrivaient sur de l'argile*. Paris: Vuibert & Adapt-SNES.

Kramer, S. N., 1949. "Schooldays: A Sumerian Composition Relating to the Education of a Scribe". *Journal of the American Oriental Society* 69, 199–215.

Lambert, M., 1953, "Textes commerciaux de Lagash". *Revue d'Assyriologie* 47, 57–69, 105–120.

Maul, S. M., 2005. "Omina und Orakel. A. Mesopotamien", In: D. O. Edzard et al. (eds.) *Reallexikon der Assyriologie und Vorderasiatischen Archäologie* 10. Berlin / New York: De Gruyter, 2003–2005, 45-88.

Mayntz, R. / T. P. Hughes (eds.), 1988. *The Development of Large Technical Systems*. Frankfurt am Main: Campus.

Michel, C., 2008. "Écrire et compter chez les marchands assyriens du début du IIe millénaire av. J.-C.". In: T. Tarhan et al. (eds.) *Muhibbe Darga Armağanı*. İstanbul: Şubat, 345–364.

Neugebauer, O., 1932. "Studien zur Geschichte der antiken Algebra. I." *Quellen und Studien zur Geschichte der Mathematik, Astronomie und Physik. Abteilung B: Studien 2*. Berlin, 1–27.

Neugebauer, O., 1934. *Vorlesungen über Geschichte der antiken mathematischen Wissenschaften*. I. *Vorgriechische Mathematik* (Die Grundlehren der mathematischen Wissenschaften in Einzeldarstellungen 43). Berlin: Julius Springer.

Nissen, H. J. / P. Damerow / R. Englund, 1993. *Archaic Bookkeeping: Writing and Techniques of Economic Administration in the Ancient Near East*. Chicago: University of Chicago Press.

Oelsner, J., 2001. "HS 201 – eine Reziprokentabelle der Ur III-Zeit". In: J. Høyrup / P. Damerow (eds.) *Changing Views on Ancient Near Eastern Mathematics* (Berliner Beiträge zum Vorderen Orient 19). Berlin: Dietrich Reimer, 53–59.

Powell, M. A., 1990. "Maße und Gewichte". In: D. O. Edzard et al. (eds.) *Reallexikon der Assyriologie und Vorderasiatischen Archäologie* 7. Berlin / New York: De Gruyter, 1987-1990, 457–516.

Proust, C., 2008. "Quantifier et calculer: usages des nombres à Nippur". *Revue d'Histoire des Mathématiques* 14, 143–209.

Proust, C., 2009. "Deux nouvelles tablettes mathématiques du Louvre: AO 9071 et AO 9072". *Zeitschrift für Assyriologie und Vorderasiatische Archäologie* 99, 167–232.

– 2010. "A Tree-Structured List in a Mathematical Series Text from Mesopotamia". Manuscript, forthcoming in K. Chemla / J. Virbel (eds.) *Introduction to Textology via Scientific Texts*.

Richardson, S. F., 2010. "On Seeing and Believing: Liver Divination and the Era of Warring States (II)". In: A. Annus (ed.) *Divination and Interpretation of Signs in the Ancient World* (Oriental Institute Seminars 6). Chicago: The Oriental Institute, 225–266.

Robson, E., 1999. *Mesopotamian Mathematics 2100–1600 BC. Technical Constants in Bureaucracy and Education* (Oxford Editions of Cuneiform Texts 14). Oxford: Clarendon Press.

– 2002a. "More than Metrology: Mathematics Education in an Old Babylonian Scribe School". In: J. M. Steele / A. Imhausen (eds.) *Under One Sky. Astronomy and Mathematics in the Ancient Near East* (Alter Orient und Altes Testament 297). Münster: Ugarit-Verlag, 325–365.

– 2002b. Review of Høyrup, Lengths, Widths, Surfaces. MathDL. The MAA Mathematical Sciences Digital Library. http://mathdl.maa.org/mathDL/19/?pa=reviews&sa=viewBook&bookId=68542 (accessed 24.11.2011).

– 2008. *Mathematics in Ancient Iraq: A Social History*. Princeton / Oxford: Princeton University Press.

Rochberg, F., 2004. *The Heavenly Writing: Divination, Horoscopy, and Astronomy in Mesopotamian Culture*. Cambridge: Cambridge University Press.

– 2006. "Old Babylonian Celestial Divination". In: A. K. Guinan et al. (eds.) *If a Man Builds a Joyful House: Assyriological Studies in Honor of Erle Verdun Leichty*. Leiden / Boston: Brill, 337–348.

Rochberg-Halton, F., 1984. "Canonicity in Cuneiform Texts". *Journal of Cuneiform Studies* 36, 127–144.

Saidan, A. S. (ed., trans.), 1978. *The Arithmetic of al-Uqlīdisī. The Story of Hindu-Arabic Arithmetic as Told in Kitāb al-Fuṣūl fī al-Ḥisāb al-Hindī by Abū al-Hasan Aḥmad ibn Ibrāhīm al-Uqlīdisī written in Damascus in the Year 341 (A. D. 952/53)*. Translated and Annotated. Dordrecht: Reidel.

Soubeyran, D., 1984. "Textes mathématiques de Mari". *Revue d'Assyriologie* 78, 19–48.

Steinkeller, P., 1979. "Alleged GUR.DA = ugula-géš-da and the Reading of the Sumerian Numeral 60". *Zeitschrift für Assyriologie und Vorderasiatische Archäologie* 69, 176–187.

Tanret, M., 2010. *The Seal of the Sanga: On the Old Babylonian Sangas of Šamaš of Sippar-Jaḫrūrum and Sippar-Amnānum*. Leiden / Boston: Brill.

Thomsen, M.-L., 1984. *The Sumerian Language. An Introduction to its History and Grammatical Structure* (Mesopotamia 10). København: Akademisk Forlag.

Thureau-Dangin, F., 1934. "Une nouvelle tablette mathématique de Warka". *Revue d'Assyriologie et d'Archéologie Orientale* 31, 61–69.

Ungnad, A., 1917. "Lexikalisches". *Zeitschrift für Assyriologie und verwandte Gebiete* 31, 38–57.

Visicato, G., 2000. *The Power and the Writing. The Early Scribes of Mesopotamia.* Bethesda, Maryland: CDL Press.

Visicato, G. / A. Westenholz, 2002. "A New Fara Contract". *Studi epigrafici e linguistici sul vicono oriente Antico* 19, 1–4.

von Soden, W., 1952. "Zu den mathematischen Aufgabentexten vom Tell Harmal". *Sumer* 8, 49–56.

Textstufen altbabylonischer Rechtssammlungen?

Guido Pfeifer, Goethe-Universität, Frankfurt/Main

Abstract

The article focuses on the textual coherence of law collections, i. e. texts with a normative character in a more or less technical sense. Firstly, it has to be considered if and why Old Babylonian law collections represent an almost ideal object of research in this context. Secondly, it has to be discussed to what extent the methodological approach of "*Textstufenforschung*" from the legal history of Roman law is suitable for this analysis. Finally, the extent of coherence between law collections will be exemplified by a comparison of the sections 36 and 37 of the Laws of Ešnunna and section 125 of the Laws of Hammurabi.

1. Einleitung

Das Recht und seine medialen Träger, durch die es dokumentiert ist, stellen in der Wissenstradition der altorientalischen Hochkulturen einen Faktor dar, der schlechterdings nicht zu ignorieren ist:[1] Allein die enorme Quantität des überlieferten Textmaterials, das in einen näheren oder ferneren Zusammenhang mit dem Recht gestellt werden kann und das etwa drei Viertel der gesamten keilschriftlichen Überlieferung ausmacht,[2] nicht zuletzt aber auch die Möglichkeit, diese Quellen mit anderen sogenannten Wissenstexten zu kontextualisieren, lassen das Keilschriftrecht und seine Überlieferung als lohnenden Aspekt erscheinen, wenn man nach einer Tradition verschrifteten Wissens im Alten Orient fragt, deren Untersuchung Erkenntnisgewinn

[1] Pfeifer, 2011, 265.

[2] Überblick bei Westbrook, 2003, 5–12.

über das genuine Interesse der Rechtsgeschichte an dieser Überlieferung hinaus verspricht.

Die möglichen Fragestellungen in diesem Kontext sind mannigfaltig:[3] Sie reichen von der Frage nach der Bedeutung einzelner, konkreter Textbeispiele über die Analyse der Funktion und inneren Struktur ganzer Textgattungen bis hin zum Phänomen der Ausbildung einer eigenen Rechtsterminologie.[4] Neben Funktionalität und Technizität ist es aber auch die Frage nach den Entstehungsumständen der Texte, die (nach wie vor) der Klärung bedarf.[5] Die Beantwortung aller dieser Fragestellungen wird gleichermaßen erschwert durch die Tatsache, dass eine theoretische Reflexion über das Recht aus keiner der altorientalischen Rechtskulturen erhalten ist.[6]

Im Folgenden soll die textbezogene Kohärenz von Rechtssammlungen thematisiert werden, also von Texten, die einen im mehr oder weniger technischen Sinn normativen Charakter aufweisen.[7] Dabei ist zunächst kurz darauf einzugehen, warum sich die altbabylonischen Rechtssammlungen hierfür im besonderen Maße als Untersuchungsgegenstand anbieten. In einem weiteren Schritt soll erörtert werden, inwieweit sich der in der romanistischen Rechtsgeschichte etablierte methodische Ansatz der Textstufenforschung als methodisches Instrument für diese Untersuchung eignet. Schließlich soll am konkreten Beispiel der §§ 36 und 37 des Codex Ešnunna (CE) und des § 125 des Codex Hammurabi (CH) erprobt werden, welches Maß an Kohärenz auf diese Weise feststellbar ist.

2. Altbabylonische Rechtssammlungen als Untersuchungsgegenstand

Die keilschriftliche literarische Überlieferung umfasst, wie bereits angedeutet, in beträchtlichem Umfang Textzeugnisse, die in einem rechtlichen Kontext verortet werden können. Die überwiegende Masse dieser Texte kann dabei dem Bereich der Rechtspraxis zugerechnet werden; hierzu zählen insbesondere Vertrags- und Prozessurkunden, deren Inhalte nahezu das gesamte Spektrum des Rechtslebens abdecken,[8] aber auch simple Quittungen oder aber Briefe aus privater Korrespondenz oder der des Palastes sowie Zeugnisse der Tempelverwaltung.[9] In weitaus geringerer Zahl sind uns die sogenannten Rechtssammlungen überliefert. Dabei handelt es sich um Textkorpora aus der Zeit zwischen dem ausgehenden dritten Jahrtausend v. Chr.

---

[3] Dazu auch Pfeifer, 2011, 266.

[4] Zu Letzterem siehe Streck, 2006–2008, 281.

[5] Siehe auch Pfeifer, 2011, 263.

[6] Zur Frage einer „Rechtswissenschaft“ im Alten Orient Pfeifer, 2011, 263–266.

[7] Zur Frage der Normativität von Rechtssammlungen siehe Neumann, 2003, 88 im Hinblick auf den Codex Hammurabi und sogleich unter 2.

[8] Neumann, 2003, 59.

[9] Korošec, 1964, 50–51.

und der Mitte der ersten Hälfte des ersten vorchristlichen Jahrtausends.[10] Ihr mit Abstand bekanntestes Beispiel stellt der „Codex“ des Königs Hammurabi von Babylon dar, der zugleich eines der bedeutendsten Sprachdenkmäler der akkadischen Sprache verkörpert.[11] Die Rechtssammlungen enthalten Rechtssätze offenkundig kasuistischen Charakters, in denen bestimmte Lebenssachverhalte mit rechtlichen Konsequenzen kombiniert werden. Ihre sprachliche bzw. grammatische Gestaltung in Form eines Konditionalschemas („wenn…, dann…“) legt für den Juristen ein Verständnis als Tatbestand und Rechtsfolge nahe; damit ist zugleich der Charakter eines normativen Texts im technischen Sinne indiziert.[12] Der Vergleich mit anderen Wissenstexten der keilschriftlichen Überlieferung lässt jedoch auch eine Beschreibung der Rechtssätze im Sinne einer prozeduralen Informationsverarbeitung zu.[13]

Unabhängig von der nach wie vor nicht unumstrittenen Frage nach der tatsächlichen Funktion der Rechtssammlungen, insbesondere ob sie als gesetzliche Normen mit Geltungsanspruch verstanden werden können,[14] steht für alle Interpretationsansätze als grundlegender Kontext der Rechtssammlungen die Schreiberausbildung im „Haus der Tafeln“ (sum. é dub-ba-a) außer Frage, wo, nicht zuletzt mittels lexikalischer Listen, sowohl Fachwissen wie auch Methodik tradiert wurden.[15] In diesem Zusammenhang wurden die Rechtssammlungen z. T. über erhebliche Zeiträume hinweg abgeschrieben, im Fall des Codex Hammurabi etwa über annähernd eintausend Jahre lang,[16] was auf eine eigene literarische Tradition dieser Textgattung hinweist.

Der zuletzt genannte Hintergrund stellt einen wesentlichen Aspekt im Hinblick auf die Frage nach einer Tradition von verschriftetem Wissen dar. Freilich kann er grundsätzlich auch für die Überlieferung der Rechtspraxis Berücksichtigung finden, da gerade die Formulare von Vertrags- und Prozessurkunden einen nicht unwesentlichen Bestandteil des Curriculums in den Schreiberschulen ausmachten.[17] Insoweit kommen also auch diese Quellen grundsätzlich als Untersuchungsgegenstand in Betracht, auch wenn die schiere Masse der Überlieferung allgemeine Aussagen von vorneherein erschwert und im Grunde lediglich segmentäre Analysen zulässt. Für die Konzentration auf die Rechtssammlungen spricht indes ein weiterer Aspekt: Sie zeigen eine gewisse inhaltliche Kohärenz nämlich bereits insoweit, als sie, unabhängig von ihrem Normgehalt, bestimmte inhaltliche Topoi immer wieder verarbeiten. *Sedes materiae* dieses Phänomens sind die nichtjuristischen Bestandteile der Rechtssammlungen, die vielfach den jeweiligen Normenkatalog als Prologe und Epiloge einrahmen.[18] Hier wird etwa die Verwirklichung von Gerechtigkeit als theologische,

[10] Neumann, 2003, 59–60.

[11] Eilers, 2009, 8–9.

[12] Pfeifer, 2012, 18–19.

[13] Ritter, 2004, 177–200.

[14] Überblick über die Diskussion bei Jackson, 2008, 69–113, Bibliographie ebenda 257–276.

[15] Dazu Neumann, 2003, 63–65.

[16] Neumann, 2003, 64.

[17] Neumann, 2003, 64–65.

[18] Grundlegend Ries, 1983, 5–74.

politische und soziale Anforderung an die jeweiligen normsetzenden Herrscher postuliert, die mit dem Aufgreifen derartiger Topoi zugleich eine Perspektive historischer Tradition erzeugen.[19] Ohne an dieser Stelle auf Einzelheiten der konkreten literarischen Verarbeitungstechnik in diesen nichtjuristischen Bestandteilen der Rechtssammlungen eingehen zu können, indiziert bereits dieser oberflächliche Eindruck ein gesteigertes Maß an geschulter und reflektierter Beschäftigung mit älteren Texten bei der Produktion der Rechtssammlungen und mithin einen engeren Zusammenhang zeitlich aufeinanderfolgender Texte.

Schließlich erscheint eine Beschränkung in zeitlicher Hinsicht auf die altbabylonische Epoche als nahe liegend: Der Codex Ešnunna aus dem neunzehnten und der Codex Hammurabi aus dem achtzehnten Jahrhundert v. Chr. datieren in ein schmales Zeitfenster von etwa einhundert Jahren.[20] Auch wenn die Erscheinungsform der wichtigsten Überlieferungsträger der beiden Rechtssammlungen – im Fall des Codex Hammurabi die berühmte Stele,[21] beim Codex Ešnunna die beiden Tontafelabschriften[22] – einen „medialen" Vergleich nicht gerade erleichtert, bestehen dennoch gemeinsame äußere Merkmale, die eine Zusammenschau der beiden Texte jedenfalls nicht von vorneherein abwegig erscheinen lassen: Beide sind im altbabylonischen Dialekt der akkadischen Sprache abgefasst und stellen zudem die umfänglichsten und am besten erhaltenen Beispiele altorientalischer Rechtssammlungen dar. Zudem zeigen sie, anders als etwa die sogenannten Mittelassyrischen oder Hethitischen Gesetze, zeitlich und räumlich eine gewisse Nähe zu Rechtssammlungen in sumerischer Sprache aus dem ausgehenden dritten und beginnenden zweiten vorchristlichen Jahrtausend, namentlich dem Codex Urnamma und dem Codex Lipit-Eštar, was im Hinblick auf eine mögliche gemeinsame literarische Tradition jedenfalls nicht völlig bedeutungslos sein dürfte.

3. Rechtshistorische Textstufenforschung als methodischer Ansatz

Textstufenforschung bzw. Textkritik wird in der allgemeinen Literaturwissenschaft vornehmlich mit dem Ziel betrieben, die ursprüngliche Gestalt eines Texts zu rekonstruieren, indem die Geschichte seiner Überlieferung von den frühesten Zeugnissen zurück bis zur ersten Veröffentlichung nachvollziehbar gemacht wird, indes ohne damit notwendigerweise ein weitergehendes Erkenntnisinteresse zu verbinden.[23] Demgegenüber war und ist die rechtshistorische Textkritik, wie sie sich spätestens seit dem frühneuzeitlichen Humanismus anhand der Quellen des römischen Rechts entwickelt hat, stets mit einem besonderen Erkenntnisinteresse verbunden. Dieses Erkenntnisinteresse zielt auf die Veränderung des Rechts,[24] die sich (möglicherweise) in der Veränderung der Texte, die das Recht dokumentieren, manifestiert.

[19] Dazu Pfeifer, 2012, 20–21.

[20] Datierung nach der sog. mittleren Chronologie; vgl. auch Neumann, 2003, 84 und 86.

[21] Eilers, 2009, 7–8.

[22] Goetze, 1956, 2–3; Yaron, 1988, 1–2.

[23] Wieacker, 1975, 9 mit weiteren Nachweisen in Fußnote 3.

[24] Dazu Wieacker, 1975, 25–26.

Die intellektuellen (oder gar ideologischen) Voraussetzungen und Hintergründe der römischrechtlich geprägten Textkritik haben sich indes im Laufe der Jahrhunderte immer wieder gewandelt. Der Wandel dieser Voraussetzungen und Hintergründe ist seinerseits bedingt durch Stellenwert und Funktion der Quellen des römischen Rechts in ihrem jeweiligen historischen Kontext. Das betrifft namentlich die durch Kaiser Justinian I. in der ersten Hälfte des sechsten Jahrhunderts veranlasste Kompilation klassischer Juristenschriften und Kaisergesetze aus den vorausgegangenen Jahrhunderten, die seit der ersten gedruckten Gesamtausgabe durch Dionysius Gothofredus im Jahr 1583 als Corpus Iuris Civilis bezeichnet wird und gemeinsam mit dem kanonischen Recht als *ius commune* die eigentliche Grundlage der europäischen Rechtsentwicklung seit dem Mittelalter darstellte.[25] Zu Beginn des zwanzigsten Jahrhunderts verdichtete sich ein gleichsam neo-humanistisches wie neopandektistisches[26] Interesse gar zur regelrechten „Interpolationenjagd", die inhaltliche Widersprüche innerhalb des Corpus Iuris Civilis vornehmlich durch Textveränderungen der Kompilatoren zu erklären suchte.[27] Erst durch die Arbeiten von Franz Wieacker und Max Kaser[28] setzte sich in der zweiten Hälfte des zwanzigsten Jahrhunderts eine „gemäßigte" Textstufenforschung durch, die Text- und Rechtsprobleme nicht ausschließlich durch justinianische Eingriffe in die Texte zu erklären bemüht ist und die sich in der heutigen romanistischen Rechtsgeschichte etabliert hat. Gleichwohl ist es bei einem Erkenntnisinteresse geblieben, das hinsichtlich der Textstufenforschung über die reine Textgeschichte hinaus der Rechtsgeschichte im Sinne einer Geschichte der Veränderung des Rechts eignet.[29]

---

[25] Kunkel / Schermaier, 2005, 214 mit Fußnote 17. Spätestens seit die Digesten als Herzstück der justinianischen Kompilation in Oberitalien im Hochmittelalter als Gegenstand wissenschaftlicher Bearbeitung (wieder-) entdeckt worden waren, besaß diese Textsammlung autoritative Geltung und war angewandtes Recht. Der Ruf *„ad fontes"*, wie er auch in den Reihen der humanistischen Jurisprudenz des ausgehenden sechzehnten Jahrhunderts erschallte, zielte daher nicht allein auf die Kenntnis der klassischen Rechtstexte als solcher, die aus rein philologischem Interesse von den Texteingriffen der justinianischen Kompilatoren befreit werden sollten. Vielmehr war es auch und gerade das in diesen Texten dokumentierte klassische Recht, das die Dogmatik des zeitgenössischen Rechts zur Orientierung und als Richtschnur wählte. Ähnliches gilt auch für die deutsche Blüte der Pandektistik im neunzehnten Jahrhundert, auch wenn im Gefolge der von Friedrich Carl von Savigny begründeten Historischen Rechtsschule das dogmatische Interesse vermehrt mit entwicklungsgeschichtlichen Ansätzen verknüpft wurde und der Stellenwert der Philologie erheblich zunahm. Eine starke Zäsur stellte die Kodifikation des Privatrechts durch das deutsche Bürgerliche Gesetzbuch dar, durch das die Wissenschaft vom römischen Recht gleichsam schlagartig zu Beginn des zwanzigsten Jahrhunderts zur historischen Disziplin wurde. Ein konziser Überblick über diese Entwicklung findet sich bei Kunkel / Schermaier, 2005, 229–241; eingehend, vor allem zur humanistischen Textkritik, Troje, 2011, 3–39.

[26] Zu dieser Terminologie siehe auch Pfeifer, 2001, 21 mit Fußnote 62 sowie 34 mit Fußnote 120.

[27] Eine (auch heute noch nützliche) Frucht dieser Entwicklung stellt etwa der „Index interpolationum" Ernst Levys und Ernst Rabels dar; vgl. Levy / Rabel, 1929–1935.

[28] Wieacker, 1975; Kaser, 1972.

[29] Dazu Wieacker, 1975, 25–56.

Nach diesen wissenschaftsgeschichtlichen Reminiszenzen und bevor im Folgenden zu fragen sein wird, ob dieser methodische Ansatz ohne Weiteres oder zumindest in modifizierter Weise für die Untersuchung altorientalischer Rechtssammlungen nutzbar gemacht werden kann, sind kurz einige Determinanten der romanistischen Textstufenforschung anzusprechen, ohne auf deren Konsequenzen im Detail einzugehen.[30] Ihr maßgeblicher Gegenstand war und ist, wie bereits erwähnt, die justinianische Kompilation. Diese verkörpert eine autoritative und selektive Zusammenstellung von Texten der Juristenliteratur und kaiserlichen Gesetzgebung, die im sechsten Jahrhundert zum Teil bereits nahezu ein halbes Jahrtausend alt waren, mit dem erklärten Zweck, in abschließender Form verbindliches, geltendes Recht (und Unterrichtsmaterial) zu schaffen.[31] Befördert wurde die rechtshistorische Textkritik am Corpus Iuris Civilis von Beginn an durch die Tatsache, dass über die äußeren Umstände und die Planmäßigkeit dieses Vorhabens genuine Informationen in den Einleitungskonstitutionen enthalten sind, die Justinian den einzelnen Teilen seiner Kodifikation vorangestellt hat. Insbesondere ist hier auch dokumentiert, dass die von Justinian für dieses Projekt eingesetzten Kommissionen ausdrücklich zu Eingriffen in die herangezogenen Texte ermächtigt wurden.[32] Konkrete Beispiele für derartige Texteingriffe belegen Doppelüberlieferungen einzelner Texte.[33] Mithilfe von Doppelüberlieferungen lassen sich zum einen sogenannte mechanische Interpolationen nachvollziehen, d. h. Anpassungen einer überkommenen Rechtsterminologie an den Stand des sechsten Jahrhunderts in einer Art spätantikem „Copy-and-paste"-Verfahren,[34] andererseits aber auch inhaltliche oder lediglich stilistische Modifikationen. Außer Frage steht indes, dass mit den meisten der im Rahmen der justinianischen Kompilation erfolgten Texteingriffe zugleich eine Änderung des Rechts intendiert war, nämlich die Anpassung an die veränderten wirtschaftlichen und sozialen Bedingungen des beginnenden sechsten Jahrhunderts im oströmischen Reich mit der Hauptstadt Konstantinopel, die sich von denen des Imperium Romanum unter dem Prinzipat der ersten drei nachchristlichen Jahrhunderte deutlich unterschieden. Dass auch in den Jahrhunderten vor Justinian Änderungen und Anpassungen in Rechnung gestellt werden müssen, zählt heute zu den wesentlichen Heraus-

[30] Eingehend Wieacker, 1975, 25–177.

[31] Unübertroffen die Charakterisierung dieses Phänomens durch Wolfgang Kunkel: ‚Man stelle sich einmal vor, heute würde ein Gesetzbuch geschaffen, das Zitate aus dem Sachsenspiegel enthielte, dessen Hauptmasse aus der Rechtsliteratur der Zeit um den 30jährigen Krieg stammte, und das aus dem 19. und 20. Jahrhundert nur eine verhältnismäßig bescheidene Anzahl ziemlich spezieller Gesetze wiedergäbe'; siehe Kunkel / Schermaier, 2005, 224.

[32] Sie sollten ‚unter Beseitigung überflüssiger Längen das, was unvollkommen ist, ergänzen und überhaupt das ganze Werk wohlgeordnet und so schön wie möglich darstellen. […] damit das als das Wahre und das Beste und das gleichsam von Anfang an so Verfasste erscheine […], was […] ausgewählt und dort aufgenommen worden ist'; siehe Const. Deo auctore 7, Übersetzung Behrends in: Behrends / Knütel / Kupisch / Seiler, 1995, 58.

[33] Etwa im Rahmen der Collatio legum Mosaicarum et Romanorum; dazu Kunkel / Schermaier, 2005, 219.

[34] Etwa die Ersetzung von *mancipatio* durch *traditio* als Terminus für die Eigentumsübertragung.

forderungen der romanistischen Textstufenforschung.[35] Gleichwohl stellt die quellenmäßig belegte und mit der Motivation zur Rechtsanpassung versehene Ermächtigung zum modifizierenden Eingriff in ältere Texte einen neuralgischen Ausgangspunkt für den methodischen Ansatz der romanistischen Textstufenforschung dar.

Kann dieser methodische Ansatz für die Untersuchung altorientalischer Rechtssammlungen und die Frage nach einer Tradition verschrifteten Wissens nutzbar gemacht werden? Berücksichtigt man den autoritativen Entstehungskontext altorientalischer Rechtssammlungen sowie ihren im weiteren oder engeren Sinne normativen Charakter, so eröffnet die Existenz mehrerer derartiger autoritativer und normativer Texte, noch dazu in einem gewissen zeitlichen und räumlichen Zusammenhang, durchaus die Möglichkeit zu fragen, ob mit der Abfassung dieser Textkorpora auch eine Änderung des Rechts verbunden ist, wenngleich diese Frage selbstverständlich streng ergebnisoffen zu stellen ist. Dass die Voraussetzungen für eine Untersuchung entsprechender Textstufen ungleich ungünstiger sind, liegt auf der Hand: Wie gezeigt, enthalten die Rechtssammlungen zwar nichtjuristische Rahmenbestandteile, aus denen sich Rückschlüsse auf ihren sozialen und politischen Kontext ziehen lassen. Handlungsanweisungen für die Textproduzenten, wie sie die justinianischen Einleitungskonstitutionen zeigen, fehlen aber in der keilschriftrechtlichen Überlieferung. Doppelüberlieferungen kommen indes als Anknüpfungspunkt durchaus in Betracht, auch wenn eine umfassende textkritische Edition etwa des Codex Hammurabi seitens der altorientalischen Philologie noch zu den Desiderata zählt.[36] Das dergestalt konturierte rechtshistorische Erkenntnisinteresse an Textveränderungen könnte indes auch als Grundlage für die Erörterung genereller Aspekte schriftlicher Wissenstradition dienen. Insoweit scheint der Rückgriff auf den methodischen Ansatz der rechtshistorischen Textstufenforschung jedenfalls nicht ausgeschlossen, auch wenn er sich die dort in jüngerer Zeit immer wieder angemahnte Vorsicht vor zu schneller Verallgemeinerung der Analysen[37] durchaus zu eigen machen sollte.

4. Textstufen im Depositenrecht des Codex Ešnunna und des Codex Hammurabi

4.1 Haftung des Depositars für abhanden gekommenes Gut nach §§ 36, 37 CE

Der Codex Ešnunna normiert in zwei Textabschnitten eine Haftung bzw. einen Haftungsausschluss des Verwahrers für den Fall, dass das verwahrte Gut abhanden gekommen ist; nach moderner Zählung handelt es sich um die §§ 36 und 37 CE.[38] Da-

---

[35] Siehe grundlegend Wieacker, 1975, 55.

[36] Eine solche Edition ist derzeit in Vorbereitung durch den Jenaer Altorientalisten Joachim Oelsner.

[37] Siehe Wieacker, 1975, 16.

[38] § 36 CE: *šumma awīlum bušēšu ana napṭarim ana maṣṣartim iddinma bītum la pališ sippu la hališ aptum la nasḫat bušē maṣṣartim ša iddinušum uḫtalliq bušēšu iriabšum*, ed. Roth, 1997, 64 – „Wenn ein Mann seinen Besitz einem *napṭaru* zur Aufbewahrung gegeben hat und

bei verknüpft § 36 CE die Rechtsfolge des einfachen Ersatzes des verwahrten Gutes mit einem Tatbestand, der als positive Voraussetzung lediglich die Verwahrung als solche nennt,[39] und zugleich negativ gewendet besondere Modalitäten des Abhandenkommens in Form eines Einbruchs in das Haus des Verwahrers ausdrücklich ausschließt. Demgegenüber befreit § 37 CE den Verwahrer von jeglicher Haftung, wenn der Verlust des verwahrten Gutes im Zusammenhang mit einem Einbruch in das Haus des Verwahrers steht und dieser dadurch gleichfalls einen Verlust erlitten hat; der Verwahrer muss allerdings diese Tatsache sowie seine Redlichkeit im Tempel vor dem Stadtgott Tišpak[40] beschwören.

Die Formulierung der §§ 36 und 37 CE ist vor allem insoweit bedeutsam, als die Tatbestände der beiden Rechtssätze innerhalb der Überlieferung der Rechtssammlungen zu den wenigen Beispielen überhaupt gehören, in denen eine Berücksichtigung von subjektiver Verantwortlichkeit im Zusammenhang mit der Sanktionierung von Unrecht unmittelbar greifbar ist.[41] Die bei weitem überwiegende Zahl der überlieferten Rechtssätze, die deliktische Handlungen thematisieren, knüpft die Rechtsfolge allein an eine objektive Tatsache,[42] oder – in moderner strafrechtsdogmatischer Terminologie – an einen objektiven tatbestandlichen Erfolg, weshalb das Deliktsrecht der altorientalischen Rechtssammlungen häufig durch den Begriff der (reinen) „Erfolgshaftung" charakterisiert wurde und wird.[43] §§ 36 und 37 CE erfassen die subjektive Verantwortlichkeit des Verwahrers für den eingetretenen Verlust des verwahrten Gutes im Wege einer Typisierung. Generalisierend gesprochen manifestiert sich Typisierung als Formulierungstechnik in solchen Tatbeständen, die eine subjektive Verantwortlichkeit des Handelnden zwar nicht ausdrücklich in Form von abstrahierenden Kategorien wie die einer „vorsätzlichen" oder „fahrlässigen" Realisierung des Delikts berücksichtigen, bei denen aber aus den typischen Umständen der beschriebenen Handlung geschlossen werden kann, dass subjektive Elemente eine Rolle spielen, insbesondere, dass sie für die Festlegung der Sanktion

– in das Haus ist nicht eingebrochen, die Schwelle ist nicht zerkratzt, das Fenster ist nicht herausgerissen – den Besitz, den zur Aufbewahrung er ihm gegeben hat, er hat verloren gehen lassen, seinen Besitz wird er ihm ersetzen."; § 37 CE: *šumma bīt awīlim luqqut itti bušē awīl maṣṣartim ša iddinušum ḫuluq bēl bītim ḫaliq bēl bītim ina bāb Tišpak nīš ilim izakkaršumma itti bušēka bušūja lu ḫalqū iwītam u sartam la ēpušu izakaršumma mimma elišu ul išu*, ed. Roth, 1997, 65 – „Wenn das Haus eines Mannes ausgeraubt ist (und) mit dem Aufbewahrten, was er ihm gegeben hat, Verlust des Herrn des Hauses verschwunden ist, der Herr des Hauses im Haus des Tišpak bei dem Gott soll er ihm schwören: ‚Mit deinem Besitz ist mein Besitz verschwunden, eine falsche Behauptung oder ein Verbrechen habe ich nicht begangen.' Er wird ihm schwören und nichts wird er auf ihn haben." Zu möglichen Emendationen und Konjekturen (die allerdings für die hier verfolgte Fragestellung ohne weitere Relevanz bleiben) siehe den Überblick bei Yaron, 1988, 249–250.

[39] Zu *napṭaru* siehe AHw II, 742 sowie CAD N1, 324–325; ferner Yaron, 1988, 160.

[40] Wiggermann, 1993–1997, 458.

[41] Dagegen Yaron, 1988, 249, der (nur) vom Kontext der Erfolgshaftung ausgeht; dazu sogleich.

[42] Am sinnfälligsten zeigt sich das in den Talionsbestimmungen der §§ 196 ff. CH.

[43] Westbrook, 2003, 73–74.

auf der Rechtsfolgenseite relevant werden.[44] In den Fällen der §§ 36 und 37 CE wird jeweils auf der Tatbestandsseite mit der Bezugnahme auf den Einbruch in das Haus des Verwahrers eine typische Situation beschrieben, die einmal die Verantwortlichkeit, das andere Mal gerade die Nichtverantwortlichkeit des Verwahrers für den Verlust des verwahrten Gutes indiziert: So lässt die Sachverhaltsumschreibung des Tatbestands von § 36 CE schlechterdings allein den Schluss zu, dass der Verwahrer auf irgendeine Art und Weise in den Verlust des verwahrten Gutes involviert sein muss; umgekehrt legt der Tatbestand des § 37 CE nahe, dass der Verwahrer als Opfer eines Einbruchs nicht zugleich dessen Täter sei.

Indes weist der Tatbestand des § 37 CE mit dem dort vorgesehenen Reinigungseid eine weitere Besonderheit auf. Dass die Haftungsbefreiung des Depositars an diese zusätzliche Voraussetzung geknüpft wird, erscheint jedoch insoweit schlüssig, als das subjektive Entlastungsmoment, das in der typisierenden Tatbestandsfassung indiziert ist, in besonderer Weise beweisbedürftig erscheint. Während im Gegenfall des § 36 CE die typisierend-objektive Fallgestaltung praktisch keine Alternative zur Verantwortlichkeit des Verwahrers zulässt, ist im Fall des § 37 CE zumindest denkbar, dass die (typisierte) Situation vom (dolosen) Verwahrer inszeniert worden ist. Durch das Beweismittel des Reinigungseids wird diese Sachverhaltsvariante ausgeschlossen.[45]

4.2 Haftung des Depositars für abhanden gekommenes Gut nach § 125 CH

Auch § 125 CH[46] erfasst den Fall abhanden gekommenen Gutes:[47] Ähnlich wie in § 37 CE zeigt auch hier der Tatbestand einen typisierenden Ansatz insbesondere im

[44] Dazu im Kontext des altbabylonischen Strafrechts Nörr, 1958, 4.

[45] Zum Inhalt und zur Gestaltung der §§ 36, 37 CE als Fall und Gegenfall siehe auch Otto, 1988, 4–6. Der Reinigungseid findet sich ähnlich auch in Exodus 22, 6+7: „Übergibt jemand einem andern Geld oder Gerät zur Aufbewahrung und es wird aus dessen Haus gestohlen, dann soll der Dieb, wenn man ihn findet, doppelten Ersatz leisten. Findet man den Dieb nicht, soll der Hausherr vor Gott erklären, dass er sich nicht selbst am Eigentum des andern vergriffen hat.“; Einheitsübersetzung (http://www.die-bibel.de/de/online-bibeln/einheitsuebersetzung/bibeltext/bibel/text/lesen/stelle/2/220001/229999/ch/ba5d060bc983708f8ba7e29acf31d5d8/). Dazu im Rahmen des altisraelitischen Depositenrechts siehe Otto, 1988, 16–31; zum Verhältnis mit den altbabylonischen Rechtssammlungen Yaron, 1988, 251 mit weiterer Literatur.

[46] § 125 CH: *šumma awīlum mimmâšu ana maṣṣarūtim iddinma ašar iddinu ulu ina pilšim ulu ina nabalkattim mimmûšu itti mimmē bēl bītim iḫtaliq bēl bītim ša īgūma mimma ša ana maṣṣarūtim iddinušumma uḫalliqu ušallamma ana bēl makkūrim iriab bēl bītim mimmašu ḫalqam ištene'īma itti šarrāqānišu ileqqe*, ed. Roth, 1997, 105 – „Wenn ein Mann etwas von dem Seinigen zur Aufbewahrung gegeben hat und an dem Ort, wohin er es gegeben hat, entweder durch Einbruch oder durch Übersteigen (einer Mauer) etwas von dem Seinigen zusammen mit etwas des Herrn des Hauses abhandengekommen ist, wird der Herr des Hauses, der nachlässig war, alles, was er (der andere) ihm zur Aufbewahrung gegeben hat und er hat abhandenkommen lassen, dem Herrn des Besitzes vollständig ersetzen; der Herr des Hauses wird alles sein Abhandengekommenes suchen und von seinem Dieb wird er (es) nehmen.“. Zur Übersetzung vgl. auch Eilers, 2009, 56–57.

Hinblick darauf, dass mit dem verwahrten Gut zugleich Eigentum des Depositars abhanden gekommen ist. Anders als nach § 37 CE tritt hier als Rechtsfolge aber gerade nicht eine Haftungsbefreiung des Verwahrers ein, sondern dieser wird im Rahmen der Apodosis als „nachlässig" beschrieben, muss einfachen Ersatz des Verlusts leisten und wird auf den Regress gegenüber dem eigentlichen deliktischen Täter verwiesen. Diese Konsequenz der einfachen Ersatzpflicht entspricht wiederum § 36 CE, obgleich die dort typisierend formulierten tatbestandlichen Voraussetzungen im Rahmen des § 125 CH gerade nicht den Anknüpfungspunkt darstellen. § 125 CH wirkt damit bei unbefangener Betrachtung wie eine Kombination aus den tatbestandlichen Elementen des § 37 CE (Depositum, Einbruch, Verlust von Depositum und Eigentum des Depositars, allerdings ohne den Reinigungseid) mit der Rechtsfolge des § 36 CE (Einfacher Ersatz des Depositums), die allerdings zu dem im CE dokumentierten Haftungsprinzip, das sich wie gezeigt als typisierende Berücksichtigung subjektiver Verantwortlichkeit oder kurz als typisierte Verschuldenshaftung beschreiben lässt, im Widerspruch zu stehen scheint. Dies evoziert die Frage, an welche tatbestandliche Voraussetzung die Sanktion des § 125 CH eigentlich anknüpft.

Bei der Beantwortung dieser Frage verdient ein Element der Formulierung von § 125 CH Beachtung, das so weder in § 36 noch in § 37 CE enthalten ist: die Beschreibung des Depositars als nachlässig (*ša igūma*):[48] Misst man dieser Formulierung ausschließlich deskriptiven Charakter bei, lässt sich dies argumentativ dadurch stützen, dass sie gerade nicht auf der Tatbestands-, sondern auf der Rechtsfolgenseite verwendet wird.[49] Für das Verhältnis von Tatbestand und Rechtsfolge des § 125 CH würde daraus aber folgen, dass sich die Sanktion allein aus der Tatsache des abhanden gekommenen Gutes ergibt, es sich mithin also um einen Fall der reinen Erfolgshaftung handelt.[50] Zieht man indes in Erwägung, dass das Element der

[47] Die von Otto, 1988, 6–10 kontextualisierte Erörterung der §§ 122–126 CH ist einem umfassenden Blick auf das altbabylonische Verwahrungsrecht sicherlich angemessener, siehe dazu auch Pfeifer, 2010, 377–379. Dass § 125 CH hier den Regelungen des CE punktuell gegenübergestellt wird, erscheint aber vor dem Hintergrund des exemplarischen Charakters dieser Untersuchung vertretbar.

[48] Das Verb *egû(m)* mit der Grundbedeutung „unachtsam, nachlässig sein", AHw I, 191, bzw. „to be neglectful", CAD E, 48–49, kommt in Kombination mit dem für die Verwahrung relevanten Leitfossil *naṣāru(m)* („bewachen", AHw II, 755–756) außer in § 125 CH auch in §§ 105, 236, 237 und § 267 CH sowie in § 60 CE vor, dessen Verständnis indes höchst problematisch erscheint, vgl. Yaron, 1988, 79–80. Einer eigenen Betrachtung wert, die in diesem Rahmen allerdings nicht geleistet werden kann, erscheinen auch die Belege in der alt- und neubabylonischen Briefliteratur, etwa in TD 8 (= VAB 6, 88), 18 (Bewachung eines Tores), ABL 287, 8–9 (Bewachung von Personen) und YOS 2, 11:12 (Bewachung von Silber). Gleiches gilt von der genannten Verwendung im Zusammenhang mit Mietverhältnissen und der Haftung von Viehhirten; dazu bereits Driver / Miles, 1956, 461–466.

[49] So Driver / Miles, 1956, 240 und 462; als weiteres Argument wird dort angeführt, allerdings noch ohne Berücksichtigung des CE, dass bei einem Verständnis der Nachlässigkeit als Haftungsgrund die (typisierende) Beschreibung des Tatbestands ihre Funktion verlöre; dazu sogleich.

[50] Driver / Miles, 1956, 240.

Nachlässigkeit (oder Fahrlässigkeit) hier trotz seiner Verwendung im Rahmen der Apodosis den eigentlichen Haftungsgrund darstellt, führt dies unweigerlich zu weiteren Implikationen im Hinblick auf die Entstehung dieser merkwürdigen Gestaltung von Tatbestand und Rechtsfolge des § 125 CH. Die vorgenannte Überlegung war bereits im Jahr 1917 für Paul Koschaker der Ausgangspunkt für die Entwicklung folgenden Interpretationsansatzes.[51] Ausgehend von der Prämisse, dass der Codex Hammurabi auf mehreren Textschichten beruht,[52] erklärte er die Gestaltung des § 125 CH mit der modifizierenden Verarbeitung einer älteren Vorlage in Form von zwei Rechtssätzen, die er im Wege der Rechtsvergleichung mit altindischen und altnordischen Rechten rekonstruierte und die inhaltlich den §§ 36 und 37 CE entsprachen[53] – allerdings drei Jahrzehnte vor der Entdeckung des Codex Ešnunna.[54] Koschaker ging dabei davon aus, dass § 125 CH eine abstrahierte Verschuldenshaftung normiert, die indes nicht im Wege einer (denkbaren) Neuformulierung eines Rechtssatzes umgesetzt wurde, sondern eben im Wege der Interpolation einer vorausgehenden Textstufe.[55] Gerade der Gedanke eines Schrittes hin zur Abstraktion ließe sich zusätzlich etwa dadurch stützen, dass § 245 CH, der die Haftung des Mieters eines Rindes für dessen Verlust auf Nachlässigkeit und (vorsätzliches) Schlagen stützt, dafür sogar die Abstraktbildung *mēgūtu(m)*[56] zu *egû(m)* verwendet.[57] Die Mo-

[51] Koschaker, 1917, 26–32.

[52] Koschaker, 1917, 1–6, dort auch mit ausdrücklicher methodischer Parallelisierung im Hinblick auf die justinianische Kodifikation und den Begriff der Interpolation. Dass der überlieferte Stelentext, der eher gegen das Ende der Regierungszeit Hammurabis datieren dürfte, nicht die erste bzw. einzige Version des Texts darstellt, scheint jedenfalls nicht ausgeschlossen, vgl. Petschow, 1957–1971, 256.

[53] ‚Die gegenwärtige Fassung des § 125 erklärt sich viel besser bei der Annahme, daß den Redaktoren ein älteres Gesetz in der von uns vermuteten Gestalt vorlag und daß dieses Gesetz von ihnen nun in der Weise interpoliert wurde, daß sie die Rechtsfolge des ersten Tatbestandes sowie den zweiten Tatbestand strichen und so die Rechtsfolge des letzteren: Haftung auf das Simplum, unmittelbar an den ersten Tatbestand knüpften unter Einschaltung des die Verschuldenshaftung zum Ausdruck bringenden Wortes *igûma* in Z. 75.‘, Koschaker, 1917, 32–33.

[54] Zur Fundgeschichte des CE siehe Goetze, 1956, 1–2 sowie Yaron, 1988, 9–10.

[55] Koschaker, 1917, 32. Der methodische Ansatz Koschakers wurde kritisiert von Driver / Miles, 1956, 234: ‚[…] primary duty is to explain the text as it stands. Koschaker, if he can show by internal evidence as well as by the aid of comparative law that a passage must have been altered by the redactor, has accomplished his task, whereas the commentator must go a step farther and try to show what the alteration means. The text therefore, of the Laws as it stands must here be set out and examined before attempting to discover what new law is introduced into it.‘ Daran anschließend Otto, 1988, 8 mit Fußnote 17 (Zitat des letzten Satzes ebd. jedoch unvollständig und daher missverständlich); indes vermutet Otto, 1988, 10–16 selbst im Depositenrecht des CH eine rechtsändernde Motivation im Hinblick auf eine Stärkung der Stellung des Deponenten gegenüber der des Depositars und geht in diesem Zusammenhang von einer sowohl dem CE wie auch dem CH vorgehenden „Kernüberlieferung“ aus, ‚von denen ausgehend sich CE §§ 36; 37 und CḪ §§ 122–126 unterschiedlich fortentwickelten.‘, Otto, 1988, 16.

[56] „Nachlässigkeit“, AHw II, 640.

difikation der Textgestaltung anhand einer terminologischen Neuerung indiziert jedenfalls nachhaltig einen reflektierten Umgang mit den Texten und damit ihrer Produktion als solcher.[58]

5. Schluss

Die vorstehenden skizzenhaften Überlegungen bieten sachlich kaum Neues und bleiben im Hinblick auf die oben beschriebenen, weitgehend mangelnden Kontextualisierungsmöglichkeiten der Entstehungsbedingungen altbabylonischer Rechtssammlungen auch größtenteils spekulativ. Gleichwohl erscheint der methodische Ansatz einer Textstufenforschung im Zusammenhang mit dieser Textgattung jedenfalls nicht von vorneherein fruchtlos, wenn es darum geht, eine Tradition von verschriftetem Wissen auf dem Gebiet des Rechts zu beschreiben, zumal der Methodentransfer in der Gegenwart eine gleichsam entideologisierte und souveräne Herangehensweise ermöglichen sollte.[59] Das hier herangezogene Beispiel aus dem altbabylonischen Recht der Verwahrung könnte insoweit paradigmatischen Charakter besitzen: Ob dies tatsächlich der Fall ist, muss sich allerdings anhand eingehenderer Studien erweisen, für die gerade die altbabylonischen Rechtssammlungen aber noch reichliches Material bieten.[60]

---

[57] Das Argument findet sich bei Koschaker nicht. Ob das dadurch implizierte (stark evolutiv anmutende) Modell eines Fortschreitens von der Erfolgshaftung über die typisierte Berücksichtigung subjektiver Verantwortlichkeit hin zur abstrakten Verschuldenshaftung nicht seinerseits kritisch zu hinterfragen wäre, sei an dieser Stelle dahingestellt; zu evolutiven Entwicklungsmodellen des Rechts allgemein siehe Dalberg-Larsen, 1998, 181–192.

[58] Aus gegenwärtiger Sicht und mit dem heutigen Kenntnisstand im Hinblick auf die §§ 36 und 37 CE erscheint zusätzlich bemerkenswert, dass bei Annahme eines Textstufenverhältnisses zwischen §§ 36 und 37 CE einerseits und § 125 CH andererseits und einer entsprechenden Interpolation letztere gewissermaßen als redaktionell missglückt zu bewerten wäre, obgleich gerade dieser Befund recht eigentlich einen solchen Untersuchungsansatz überhaupt erst ermöglicht.

[59] Siehe insoweit bereits Pfeifer, 2001, 36–37.

[60] Außer an die in Fußnote 48 genannten Forschungsgegenstände wäre hier u. a. zu denken an den Fall des stößigen Ochsen (§§ 53 ff. CE/§§ 250 ff. CH) sowie den der baufälligen Mauer (§ 58 CE/§§ 229 ff. CH) oder das „familienrechtliche“ *ius postliminii* (§§ 29–30 CE/ §§ 133 ff. CH).

Abkürzungs- und Literaturverzeichnis

ABL = R. F. Harper, *Assyrian and Babylonian Letters*. Chicago: University of Chicago Press, 1892–1914.

AHw = W. von Soden, *Akkadisches Handwörterbuch* I–III, Wiesbaden: Harrassowitz, 1965–1981. (Band I, 2. Auflage 1985).

CAD = *The Assyrian Dictionary of the Oriental Institute of the University of Chicago*. Chicago: Oriental Institute, 1956–2010.

TD = F. Thureau-Dangin: *Lettres et contrats de l'époque de la première dynastie Babylonienne*. Paris: Geuthner, 1910.

VAB = *Vorderasiatische Bibliothek*. Leipzig: Hinrichs, 1907–1916.

YOS = *Yale Oriental Series, Babylonian Texts*. New Haven: Yale University Press. 1915 ff.

Behrends, O. / R. Knütel / B. Kupisch / H. H. Seiler, 1995. *Corpus Iuris Civilis. Text und Übersetzung* II: *Digesten* 1–10. Heidelberg: C. F. Müller Verlag.

Dalberg-Larsen, J., 1998. „Circles and Spirals in the Evolution of Law". In: R. Voigt (Hg.) *Evolution des Rechts*. Baden-Baden: Nomos Verlagsgesellschaft, 181–192.

Driver, G. R. / J. C. Miles, 1956. *The Babylonian Laws* I: *Legal Commentary*. Oxford: Clarendon Press. (Reprint der Ausgabe 1952)

Eilers, W., 2009. *Codex Hammurabi. Die Gesetzesstele Hammurabis*. Wiesbaden: Marixverlag. (Neudruck der 5. Auflage der Ausgabe Leipzig 1932)

Goetze, A., 1956. *The Laws of Eshnunna* (Annual of the American Schools of Oriental Research 31). New Haven.

Jackson, S., 2008. *A Comparison of Ancient Near Eastern Law Collections Prior to the First Millenium BC*. New Jersey: Gorgias Press.

Kaser, M., 1972. *Zur Methodologie der römischen Rechtsquellenforschung*. Wien / Köln / Graz: Böhlau.

Korošec, V., 1964. „Keilschriftrecht". In: B. Spuler (Hg.) *Orientalisches Recht* (Handbuch der Orientalistik, 1. Abteilung, Ergänzungsband 3). Leiden / Köln: Brill, 49–219.

Koschaker, P. 1917. *Rechtsvergleichende Studien zur Gesetzgebung Hammurapis, Königs von Babylon*. Leipzig: Veit.

Kunkel, W. / M. Schermaier, 2005. *Römische Rechtsgeschichte*, 14. Auflage. Köln / Weimar / Wien: Böhlau.

Levy, E. / E. Rabel, 1929–1935. *Index Interpolationum quae in Iustiniani Digestis inesse dicuntur*. Weimar: Böhlau. (3 Bände und Supplement)

Neumann, H., 2003. „Recht im antiken Mesopotamien". In: U. Manthe (Hg.) *Die Rechtskulturen der Antike*, München: C. H. Beck, 55–122.

Nörr, D., 1958. „Zum Schuldgedanken im altbabylonischen Strafrecht". *Zeitschrift der Savigny-Stiftung für Rechtsgeschichte*: *Romanistische Abteilung* 75, 1–31.

Oelsner, J., in Vorbereitung. Der Kodex Ḫammu-rāpi: Textkritische Ausgabe (Alter Orient und Altes Testament 52). Münster: Ugarit-Verlag.

Otto, E., 1988. „Die rechtshistorische Entwicklung des Depositenrechts in altorientalischen und altisraelitischen Rechtskorpora". *Zeitschrift der Savigny-Stiftung* 105, 1–31.

Petschow, H., 1957–1971. „Gesetze. A. Babylonien“. In: E. Weidner / W. von Soden (Hgg.), *Reallexikon der Assyriologie und Vorderasiatischen Archäologie* 3. Berlin / New York: De Gruyter, 243–279.

Pfeifer, G., 2001. „Keilschriftrechte und historische Rechtsvergleichung – methodengeschichtliche Bemerkungen am Beispiel der Eviktionsgarantie in Bürgschaftsform“. In: A. Schmidt-Recla / E. Schumann / F. Theisen (Hgg.) *Sachsen im Spiegel des Rechts. Ius Commune Propriumque*. Köln / Weimar: Böhlau, 11–37.

— 2010. „Antwort auf Philipp Scheibelreiter“. In: G. Thür (Hg.) *Symposion 2009* (Akten der Gesellschaft für Griechische und Hellenistische Rechtsgeschichte 21). Wien: Verlag der Österreichischen Akademie der Wissenschaften, 377–382.

— 2011. „Vom Wissen und Schaffen des Rechts im Alten Orient“. *Rechtsgeschichte* (*Rg*) 19, 263–266.

— 2012. „Gerechtigkeit aus der Perspektive der altorientalischen Rechtsgeschichte“. In: M. Witte (Hg.) *Gerechtigkeit*. Tübingen: Mohr Siebeck, 15–35.

Ries, G., 1983. *Prolog und Epilog in Gesetzen des Altertums* (Münchener Beiträge zur Papyrusforschung und antiken Rechtsgeschichte 76). München: C. H. Beck.

Ritter, J. 2004. „Reading Strasbourg 368: A Thrice-Told Tale“. In: K. Chemla (Hg.) *History of Science, History of Text* (Boston Studies in the Philosophy of Science 238). Dordrecht: Springer, 177–200.

Roth, M. T., 1997. *Law Collections from Mesopotamia and Asia Minor*, 2. Auflage. Atlanta: Scholars Press.

Streck, M. P., 2006–2008. „Recht. A. In Mesopotamien“. In: M. P. Streck (Hg.), *Reallexikon der Assyriologie und Vorderasiatischen Archäologie* 11, Berlin / New York: De Gruyter, 280–285.

Troje, H. E., 2011. „*Crisis digestorum*“: *Studien zur historia pandectarum*. Frankfurt am Main: Klostermann.

Westbrook, R., 2003. „The Character of Ancient Near Eastern Law“. In: ders. (Hg.), *A History of Ancient Near Eastern Law* (Handbuch der Orientalistik, 1. Abteilung, Band 72/1). Leiden / Boston: Brill, 1–90.

Wieacker, F., 1975. *Textstufen klassischer Juristen*. Göttingen: Vandenhoeck & Ruprecht. (Unveränderter Neudruck der Ausgabe von 1959)

Wiggermann, F. A. M., 1993–1997. „mušḫuššu“. In: D. O. Edzard (Hg.), *Reallexikon der Assyriologie und Vorderasiatischen Archäologie* 8. Berlin / New York: De Gruyter, 455–462.

Yaron, R., 1988. *The Laws of Eshnunna*, 2. Auflage. Jerusalem: Magnes Press.

Index

Page numbers in *italics* refer to notes on that page.

Subject Index

Text Index

Papyri

Word Index

Akkadian and Sumerian

Egyptian

Ugarit-Verlag

Alter Orient und Altes Testament (AOAT) (lieferbare Bände)

43 N.P. Heeßel, *Babylonisch-assyrische Diagnostik.* 2000 (ISBN 3-927120-86-3), XII + 471 S., 2 Abb.; € 98,17

44 A. Ulbrich, *Kypris. Heiligtümer und Kulte weiblicher Gottheiten auf Zypern in der kyproarchaischen und kyproklassischen Epoche (Königszeit).* 2008. xii + 557 S. + 66 Tf. + 1 Karte (ISBN 978-3-934628-56-4) € 174,–

45 D. Wicke, *Vorderasiatische Pyxiden der Spätbronzezeit und der Früheisenzeit.* 2008. xii + 468 S. + 105 Tf. (ISBN 978-3-934628-74-8) € 148,–

46 A. Schuster-Brandis, *Steine als Schutz- und Heilmittel. Untersuchung zu ihrer Verwendung in der Beschwörungskunst Mesopotamiens im 1. Jt. v. Chr.* 2008. xvi + 490 S. + 38 Tf. (ISBN 978-3-934628-75-5) € 140,–

47 E. Fischer, *Ägyptische und ägyptisierende Elfenbeine aus Megiddo und Lachisch. Inschriftenfunde, Flaschen, Löffel.* 2007. xiv + 456 S. + 138 Tf. (ISBN 978-3-934628-89-2) € 148,–

48 H.-G. Buchholz / H. Matthäus, *Tamassos. Ein antiker Stadtstaat im Bergbaugebiet von Zypern.*

48/1 Band I: H.-G. Buchholz, *Die Nekropolen I, II und III*, unter Mitarbeit von Chr. Sandner-Behringer, mit Beiträgen von A. Destrooper-Georgiades, M. Egetmeyer, J.-S. Kühlborn, I. Michaelidou-Nikolaou und Karin Nys. 2010. xvi + 819 S. (ISBN 978-3-86835-004-3) € 196,–

49 Ch.H. Richter, *Parthische Pantoffelsarkophage. Untersuchungen zu einer Sargform Mesopotamiens im Vergleich mit Tonsärgen von Ägypten über den Mittelmeerraum bis Zentralasien.* 2011. XXII + 414 S. + 271 S/W-Tf. + 9 Farb-Tf. (ISBN 978-3-86835-027-2) € 192,–

50 I. Hrůša, *Die akkadische Synonymenliste malku = šarru. Eine Textedition mit Übersetzung und Kommentar.* 2010. viii + 570 S. + 44 Tf. (ISBN 978-3-86835-044-9) € 118,–

51 S. Paulus, *Die babylonischen Kudurru-Inschriften von der kassitischen bis zur frühneubabylonischen Zeit. Untersucht unter besonderer Berücksichtigung gesellschafts- und rechtshistorischer Fragestellungen.* 2014. XIII + 954 S. + 96 Tf. (ISBN 978-3-86835-070-8) € 198,–

245 Fr. Pomponio / P. Xella, *Les dieux d'Ebla. Étude analytique des divinités éblaïtes à l'époque des archives royales du IIIe millénaire.* 1997 (ISBN 3-927120-46-4), VII + 551 S.; € 59,31

248 *Religion und Gesellschaft. Studien zu ihrer Wechselbeziehung in den Kulturen des Antiken Vorderen Orients.* 1997 (ISBN 3-927120-54-5), VIII + 220 S.; ~~€ 43,97~~ € 22,–

250 M. Dietrich / I. Kottsieper (Hrsg.), *„Und Mose schrieb dieses Lied auf". Studien zum Alten Testament und zum Alten Orient. Festschrift Oswald Loretz.* 1998 (ISBN 3-927120-60-X), xviii + 955 S.; € 112,48

251 Th.R. Kämmerer, *Šimâ milka. Induktion und Reception der mittelbabylonischen Dichtung von Ugarit, Em°r und Tell el-®Am°rna.* 1998 (ISBN 3-927120-47-2), XXI + 360 S.; ~~€ 60,33~~ € 30,–

252 J. Marzahn / H. Neumann (Hrsg.), *Assyriologica et Semitica. Festschrift für Joachim Oelsner anläßlich seines 65. Geburtstages am 18. Februar 1997.* 2000 (ISBN 3-927120-62-6), xii + 635 S. + Abb.; ~~€ 107,88~~ € 54,–

254 M. Jursa, *Der Tempelzehnt in Babylonien vom siebenten bis zum dritten Jahrhundert v.Chr.* 1998 (ISBN 3-927120-59-6), VIII + 146 S.; ~~€ 41,93~~ € 21,–

257 (2) Th. Richter, *Untersuchungen zu den lokalen Panthea Süd- und Mittelbabyloniens in altbabylonischer Zeit* (2., verb. und erw. Aufl.). 2004 (ISBN 3-934628-50-8); xx + 608 S.; € 88,–

258 S.A.L. Butler, *Mesopotamian Conceptions of Dreams and Dream Rituals.* 1998 (ISBN 3-927120-65-0), XXXIX + 474 S. + 20 Pl.; € 75,67

259 R. Rothenbusch, *Die kasuistische Rechtssammlung im Bundesbuch und ihr literarischer Kontext im Licht altorientalischer Parallelen.* 2000 (ISBN 3-927120-67-7), IV + 681 S.; ~~€ 65,10~~ € 47,–

260 T. Zewi, *A Syntactical Study of Verbal Forms Affixed by -n(n) Endings in Classical Arabic, Biblical Hebrew, El-Amarna Akkadian and Ugaritic.* 1999 (ISBN 3-927120-71-5), VI + 211 S.; € 48,06

261 H.-G. Buchholz, *Ugarit, Zypern und Ägäis – Kulturbeziehungen im zweiten Jahrtausend v.Chr.* 1999 (ISBN 3-927120-38-3), XIII + 812 S., 116 Tf.; € 109,42

262 (3) W.H.Ph. Römer, *Die Sumerologie. Einführung in die Forschung und Bibliographie in Auswahl* (dritte, aktualisierte Auflage). 2012 (ISBN 978-3-86835-079-1), XII + 262 S.; € 59,–

263 R. Rollinger, *Frühformen historischen Denkens. Geschichtsdenken, Ideologie und Propaganda im alten Mesopotamien am Übergang von der Ur-III- zur Isin-Larsa-Zeit.* (ISBN 3-927120-76-6) (i.V.)

264 M.P. Streck, *Die Bildersprache der akkadischen Epik.* 1999 (ISBN 3-927120-77-4), 258 S.; € 61,36

265 B.I. Faist, *Der Fernhandel des assyrischen Reichs zwischen dem 14. und 11. Jahrhundert v. Chr.* 2001 (ISBN 3-927120-79-0), XXII + 322 S. + 5 Tf.; ~~€ 72,09~~ € 36,–

266 O. Kaelin, *Ein assyrisches Bildexperiment nach ägyptischem Vorbild. Zu Planung und Ausführung der „Schlacht am Ulai".* 1999 (ISBN 3-927120-80-4), 150 S., Abb.; ~~€ 49,08~~ € 25,–

267 B. Böck / E. Cancik-Kirschbaum / Th. Richter (Hrsg.), *Munuscula Mesopotamica. Festschrift für Johannes Renger.* 1999 (ISBN 3-927120-81-2), XXIX + 704 S., Abb.; ~~€ 124,76~~ € 62,–

268 Y. Gong, *Die Namen der Keilschriftzeichen.* 2000 (ISBN 3-927120-83-9), VIII + 228 S.; € 44,99

269/1 M. Dietrich / O. Loretz, *Studien zu den ugaritischen Texten I: Mythos und Ritual in KTU 1.12, 1.24, 1.96, 1.100 und 1.114.* 2000 (ISBN 3-927120-84-7), XIV + 554 S.; ~~€ 89,99~~ € 45,–

270 A. Schüle, *Die Syntax der althebräischen Inschriften. Ein Beitrag zur historischen Grammatik des Hebräischen.* 2000 (ISBN 3-927120-85-5), IV + 294 S.; € 63,40

271/1 M.P. Streck, *Das amurritische Onomastikon der altbabylonischen Zeit I: Die Amurriter, die onomastische Forschung, Orthographie und Phonologie, Nominalmorphologie.* 2000 (ISBN 3-927120-87-1); 414 S.; ~~€ 75,67~~ € 38,–

272 R. Dittmann / B. Hrouda / U. Löw / P. Matthiae / R. Mayer-Opificius / S. Thürwächter (Hrsg.), *Variatio Delectat – Iran und der Westen. Gedenkschrift für Peter Calmeyer.* 2000 (ISBN 3-927120-89-8), XVIII + 768 S. + 2 Faltbilder; ~~€ 114,53~~ € 57,–

273 (2) J. Tropper, *Ugaritische Grammatik. Zweite, stark überarbeitete und erweiterte Auflage.* 2012 (ISBN 978-3-86835-069-2), XXII + 1068 S.; € 100,–

274 G.J. Selz (Hrsg.), *Festschrift für Burkhart Kienast zu seinem 70. Geburtstag dargebracht von Freunden, Schülern und Kollegen.* 2003 (ISBN 3-934628-91-X), xxviii + 733 S.; ~~€ 122~~ 61,–

275 P. Gesche, *Schulunterricht in Babylonien im ersten Jahrtausend v. Chr.* 2001 (ISBN 3-927120-93-6), XXXIV + 820 S. + XIV Tf.; ~~€ 112,48~~ € 56,–

276 W.H.Ph. Römer, *Hymnen und Klagelieder in sumerischer Sprache.* 2001 (ISBN 3-927120-94-4); XI + 275 S.; ~~€ 66,47~~ € 33,–

277 C. Friedl, *Polygynie in Mesopotamien und Israel. Sozialgeschichtliche Analyse polygamer Beziehungen anhand rechtlicher Texte aus dem 2. und 1. Jahrtausend v.Chr.* 2000 (ISBN 3-927120-95-2), 325 S.; ~~€ 66,47~~ € 33,–

278/1 A. Militarev / L. Kogan, *Semitic Etymological Dictionary. Vol. I: Anatomy of Man and Animals.* 2000 (ISBN 3-927120-96-0), cliv + 425 S.; € 84,87

278/2 A. Militarev / L. Kogan, *Semitic Etymological Dictionary. Vol. II: Animal Names.* 2005 (ISBN 3-934628-57-5), xci + 415 S.; ~~€ 104~~ € 52,–

279 K.A. Metzler, *Tempora in altbabylonischen literarischen Texten.* 2002 (ISBN 3-934628-03-6), XVII + 964 S.; € 122,–

280 B. Huwyler / H.-P. Mathys / B. Weber (Hrsg.), *Prophetie und Psalmen. Festschrift für Klaus Seybold zum 65. Geburtstag.* 2001 (ISBN 3-934628-01-X), XI + 315 S., 10 Abb.; ~~€ 70,56~~ € 35,–

281 O. Loretz / K.A. Metzler / H. Schaudig (Hrsg.), *Ex Syria et Mesopotamia Lux. Festschrift für Manfried Dietrich zu seinem 65. Geburtstag.* 2002 (ISBN 3-927120-99-5), XXXV + 950 S., zahl. Abb.; € 138,–

282 F.T. Zeeb, *Die Palastwirtschaft in Altsyrien nach den spätaltbabylonischen Getreidelieferlisten aus Alala` (Schicht VII).* 2001 (ISBN 3-934628-06-0), XIII + 757 S.; ~~€ 105,33~~ 53,–

283 R. Schmitt, *Bildhafte Herrschaftsrepräsentation im eisenzeitlichen Israel.* 2001 (ISBN 3-934628-05-2), VIII + 231 S.; ~~€ 63,40~~ 32,–

284/1 D.M. Clemens, *Sources for Ugaritic Ritual and Sacrifice. Vol. 1: Ugaritic and Ugarit Akkadian Texts.* 2001 (ISBN 3-934628-07-9), XXXIX + 1407 S.; ~~€ 128,85~~ € 64,–

285 R. Albertz (Hrsg.), *Kult, Konflikt und Versöhnung. Beiträge zur kultischen Sühne in religiösen, sozialen und politischen Auseinandersetzungen des antiken Mittelmeerraumes.* 2001 (ISBN 3-934628-08-7), VIII + 332 S.; ~~€ 70,56~~ € 35,–

286 J.F. Diehl, *Die Fortführung des Imperativs im Biblischen Hebräisch.* 2004 (ISBN 3-934628-19-2), XIV + 409 S.; ~~€ 78~~ € 39,–

288 A. Kassian / A. Korolëv † / A. Sidel'tsev, *Hittite Funerary Ritual šalliš waštaiš.* 2002 (ISBN 3-934628-16-8); ix + 973 S.; € 118,–

289 Z. Cochavi-Rainey, *The Alashia Texts from the 14th and 13th Centuries BCE. A Textual and Linguistic Study.* 2003 (ISBN 3-934628-17-6) xiv + 129 S.; € 56,–

290 O. Loretz, *Götter – Ahnen – Könige als gerechte Richter. Der „Rechtsfall" des Menschen vor Gott nach altorientalischen und biblischen Texten.* 2003 (ISBN 3-934628-18-4); xxii + 932 S.; ~~€ 128~~ € 64,–

292 A. Behrens, *Prophetische Visionsschilderungen im Alten Testament. Sprachliche Eigenarten, Funktion und Geschichte einer Gattung.* 2002 (ISBN 3-934628-21-4); xi + 413 S.; € 82,–

293 A. Hausleiter / S. Kerner / B. Müller-Neuhof (Hrsg.), *Material Culture and Mental Sphere. Rezeption archäologischer Denkrichtungen in der Vorderasiatischen Altertumskunde. Internationales Symposium für Hans J. Nissen, Berlin 23.–24. Juni 2000.* 2002 (ISBN 3-934628-22-2); xii + 391 S.; € 88,–

294 K. Kiesow / Th. Meurer (Hrsg.), *„Textarbeit". Studien zu Texten und ihrer Rezeption aus dem Alten Testament und der Umwelt Israels. Festschrift für Peter Weimar zur Vollendung seines 60. Lebensjahres.* 2002 (ISBN 3-934628-23-0); x + 630 S.; € 128,–

295 G.W. Vera Chamaza, *Die Omnipotenz Aššurs. Entwicklungen in der Aššur-Theologie unter den Sargoniden Sargon II., Sanherib und Asarhaddon.* 2002 (ISBN 3-93428-24-9); 586 S.; € 97,–

296 M.P. Streck / St. Weninger (Hrsg.), *Altorientalische und semitische Onomastik.* 2002 (ISBN 3-934628-25-7); vii + 236 S.; € 68,–

298 M. Krebernik / J. van Oorschot (Hrsg.), *Polytheismus und Monotheismus in den Religionen des vorderen Orients.* 2002 (ISBN 3-934628-27-3); v + 269 S.; € 76,–

299 W.G.E. Watson (ed.), "He unfurrowed his brow and laughed". Essays in Honour of Professor Nicolas Wyatt. 2007 (ISBN 978-3-934628-32-8); xvi + 410 S.; € 108,–

300 K. Löning (Hrsg.), *Rettendes Wissen. Studien zum Fortgang weisheitlichen Denkens im Frühjudentum und im frühen Christentum.* 2002 (ISBN 3-934628-28-1); x + 370 S.; ~~€ 84~~ € 42,–

301 J. Hahn (Hrsg.), *Religiöse Landschaften.* 2002 (ISBN 3-934628-31-1); ix + 227 S.; € 66,–

302 C.G. den Hertog / U. Hübner / St. Münger (Hrsg.), *Saxa Loquentur. Studien zur Archäologie Palästinas/Israels. Festschrift für Volkmar Fritz zum 65. Geburtstag.* 2003 (ISBN 3-934628-34-6); x + 328 S.; ~~€ 98~~ € 49,–

303 M.P. Streck, *Die akkadischen Verbalstämme mit ta-Infix.* 2003 (ISBN 3-934628-35-4); xii + 163 S.; € 57,–

304 L.D. Morenz / E. Boßhard-Nepustil, *Herrscherpräsentation und Kulturkontakte: Ägypten – Levante – Mesopotamien. Acht Fallstudien.* 2003 (ISBN 3-934628-37-0); xi + 281 S., 65 Abb.; ~~€ 68~~ € 34,–

305 (2) R. Borger, *Mesopotamisches Zeichenlexikon. Zweite, revidierte und aktualisierte Auflage.* 2010. XII + 736 S. (ISBN 978-3-86835-043-2) € 80,–

306 R. Dittmann / Chr. Eder / B. Jacobs (Hrsg.), *Altertumswissenschaften im Dialog. Festschrift für Wolfram Nagel zur Vollendung seines 80. Lebensjahres.* 2003 (ISBN 3-934628-41-9); xv + 717 S., Abb.; ~~€ 118~~ € 59,–

307 M. M. Fritz, *„... und weinten um Tammuz". Die Götter Dumuzi-Ama¬ušumgal¬anna und Damu.* 2003 (ISBN 3-934628-42-7); 430 S.; ~~€ 83~~ € 42,–

308 A. Zgoll, *Die Kunst des Betens. Form und Funktion, Theologie und Psychagogik in babylonisch-assyrischen Handerhebungsgebeten an Ištar.* 2003 (ISBN 3-934628-45-1); iv + 319 S.; ~~€ 72~~ € 36,–

309 W.H.Ph. Römer, *Die Klage über die Zerstörung von Ur.* 2004 (ISBN 3-934628-46-X); ix + 191 S.; € 52,–

310 Th. Schneider (Hrsg.), *Das Ägyptische und die Sprachen Vorderasiens, Nordafrikas und der Ägäis. Akten des Basler Kolloquiums zum ägyptisch-nichtsemitischen Sprachkontakt Basel 9.-11. Juli 2003.* 2003 (ISBN 3-934628-47-8); 527 S.; € 108,–

311 D. Kühn, *Totengedenken bei den Nabatäern und im Alten Testament. Eine religionsgeschichtliche und exegetische Studie.* 2005 (ISBN 3-934628-48-6), x + 514 S. + 42 S. mit Abb.; ~~€ 95,80~~ €47,–

312 R. Hempelmann, *„Gottschiff" und „Zikkurratbau" auf vorderasiatischen Rollsiegeln des 3. Jahrtausends v.Chr.* 2004 (ISBN 3-934628-49-4); viii + 154 S. + 31 Tf.; ~~€ 55~~ € 28,–

313 R. Schmitt, *Magie im Alten Testament.* 2004 (ISBN 3-934628-52-4); xiii + 471 S.; ~~€ 94~~ € 47,–

314 St. Timm, *„Gott kommt von Teman ..." Kleine Schriften zur Geschichte Israels und Syrien-Palästinas.* Hrsg. von Claudia Bender und Michael Pietsch. 2004 (ISBN 3-934628-53-29); viii + 274 S.; ~~€ 63~~ € 32,–

315 B. Janković, *Vogelzucht und Vogelfang in Sippar im 1. Jahrtausend v.Chr.* Veröffentlichungen zur Wirtschaftsgeschichte Babyloniens im 1. Jahrtausend v.Chr. Band 1. 2004 (ISBN 3-934628-54-0); xx + 219 S.; ~~€ 56,20~~ € 28,–

316 Chr. Sigrist (Hrsg.), *Macht und Herrschaft.* 2004 (ISBN 3-934628-55-9) ~~€ 63~~ € 32,–

317 B. Burtea / J. Tropper / H. Younansardaroud (eds.), Studia Semitica et Semitohamitica. Festschrift für Rainer Voigt anläßlich seines 60. Geburtstages am 17. Januar 2004. 2005 (ISBN 3-934628-73-7); v + 539 S; € 98,50

318 M. Hutter / S. Hutter-Braunsar (Hrsg.), *Offizielle Religion, lokale Kulte und Individuelle Religiosität.* 2004 (ISBN 3-934628-58-3); 504 S. € 121,–

319 C. Mittermayer, *Die Entwicklung der Tierkopfzeichen. Eine Studie zur syro-mesopotamischen Keilschriftpaläographie des 3. und frühen 2. Jahrtausends v.Chr.* 2005 (ISBN 3-934628-59-1); 169 S. ~~€ 48,80~~ € 25,–

321 G.W. Vera Chamaza, *Die Rolle Moabs in der neuassyrischen Expansionspolitik. 2005* (ISBN 3-934628-61-3); viii + 203 S.; ~~€ 58~~ € 27,–

322 S. Bahyro, *The Shemihazah and Asael Narrative of 1 Enoch 6-11: Introduction, Tanslation and Commentary with Reference to Ancient Near Eastern and Biblical Antecedents.* 2005 (ISBN 3-934628-62-1); x + 295 S.; ~~€ 66,50~~ € 31,–

323 M. Novák / Fr. Prayon / A.-M. Wittke (Hrsg.), *Die Außenwirkung des späthethitischen Kulturraumes. Güteraustausch – Kulturkontakt – Kulturtransfer.* 2005 (ISBN 3-934628-63-X); viii + 496 S.; ~~€ 106~~ € 53,–

324 W.H. van Soldt, *The Topography of the City-State of Ugarit.* 2005 (ISBN 3-934628-64-8); vi + 253 S.; ~~€ 64~~ € 32,–

325 R. Rollinger (Hrsg.), *Von Sumer bis Homer. Festschrift für Manfred Schretter zum 60. Geburtstag am 25. Februar 2004.* 2005 (ISBN 3-934628-66-4); xi + 697 S.; € 128,50

326 U. Susanne Koch, *Secrets of Extispicy. The Chapter Mult°biltu of the Babylonian Extispicy Series and Ni‰irti Barûti Texts mainly from Aššurbanipal's Library.* 2005 (ISBN 3-934628-67-2); x + 630 pp + liv Tf.; € 119,–

327 H. Weippert, *Unter Olivenbäumen. Studien zur Archäologie Syrien-Palästinas, Kulturgeschichte und Exegese des Alten Testaments. Gesammelte Aufsätze. Festgabe zum 4. Mai 2003 herausgegeben von Angelika Berlejung und Michael Niemann.* 2005. x. + 522 S. (ISBN 3-934628-68-0); ~~€ 94~~ € 46,–

328 E.A. Braun-Holzinger / E. Rehm, *Orientalischer Import in Griechenland im frühen 1. Jahrtausend v.Chr.* 2005 (ISBN 3-934628-72-9), vi + 208 S. + 39 Tf.; ~~€ 63,60~~ €32,–

329 M. Herles, *Götterdarstellungen in der 2. Hälfte des 2. Jahrtausends v. Chr. Das anthropomorphe Bild im Verhältnis zum Symbol.* 2006 (ISBN 3-934628-76-1), xiii+ 394 S., 145 Tf.; € 112,–

330 H.D. Baker / M. Jursa (eds.), *Approaching the Babylonian Economy. Proceedings of the START Project Symposium Held in Vienna, 1-3 July 2004.* Veröffentlichungen zur Wirtschaftsgeschichte Babyloniens im 1. Jahrtausend v.Chr. Band 2. 2005 (ISBN 3-934628-79-6), viii + 448 S.; € 86,50

331 Th.E. Balke, *Das sumerische Dimensionalkasussystem.* 2006 (ISBN 3-934628-80-X), x + 287 S.; € 68,–

332 M. Jaques, *Le vocabulaire des sentiments dans les textes sumériens. Recherches sur le lexique sumérien et akkadien.* 2006 (ISBN 3-934628-81-8) € 122,–

333 A. Zgoll, *Traum und Welterleben im antiken Mesopotamien. Traumtheorie und Traumpraxis im 3.-1. Jt. v. Chr. als Horizont einer Kulturgeschichte des Träumens.* 2006 (ISBN 3-934628-36-2), vi + 568 S.; € 96,–

334 T. Bar / E. Cohen (eds.), *Studies in Semitic and General Linguistics in Honor of Gideon Goldenberg.* 2007 (ISBN 3-934628-84-7), 387 S.; € 94,–

335 I. Márquez Rowe, *The Royal Deeds of Ugarit. A Study of Ancient Near Eastern Diplomatics.* 2006 (ISBN 3-934628-86-9), 336 S.; € 69,–

336 J. Luchsinger / H.-P. Mathys / M. Saur (Hrsg.), „ ... der seine Lust hat am Wort des Herrn!“ Festschrift für Ernst Jenni zum 80. Geburtstag. 2007 (ISBN 978-3-934628-87-8), xii + 466 S.; € 118,–

337 M. Hutter / S. Hutter-Braunsar (Hrsg.), *Pluralismus und Wandel in den Religionen im vorhellenistischen Anatolien. Akten des religionsgeschichtlichen Symposiums in Bonn am 19.–20. Mai 2005.* 2006 (ISBN 3-934628-88-5), 263 S; € 68,–

338 J. Kinnier Wilson, *Studia Etanaica. New Texts and Discussions.* 2007 (ISBN 978-3-934628-90-8), 100 S. + 15 Tf.; € 58,–

339 N. Brisch, *Tradition and the Poetics of Innovation. Sumerian Court Literature of the Larsa Dynasty (c. 2003–1763 BCE).* 2007 (ISBN 978-3-934628-91-5), xii + 303 S. + XVII Tf.; € 78,–

340 I.K.H. Halayqa, *A Comparative Lexicon of Ugaritic and Canaanite.* 2008. (ISBN 978-3-934628-95-3), 573 S.; € 118,–

341 J. Hackl, *Der subordinierte Satz in den spätbabylonischen Briefen.* 2007 (ISBN 978-3-934628-96-0), xiv + 171 S.; € 62,–

342 E.A. Braun-Holzinger, *Das Herrscherbild in Mesopotamien und Elam. Spätes 4. bis frühes 2. Jt. v.Chr.* 2007 (ISBN 978-3-934628-98-4), vi + 218 S. + 77 Tf.; € 78,–

343 M. Dietrich (Hrsg.), Orbis Ugariticus. Ausgewählte Beiträge von Manfried Dietrich und Oswald Loretz zu Fest- und Gedenkschriften. Anläßlich des 80. Geburtstages von Oswald Loretz. 2008 (ISBN 978-3-934628-99-1), xii + 343 S.; € 88,-.

344 R. Lamprichs, *Tell Johfiyeh. Ein archäologischer Fundplatz und seine Umgebung in Nordjordanien. Materialien zu einer Regionalstudie.* 2007 (ISBN 978-3-86835-000-5), xi + 787 S.; € 132,–

345 S. Kyung Huh, *Studien zur Region Lagaš. Von der Ubaid- bis zur altbabylonischen Zeit.* 2008 (ISBN 978-3-86835-003-6), xi + 916 S. + 3 Beilagen; € 146,–

346 J. Kutter, *n$r il÷. Die Sonnengottheiten in den nordwestsemitischen Religionen von der Spätbronzezeit bis zur vorrömischen Zeit.* 2008 (ISBN 978-3-86835-002-9), iv + 524 S. + 23 Tf.; € 92,–

347 Th. Schneider / K. Szpakowska (eds.), *Egyptian Stories. A British Egyptological Tribute to Alan B. Lloyd on the Occasion of His Retirement.* 2007. (ISBN 978-3-934628-94-6), x + 459 S.; € 112,–

348 K. Lämmerhirt, *Wahrheit und Trug. Untersuchungen zur altorientalischen Begriffsgeschichte.* 2010 (ISBN 978-3-86835-005-0), x + 907 S. € 130,–

349 L. d'Alfonso / Y. Cohen / D. Sürenhagen (eds.), *The City of Emar among the Late Bronze Age Empires. History, Landscape, and Society. Proceedings of the Konstanz Emar Conference, 25.–26.04. 2006.* 2008 (ISBN 978-3-86835-006-7) xviii + 315 S. € 78,–

350 I. Kottsieper / R. Schmitt / J. Wöhrle (eds.), *Berührungspunkte. Studien zur Sozial- und Religionsgeschichte Israels und seiner Umwelt. Festschrift für Rainer Albertz zu seinem 65. Geburtstag.* 2008 (ISBN 978-3-86835-008-1). xii + 676 S.; € 112,–

351 S. Aletta Kersken, *Töchter Zions, wie seid ihr gewandet? Untersuchungen zu Kleidung und Schmuck alttestamentlicher Frauen.* 2008 (ISBN 978-3-86835-007-4). xiv + 357 S.; € 76,–

352 Chr. Niedorf, *Die mittelbabylonischen Rechtsurkunden aus Alala` (Schicht IV).* 2008. xii + 495 S. (ISBN 978-3-86835-009-8); € 96,–

353 L. El-Khouri, *Roman Settlements in the Region of Northwest Jordan. Archaeological Studies (Land-use and Landscape Development).* 2009 (ISBN 978-3-86835-010-4); 227 S. + Faltkarte; € 66,–

354 B. Morstadt, *Phönizische Thymiateria. Zeugnisse des Orientalisierungsprozesses im Mittelmeerraum. Originale Funde, bildliche Quellen, originaler Kontext.* 2008. 489 S. + 86 Taf. (ISBN 978-3-86835-011-1); € 110,–

356 B. Mofidi-Nasrabadi, *Aspekte der Herrschaft und der Herrscherdarstellungen in Elam im 2. Jt. v. Chr.* 2009 (ISBN 978-3-86835-013-5), x + 104 S. + 20 Tf.; € 54,–

357 Chr. Mountfort Monroe, *Trade, Tradition, and Transformation in the Eastern Mediterranean ca. 1350–1175 BCE.* 2009 (ISBN 978-3-86835-015-9), xviii + 362 S.; € 74,–

358 Kr. Kleber, *Tempel und Palast. Die Beziehungen zwischen dem König und dem Eanna-Tempel im spätbabylonischen Uruk.* Veröffentlichungen zur Wirtschaftsgeschichte im 1. Jahrtausend v.Chr. Band 3. 2008. xiv + 404 S. + 41 Tf. (ISBN 978-3-86835-016-6); € 91,–

359 Chr. Karrer-Grube / J. Krispenz / Th. Krüger / Chr. Rose / A. Schellenberg (Hrsg), *Sprachen – Bilder – Klänge. Dimensionen der Theologie im Alten Testament und in seinem Umfeld. Festschrift für Rüdiger Bartelmus zu seinem 65. Geburtstag.* 2009. viii + 409 S. (ISBN 978-3-86835-017-3); € 84,–

360/1 M. Dietrich / O. Loretz / J. Sanmartín, *Die keilalphabetischen Texte aus Ugarit, Ras Ibn Hani und anderen Orten. Dritte, erweiterte Auflage. The Cuneiform Alphabetic Texts from Ugarit, Ras Ibn Hani and Other Places. Third, enlarged Edition. KTU³.* 2013. xxvi + 782 S. (ISBN 978-3-86835-014-2) € 80,–

360/2 I. Kottsieper, *Wortregister, rückläufiger Index und Indices der Buchstabengruppen von KTU³. Word-List, Reverse Index and Index of Letter-Clusters of KTU³.* (in Vorbereitung)

361 I.J. de Hulster / R. Schmitt (eds.), *Iconography and Biblical Studies. Proceedings of the Iconography Sessions at the Joint EABS/SBL Conference, 22–26 July 2007, Vienna, Austria.* 2009. xii + 239 S. (ISBN 978-3-86835-018-0) € 84,–

362 J. Peterson, *Godlists from Old Babylonian Nippur in the University Museum, Philadelphia.* 2009. x + 140 S. + 27 Tf. (ISBN 978-3-86835-019-7) € 58,–

363 Ph. Clancier, *Les bibliothèques en Babylonie dans la deuxième moitié du Iᵉʳ millénaire av. J.-C.* 2009. iv + 493 S. (ISBN 978-3-86835-020-3) € 88,–

364 M. Pietsch / Fr. Hartenstein (Hrsg.), *Israel zwischen den Mächten. Festschrift für Stefan Timm zum 65. Geburtstag.* 2009. x + 486 S. (ISBN 978-3-86835-025-8) € 96,–

365 A. Löhnert, *„Wie die Sonne tritt heraus!“ Eine Klage zum Auszug Enlils mit einer Untersuchung zu Komposition und Tradition sumerischer Klagelieder in altbabylonischer Zeit.* 2009. xiv + 502 S. + XVI Tf. (ISBN 978-3-86835-026-5) € 96,–

366 M.J. Boda / J. Novotny (eds.), *From the Foundations to the Crenellations. Essays on Temple Building in the Ancient Near East and Hebrew Bible.* 2010. xxxviii + 629 S. (ISBN 978-3-86835-031-9) € 128,–

367 W. Meinhold, *Ištar in Aššur. Untersuchung eines Lokalkultes von ca. 2500 bis 614 v. Chr.* 2009. xii + 568 S. + 31 Tf. (ISBN 978-3-86835-032-6) € 110,–

368 R. Prentice, *The Exchange of Goods and Services in Pre-Sargonic Lagash.* 2010. xiv + 238 S. (ISBN 978-3-86835-033-3) € 78,–

371 J. Becker / R. Hempelmann / E. Rehm (eds.), *Kulturlandschaft Syrien. Zentrum und Peripherie. Festschrift für Jan-Waalke Meyer.* 2010. xxii + 662 S. (ISBN 978-3-86835-034-0) € 126,–

372 J. Vidal (ed.), *Studies on War in the Ancient Near East. Collected Essays on Military History.* 2010. vi + 198 S. (ISBN 978-3-86835-035-7) € 78,–

373 M. Müller, *Akkadisch in Keilschrifttexten aus Ägypten. Deskriptive Grammatik einer Interlanguage des späten zweiten vorchristlichen Jahrtausends anhand der Ramses-Briefe.* 2010. xxvi + 599 S. (ISBN 978-3-86835-037-1) € 96,–

374 Z. Cochavi-Rainey, *The Akkadian Dialect of Egyptian Scribes in the 14th and 13th Centuries BCE.* 2011. xiv + 290 S. (ISBN 978-3-86835-039-5) € 62,–

375 *Das babylonische Weltschöpfungsepos Enūma elîš.* Herausgegeben von Th. R. Kämmerer und K. A. Metzler. 2012. viii + 418 S. + XLVII Tf. (ISBN 978-3-86835-036-4) € 80,–

376 W.H.Ph. Römer, *Die Zylinderinschriften von Gudea.* 2010. x + 130 S. (ISBN 978-3-86835-040-1) € 54,–

377 M. Jursa, *Aspects of the Economic History of Babylonia in the First Millennium BC. Economic Geography, Economic Mentalities, Agriculture, the Use of Money and the Problem of Economic Growth* (with Contributions by J. Hackl, B. Janković, K. Kleber, E.E. Payne, C. Waerzeggers and M. Weszeli). Veröffentlichungen zur Wirtschaftsgeschichte im 1. Jahrtausend v. Chr. Band 4. 2010. xviii + 900 S. (ISBN 978-3-86835-041-8) € 136,–

378 Dominik Elkowicz, *Tempel und Kultplätze der Philister und der Völker des Ostjordanlandes. Eine Untersuchung zur Bau- und zur Kultgeschichte während der Eisenzeit I–II.* 2012. x + 238 S. + 77 Tf. (ISBN 978-3-86835-045-6) € 78,–

379 Chr. G. Frechette, *Mesopotamian Ritual-prayers of "Hand-lifting" (Akkadian Šuillas): An Investigation of Function in Light of the Idiomatic Meaning of the Rubric.* 2012. xx + 316 S. (ISBN 978-3-86835-046-3) € 78,–

380 P. Mommer / A. Scherer (Hrsg.), *Geschichte Israels und deuteronomistisches Geschichtsdenken. Festschrift zum 70. Geburtstag von Winfried Thiel.* 2010. VIII + 334 S. (ISBN 978-3-86835-047-0) € 72,–

381 R. Schmitt, *Der „Heilige Krieg" im Pentateuch und im deuteronomistischen Geschichtswerk. Studien zur Forschungs-, Rezeptions- und Religionsgeschichte von Krieg und Bann im Alten Testament.* 2011. xii + 248 S. (ISBN 978-3-86835-048-7) € 65,–

382 M. Dietrich / W. Mayer, *Der hurritische Brief des Dušratta von M÷tt°nni an Amen`otep III. Text – Grammatik – Kopie. Englische Übersetzung des Textes von D. Durkin-Meisterernst.* 2011. xx + 308 S. + 16 Tf. (ISBN 978-3-86835-049-4) € 82,–

383 U. Bock, *„Von seiner Kindheit bis zum Erwachsenenalter". Die Darstellung der Kindheit des Herrschers in mesopotamischen und kleinasiatischen Herrscherinschriften und literarischen Texten.* 2012. xx + 439 S. (ISBN 978-3-86835-050-0) € 82,–

384 Sh. Zelig Aster, *The Unbeatable Light: Melammu and Its Biblical Parallels.* 2012. xviii + 430 S. (ISBN 978-3-86835-051-7) € 82,–

385 X. Wang, *The Metamorphosis of Enlil in Early Mesopotamia.* 2011. xx + 297 S. (ISBN 978-3-86835-052-4) € 64,–

386 O. Loretz, *Hippologia Ugaritica. Das Pferd in Kultur, Wirtschaft, Kriegführung und Hippiatrie Ugarits — Pferd, Esel und Kamel in biblischen Texten —. Mit einem Beitrag von M. Stol über Pferde, Pferdekrankheiten und Pferdemedizin in altbabylonischer Zeit.* 2011. 496 S. (ISBN 978-3-86835-055-5) € 89,–

387 A. S. Zernecke, *Gott und Mensch in Klagegebeten aus Israel und Mesopotamien. Die Handerhebungsgebete Ištar 10 und Ištar 2 und die Klagepsalmen Ps 38 und Ps 22 im Vergleich.* 2011 xvi+ 408 S. (ISBN 978-3-86835-058-6) € 75,–

388 A. Carbillet, *La figure hathorique à Chypre (IIe–Ier mill. av. J.-C.).* 2011. 372 S. + 90 Tf. (ISBN 978-3-86835-059-3) € 92,–

389 R. Jacob, *Kosmetik im antiken Palästina.* 2011. xiv + 418 S. (ISBN 978-3-86835-060-9) € 87,–

390 Acta Antiqua Mediterranea et Orientalia

390/1: Th.R. Kämmerer (ed.): *Identities and Societies in the Ancient East-Mediterranean Regions. Comparative Approaches. Henning Graf Reventlow Memorial Volume.* 2011. VIII + 359 S. (ISBN 978-3-86835-062-3) € 75,–

390/2: Th.R. Kämmerer / S. Rogge (eds.): *Patterns of Urban Societies*. 2013. XII + 260 S. (ISBN 978-3-86835-097-5), € 74,–

391 M. Hutter / S. Hutter-Braunsar (Hrsg.), *Hethitische Literatur. Überlieferungsprozesse, Textstrukturen, Ausdrucksformen und Nachwirken. Akten des Symposiums vom 18. bis 20. Februar 2010 in Bonn.* 2011. 311 S. (ISBN 978-3-86835-063-0) € 72,–

392 G. Galil / A. Gilboa / A.M. Maeir / D. Kahn (eds.), *The Ancient Near East in the 12th–10th Centuries BCE: Culture and History. Proceedings of the International Conference held at the University of Haifa, 2–5 May, 2010.* 2012 xviii+647 S. (ISBN 978-3-86835-066-1) € 116,–

393 M. Maggio, *L'ornementation des dieux à l'époque paléo-babylonienne. Étude du matériel ayant appartenu aux dieux d'après des documents de la pratique. Réflexions sur le don, l'ornementation des statues divines et la conservation des objets précieux.* 2012. xiv + 245 S. (ISBN 978-3-86835-067-8) € 68,–

394 G. del Olmo Lete / J. Vidal / N. Wyatt (eds.), *The Perfumes of Seven Tamarisks. Studies in Honour of Wilfred G. E. Watson.* 2012. xix + 330 S. (ISBN 978-3-86835-068-5) € 86,–

395/1 W. Mayer, *Assyrien und Urarṭu I. Der Achte Feldzug Sargons II. im Jahr 714 v.Chr.* 2013. xvi + 189 S. (ISBN 978-3-86835-078-4) € 64,–

395/2 W. Mayer, *Assyrien und Urarṭu II. Die assyrisch-urartäischen Bilinguen.* 2013. xvi + 156 S. (ISBN 978-3-86835-091-3) € 58,–

396 A. Rohrmoser, *Götter, Tempel und Kult der Judäo-Aramäer von Elephantine.* Archäologische und schriftliche Zeugnisse aus dem perserzeitlichen Ägypten. 2014. xviii + 495 S. (ISBN 978-3-86835-082-1) € 98,–

397 H.D. Baker / K. Kaniuth / A. Otto (Hrsg.), *Stories of Long Ago. Festschrift für Michael D. Roaf.* 2012. xxii + 745 S. (ISBN 978-3-86835-071-5) € 120,–

398 M. Sandowicz, *Oaths and Curses. A Study in Neo- and Late Babylonian Legal Formulary.* 2012. xiv + 542 S. + XLI Tf. (ISBN 978-3-86835-072-2) € 92,–

402 G. Minunno, *Ritual Employs of Birds in Ancient Syria-Palestine*. 2013. 165 S. (ISBN 978-3-86835-083-8) € 64,–

404 O. Loretz / S. Ribichini / W.G.E. Watson / J.Á. Zamora (eds.), *Ritual, Religion and Reason. Studies in the Ancient World in Honour of Paolo Xella.* 2013. xxxii + 677 S. (ISBN 978-3-86835-087-6) € 135,–

405 G. Goldenberg, *Further Studies in Semitic Linguistics*. 2013. 262 S. (ISBN 978-3-86835-089-0) € 69,–

407 E.A. Knauf, *Data and Debates. Essays in the History and Culture of Israel and Its Neighbors in Antiquity. Daten und Debatten. Aufsätze zur Kulturgeschichte des antiken Israel und seiner Nachbarn.* Herausgegeben von Hermann Michael Niemann, Konrad Schmid und Silvia Schroer. 2013. xvi + 770 S. (978-3-86835-093-7) € 136,–

408 G. del Olmo Lete, *Canaanite Religion According to the Liturgical Texts of Ugarit. Second English Edition, thoroughly Revised and Enlarged.* Translated by W. G. E. Watson. 2014. xxii + 424 S. (ISBN 978-3-86835-094-4) € 108,–

409 J.J.W. Lisman, *Cosmogony, Theogony and Anthropogeny in Sumerian Texts*. 2013. xiv + 422 S. (ISBN 978-3-86835-095-1) € 82,–

411 R. Schmitt, *Mantik im Alten Testament*. 2014. xii + 212 S. (ISBN 978-3-86835-100-2) € 69,–

412 S. Gaspa / A. Greco / D. Morandi Bonacossi / S. Ponchia / R. Rollinger (eds.), *From Source to History. Studies on Ancient Near Eastern Worlds and Beyond. Dedicated to Giovanni Battista Lanfranchi on the Occasion of His 65th Birthday on June 23, 2014.* 2014 XVI + 828 S. (ISBN 978-3-86835-101-9) im Druck

413 D. Nadali / J. Vidal (Hrsg.), *The Other Face of the Battle. The Impact of War on Civilians in the Ancient Near East*. 2014. vi + 136 S. (ISBN 978-3-86835-102-6) € 64,–

Ugarit-Verlag, Rosenstr. 9, D–48143 Münster (www.ugarit-verlag.com)